AF325513

# EXPÉRIENCES

## ET

# OBSERVATIONS

### SUR

# LE LAIT.

# PRÉCIS D'EXPÉRIENCES

## ET OBSERVATIONS

### SUR LES DIFFÉRENTES ESPÈCES

# DE LAIT,

CONSIDÉRÉES DANS LEURS RAPPORTS

AVEC

## LA CHIMIE, LA MÉDECINE

ET L'ÉCONOMIE RURALE;

Par A. PARMENTIER et N. DÉYEUX,

Membres de l'Institut national de France.

———

STRASBOURG,

Chez F. G. LEVRAULT, imprimeur-libraire, rue des Juifs, N.º 33;

ET A PARIS,

Chez THÉOPH. BARROIS, libraire, rue Hautefeuille, N.º 22.

*An 7 de la République.*

tous les résultats de nos expériences, et nous en avons formé un traité, dans lequel on trouvera, à ce que nous pensons, ce qu'il y a de plus essentiel à savoir sur la nature, les propriétés et les usages d'un fluide dont l'utilité est si généralement reconnue.

On sera étonné, sans doute, en parcourant cet ouvrage, de voir que, toutes les fois que nous avons eu besoin d'indiquer les quantités des substances que nous avons employées ou obtenues dans nos différentes expériences, nous nous soyons servis des anciens poids et mesures, et non de ceux nouvellement adoptés.

Afin de prévenir le reproche qu'on pourrait nous faire à cet égard, il suffira de dire que notre manuscrit a été livré à l'impression bien avant l'époque où l'institut national a imposé à ses membres l'obligation de ne se servir dans leurs écrits que du nouveau système métrique. Pour faire les corrections nécessaires, il aurait fallu se déterminer à réimprimer une grande partie des feuilles: mais nous n'avons osé y consentir, 'après avoir calculé la dépense dans laquelle cette réimpression nous aurait infailliblement entraînés. Mais nous regrettons infiniment de n'avoir pu faire usage du nouveau système des poids et mesures, dont nous sentons tout l'avantage. L'utilité de ce système, pour l'intelligence de nos rapports avec le commerce et la vie sociale, ne peut plus être un problème que pour ceux qui, par habitude, par préjugés, par ignorance, par indifférence, ou, peut-être même, par des motifs moins excusables, opposent encore de la résistance à l'adoption de cette institution républicaine, qui, appréciée par les bons esprits, ne tardera point à devenir universelle.

# TRAITÉ

SUR

# LE LAIT

*Considéré sous ses différens rapports avec la chimie, la médecine et l'économie rurale.*

LE lait, cette bienfaisante liqueur, si analogue à la faiblesse des organes et si favorable au développement des animaux, est, sans contredit, la meilleure nourriture que l'estomac des nouveau-nés puisse digérer.

Mais, quoique ce soit là le but que la nature semble avoir eu en vue dans la préparation de ce fluide, il n'en est pas moins certain que les usages du lait peuvent être singulièrement étendus. Nous voyons l'homme, dans les différentes époques de la vie, l'admettre au nombre des objets devenus pour lui de première nécessité, l'employer comme aliment et comme médicament, en faire même d'heureuses applications à plusieurs arts.

Ne serait-on pas tenté de croire que des avantages aussi précieux sont le produit des connaissances positives sur la nature des différentes parties constituantes du lait ? cependant ce fluide est encore un des corps qui ont été

A

le moins exactement analysés, sur tout si on le compare à beaucoup d'autres d'une considération secondaire. Il semble que la cause de cette espèce d'indifférence pourrait être attribuée à la possibilité de se procurer le lait dans tous les temps.

La faculté, en effet, d'avoir à sa disposition certains corps ; l'habitude de les voir, de les toucher et d'en user journellement, écartent presque toujours l'idée d'en approfondir l'examen : content d'avoir entrevu quelques-unes de leurs propriétés, on ne soupçonne pas qu'ils puissent en renfermer d'autres. C'est pour cela, sans doute, qu'on a plus de propension à chercher dans des substances rares et difficiles, des produits qu'on eût trouvés souvent dans celles qu'on a, pour ainsi dire, sous la main si on s'était donné la peine de les en extraire avec le même appareil ; et, par une raison semblable, la plupart des plantes exotiques ont été analysées avec beaucoup plus de soin que les plantes indigènes.

Un autre motif encore qui n'a pas peu contribué à retarder les connaissances positives qu'il aurait été possible d'acquérir sur le lait, c'est l'espèce d'indifférence qu'on a mise à l'examiner dans ses différens états.

Il semble que ceux qui se sont occupés de l'analyse de ce fluide, aient toujours préféré de choisir, pour sujet de leurs essais, le lait à son plus haut degré de perfection. Cependant

on ne peut douter qu'avant d'arriver à ce
point, ses parties constituantes éprouvent des
changemens sensibles.

Ce sont cependant ces changemens qu'il
aurait été utile de saisir, d'étudier et de constater; car, les propriétés diététiques du lait dé-
pendant toujours, comme on ne saurait en douter, de l'état des parties qui le constituent, on
conçoit qu'il sera impossible d'obtenir quelque
chose de positif sur ces mêmes propriétés, tant
qu'on n'aura pas analysé le lait, depuis l'époque
qui suit l'accouchement, jusqu'à celle où ce
fluide a acquis toute la perfection dont il est
susceptible.

Convaincus de ces vérités, nous avons entrepris sur le lait une suite d'expériences, en
essayant de tenir une route un peu différente
de celle tracée par ceux qui nous ont précédés
dans la même carrière.

Quelques résultats nouveaux obtenus nous
ayant paru de nature à mériter de fixer l'attention, nous les avons recueillis dans l'ouvrage
que nous publions aujourd'hui.

Sans doute cet ouvrage est bien éloigné
d'avoir la perfection que nous aurions désiré
lui donner; mais il aura rempli son objet s'il
peut ajouter quelques connaissances à celles
déjà acquises, et contribuer ainsi aux progrès
de la chimie animale.

Le lait réunit tant de propriétés, on l'emploie avec un avantage si marqué dans une

foule de circonstances, ses produits sont l'objet
de fabriques si multipliées à la surface de la
République, que nous avons cru indispensable
de chercher une méthode qui pût faire saisir
l'ensemble de toutes les applications de ce fluide
aux arts de premier besoin.

Pour procéder avec ordre, nous diviserons
cet ouvrage en trois parties : dans la première
nous considérerons le lait relativement à ses
propriétés physiques et chimiques; il s'agira
dans la seconde de développer tous les changemens qu'il subit, tous les effets qu'il peut
opérer dans les maladies pour lesquelles il est
ordinairement employé; enfin, dans la troisième
partie, on traitera des avantages que l'industrie
retire du lait, sous les différentes formes qu'il
est dans le cas de prendre pour offrir autant
de branches de commerce.

Nous croyons devoir prévenir, avant d'entrer
en matière, que le lait de vache étant le plus
commun, et pouvant par sa quantité répondre mieux à nos opérations, c'est celui que
nous avons choisi de préférence pour nous
servir de terme de comparaison avec les autres
espèces de lait dont l'usage est également
adopté parmi nous. Ce sera donc toujours
celui-là dont il sera question quand nous n'en
déterminerons pas *l'espèce*. Nous avons eu
soin de le prendre dans tous les états qui pouvaient influer sur sa qualité, et de l'examiner
dans les différentes saisons de l'année.

Ces observations préliminaires paraissent d'autant plus importantes que, si on s'occupait du même travail dans des circonstances qui ne fussent pas à peu près semblables, il ne faudrait pas être surpris d'obtenir des résultats différens de ceux que nous annonçons. S'ils contrarient souvent et presque toujours les idées reçues, nous ne craignons point qu'on nous fasse le reproche d'avoir cherché à nous écarter de la route frayée, en élevant un système sur les ruines d'un autre système; les faits seuls ont parlé, indépendamment de toute considération particulière.

# PREMIÈRE PARTIE.

## *Du lait considéré relativement à la chimie.*

L'ODEUR du lait, sa saveur, sa consistance, tout annonce qu'il est un corps composé.

Pour connaître sa composition, les chimistes employèrent pendant long-temps des moyens qui devaient nécessairement les éloigner du but qu'ils cherchaient à atteindre. Le feu, ce seul agent dont ils savaient alors disposer, loin de les aider à fixer leurs idées sur la nature des parties constituantes du lait qu'ils examinaient, ne leur offrait, le plus souvent, que des résultats de la décomposition de ces mêmes parties constituantes. De là tous ces écarts qui ont fait naître tant de contrariétés dans les opinions concernant la composition des corps.

Mais à mesure que la chimie s'est éclairée du flambeau de l'expérience, on a senti la nécessité d'adopter une nouvelle méthode d'analyse, qui, n'étant pas susceptible des mêmes inconvéniens que l'ancienne, devait naturellement procurer de grands avantages : c'est ainsi, par exemple, qu'au lieu de se borner à traiter le lait tout entier par le feu, on a préféré d'examiner chacune des parties qui se séparent spontanément de ce fluide, et de déterminer leurs propriétés d'après les produits qu'on recueillait lorsqu'on les soumettait à l'action des différens agens.

Cette manière de procéder, infiniment supérieure à celle invoquée dans des temps reculés, ne réunit pas encore toutes les conditions désirées; car, lorsqu'on réfléchit aux obstacles que tous les corps du règne animal, et principalement le lait, présentent dans leur analyse à cause d'une multitude de circonstances qui influent sur leur nature, on est bientôt convaincu de l'insuffisance des moyens chimiques adoptés jusqu'à présent, et par conséquent de la nécessité de se livrer à de nouvelles recherches à la faveur desquelles on puisse obtenir sur les propriétés chimiques du lait des notions plus certaines et plus étendues.

Jaloux de concourir à ce travail, nous commencerons d'abord par déterminer, d'après quelques caractères généraux, les propriétés physiques qui appartiennent au lait entier dans son état de perfection : nous passerons ensuite aux détails des expériences chimiques les plus propres à faire connaître ses parties constituantes prises séparément, et à indiquer la véritable manière d'exister de chacune d'elles dans le fluide qui leur sert d'excipient.

## ARTICLE PREMIER.

### Des propriétés physiques du lait.

LE lait, au sortir des mamelles, a une saveur particulière, qu'il perd à mesure qu'il se refroidit; c'est cette saveur que le vulgaire exprime en disant : *le lait sent la vache, la chèvre, la brebis.*

Dès que le lait a pris la température de l'atmosphère, il a un goût agréable et légèrement sucré : on le reconnaît encore à un toucher onctueux, à une légère odeur douce, et surtout à un blanc mat; ce qui prouve qu'une partie des corps que ce fluide contient ne s'y trouve que suspendue, car la marque la plus certaine de la vraie dissolution est, comme l'on sait, la transparence et la limpidité.

L'odeur douce qui appartient au lait est si fugace, qu'il ne faut pas être doué d'organes bien fins pour distinguer le lait qui a passé au feu d'avec celui qui n'a pas été chauffé. Cette odeur n'existe déjà plus à l'instant où ce fluide va tourner, soit naturellement, soit artificiellement.

Si on examine le lait avec le secours d'un microscope, l'on y aperçoit une multitude de globules très-inégaux pour la grosseur et la figure : *Lowenhoeck* est un des premiers qui ait fait cette observation. Ces globules, d'après l'opinion de ce savant, sont mus dans un fluide diaphane; leur mouvement est plus ou moins rapide, selon que le lait est plus ou moins nouveau; ils changent de formes à mesure que le lait s'altère, mais ils se comportent assez généralement comme ceux qu'on observe aussi dans beaucoup d'autres fluides animaux.

Le lait jouit de quelques-unes des propriétés des fluides aqueux : comme eux il mouille les corps qu'il touche, se mêle parfaitement avec la bierre nouvellement brassée, le cidre doux et les autres sucs de fruits dont la fermentation vineuse n'est point complette. Il dissout quelques sels neutres, le sucre et les gommes : à la vérité, plusieurs de ces matières ont la propriété de le coaguler ; mais il faut alors qu'elles soient employées à grande dose et aidées par la chaleur.

La fluidité du lait augmente sensiblement dès qu'on le fait chauffer ; il acquiert au contraire la forme concrète lorsqu'il est exposé au froid : mais on observe que ces deux effets sont plus ou moins marqués suivant l'espèce de lait.

Les laits provenans des mêmes femelles sont tellement susceptibles de varier, qu'il paraît impossible d'en trouver deux parfaitement semblables entr'eux ; c'est ce dont nous avons eu bien des fois occasion de nous assurer en nous servant de l'aréomètre. Les expériences faites avec cet instrument ont toujours présenté des résultats si différens que nous sommes convaincus de son insuffisance pour déterminer d'une manière positive la densité du lait pris en général.

Si on jette du lait sur des charbons ardens, il exhale une odeur mixte, composée de celle du corps muqueux sucré et de la corne qui brûlent ensemble.

Le lait qui entre en ébullition se boursoufle et presse les bords du vase qui le renferme ; mais en continuant de le laisser au feu, il bout paisiblement et ne se tuméfie plus, bien différent en cela des solutions de sucre et de miel, qu'il faut constamment surveiller.

En s'évaporant au feu, le lait se couvre bientôt d'une légère pellicule qui adhère aux parois du vase, se dessèche peu à peu, se précipite, se charbonne, et communique à tout le fluide une odeur empyreumatique, insupportable, dont il est impossible de le dépouiller.

Une autre propriété du lait, c'est qu'en accélérant son ébullition au feu on empêche ordinairement les pellicules qui se forment à sa surface de se rassembler au fond des vaisseaux où elles adhèrent et brûlent, sur tout lorsque la partie inférieure du vaisseau approche de la forme conique. La saison et la nature du lait peuvent rendre aussi cet effet plus commun.

Lorsque le lait sert d'excipient au riz, à l'orge mondé ou à la farine des autres graminées, cette pellicule ne devient remarquable à la surface qu'à mesure que ces espèces de potages se refroidissent.

Le lait se recouvre aussi plus ou moins promptement d'une sorte de matière onctueuse, légère, et quelquefois un peu jaunâtre, qu'il faut bien distinguer de la pellicule dont il vient d'être question ; on peut aisément la séparer du fluide qu'elle surnage : c'est ce qu'on appelle vulgairement la *crème.*

Pour que cette crème puisse se former facilement, il faut que le lait soit de bonne qualité, en repos, et surtout qu'il se trouve placé dans un lieu frais.

Dépourvu de sa crème, le lait, comparé à du lait nouvellement trait, a un œil bleuâtre; il perd alors un peu de sa saveur douce et de sa consistance.

La crème mise dans un flacon, et agitée pendant plus ou moins de temps, selon la saison, se sépare en deux substances bien distinctes, l'une solide, et l'autre liquide; c'est sur cette propriété qu'est fondé l'art de faire le beurre.

Un effet bien digne de remarque, c'est l'extrême promptitude avec laquelle le lait s'altère en passant rapidement d'une température très-fraîche dans une autre fort chaude; dans ce cas sa saveur douce disparaît, et il en acquiert une légèrement acide; bientôt aussi il se coagule. Il faut cependant convenir qu'on peut retarder cette altération spontanée du lait, en le faisant préalablement bouillir; c'est aussi le procédé que quelques laitières ont coutume d'employer.

Néanmoins, si on laisse dans une température de dix-huit degrés du lait qui d'abord a été chauffé au bain-marie, et du lait qui a éprouvé la chaleur de l'ébullition; on observe que ce dernier, quoiqu'il s'aigrisse moins facilement, passe plus vîte à la putréfaction : phénomène qui prouve combien une opération, fort simple en apparence, peut avoir d'influence sur les effets du lait dans l'économie animale.

Les vaisseaux de métal, et particulièrement ceux de cuivre, accélèrent l'altération du lait; si ceux de faïence, de porcelaine, ou autres de terre cuite en grès, non vernissés, qui conviennent le mieux à sa conservation, ne sont pas parfaitement nettoyés, le lait qui y demeure adhérant devient souvent, en s'aigrissant, un principe invisible de fermentation, un véritable levain.

L'altération spontanée du lait est également très-rapide lorsque le temps passe à l'orage; il n'est pas rare, alors, de voir ce fluide qui, dans toute autre circonstance, se seroit conservé en bon état pendant douze heures au moins, tourner tout-à-coup comme un bouillon, et s'aigrir à un tel point qu'il n'est plus possible de l'employer comme véhicule de nos alimens.

Il existe encore beaucoup d'autres propriétés que le lait partage avec l'albumine, et qui permettent qu'on s'en serve utilement en médecine et dans l'économie domestique; nous aurons occasion de nous étendre sur ces propriétés, à mesure que nous examinerons ce fluide sous ses différens rapports.

Tous ces caractères spécifiques que nous nous bornons à indiquer ici, ne sont véritablement bien prononcés que dans le lait fourni

par des femelles saines et vigoureuses; ils s'affaiblissent insensiblement dans les cas contraires : aussi ne doit-on plus alors le considérer
comme propre aux usages ordinaires de la vie.
D'ailleurs le temps plus ou moins éloigné de
l'accouchement, apporte nécessairement des
différences notables dans la nature et dans la
proportion de ses parties constituantes. C'est
sur tout ce que nous aurons lieu de faire
remarquer lorsque nous parlerons du fluide
laiteux qui paraît au moment où la femelle
vient de mettre bas, et que nous ferons connaître la différence qui existe véritablement
entre ce lait ébauché et le lait parvenu insensiblement à son état de perfection.

## Article II.

### *Des parties volatiles et fixes du lait.*

Il ne nous paraît pas inutile de rappeler
encore que les vaches dont le lait a servi à
nos expériences, étaient de même âge, de
même force et à peu près de même tempérament; que toutes habitaient la même étable,
et qu'elles ont été nourries pendant quinze
jours consécutifs avec des fourrages de différentes qualités.

Le lait de la vache nourrie avec la tige et le
feuillage de maïs ou blé de Turquie, était
extrêmement doux et sucré; celui de la vache

nourrie avec des choux, avait une saveur moins
agréable et ce léger montant qui appartient à
la famille des plantes crucifères ; au contraire
le lait des vaches qui n'avaient eu pour toute
nourriture que de la fane des pommes de terre
et des herbes des prairies bases, s'est trouvé
être plus séreux et un peu fade.

### Des parties volatiles du lait.

Après la dégustation des différens laits dont
on vient de parler, nous avons procédé à
leur distillation. Huit livres de chacun d'eux
ont été mises séparément dans des alambics au
bain-marie : on a retiré de chaque distillation
huit onces de liqueur environ. Toutes ces
liqueurs étoient claires et sans couleur : leur
odeur et leur saveur n'étaient pas les mêmes.
Celle du choux se manifestait dans l'une ;
on distinguait dans l'autre quelque chose
d'aromatique ; il n'y avait que le lait de la
vache nourrie avec le maïs et la fane de pommes
de terre, qui ne présentait pas d'odeur particulière bien décidée.

Une partie de ces liqueurs distillées, soumise à l'action des différens réactifs, n'a offert
rien de particulier. Après les avoir abandonnées à elles-mêmes dans une température de
seize à dix-huit degrés, pendant près d'un mois,
on a remarqué qu'elles commençaient à se troubler et à devenir visqueuses ; leur odeur, dans
cet état, était un peu fétide. L'eau distillée du

lait de la vache nourrie avec des choux, nous
a paru éprouver une altération plus prompte
et plus sensible que les autres. On a tenté,
mais inutilement, de filtrer ces liqueurs; leur
état gluant s'y est refusé, et la portion qui a
passé à travers le filtre n'a jamais acquis de
vraie transparence.

Surpris, non sans fondement, de l'altération
des quatre liqueurs en question, et craignant
qu'elle ne fût due à quelques accidens particuliers, nous avons pris le parti de recommencer
l'expérience, et d'opérer cette fois sur douze
livres de lait, au lieu de huit, afin que les produits plus considérables favorisassent un plus
grand nombre d'essais, et rendissent leurs phénomènes plus sensibles.

Des quatre liqueurs distillées, deux seulement, fournies par le lait des vaches nourries
de choux et de fane de pommes de terre, ont
perdu leur transparence dans l'espace d'un mois,
et sont devenues assez visqueuses pour refuser
de passer à travers le filtre, tandis que les deux
autres ont conservé plus long-temps leur limpidité et leur fluidité.

Ces nouveaux phénomènes, bien propres à
piquer la curiosité, nous déterminèrent à réité-
rer les distillations des quatre espèces de lait
dont il a été question; mais toujours nous
avons observé qu'en employant les mêmes
précautions il était impossible d'obtenir des
résultats parfaitement semblables, puisque

quelquefois il nous est arrivé de voir la liqueur distillée du lait de la vache nourrie de choux se gâter la première, lorsque dans d'autres circonstances elle a gardé assez long-temps sa limpidité.

Huit onces de chacune des liqueurs de lait distillé, parvenues à l'état visqueux et opaque qui caractérise leur altération, ont été exposées à la chaleur du bain-marie. Bientôt elles ont repris leur première transparence. On a vu en même temps se former des filamens blancs très-légers : par la filtration ces liqueurs devinrent très-claires, et alors elles n'avaient pas plus de saveur et d'odeur que de l'eau simple distillée. Evaporées jusqu'à siccité, dans une capsule de verre, elles ont laissé des atomes d'une matière difficile à recueillir.

Nous avons encore soumis à la distillation dans une cornue de verre, différentes eaux distillées de lait, dans l'état d'altération dont nous avons parlé : les produits obtenus mêlés avec des réactifs, tels que les dissolutions d'argent et de mercure dans l'acide nitrique, n'ont éprouvé aucun changement sensible.

On se tromperait donc si on voulait considérer l'eau distillée de lait comme une eau simple ; son odeur, sa saveur, et sur tout la facilité avec laquelle elle s'altère, semblent bien annoncer qu'elle tient en dissolution un ou plusieurs corps. Mais quels sont ces corps? voilà un problème difficile à résoudre. Ce qu'il est permis d'assurer pour le moment, c'est que ces corps sont d'une facile décomposition, puisque nous en retrouvons les débris dans l'eau qui les contenait ; ce sont ces débris qui altèrent la transparence de ce fluide, et lui donnent cette viscosité et cette odeur putride qu'il acquiert au bout de quelque temps.

Au reste, ce phénomène n'appartient pas exclusivement à l'eau distillée du lait, car on sait qu'en général toutes les liqueurs obtenues, par la distillation, même au bain-marie, de la fibre musculaire, de l'urine, du sang, de la lymphe, de l'albumine, s'altèrent aussi très-facilement, et qu'il est extrêmement rare de pouvoir les conserver en bon état au-delà d'un mois.

Quoique le lait ait une odeur particulière capable de le faire reconnaître, il n'en est pas moins vrai de dire que cette odeur peut être changée, pour ainsi dire à volonté, en admettant au nombre des plantes qu'on donne aux animaux celles de la famille des crucifères, telles que l'alliaire, le choux et les navets. Nous citons particulièrement ces végétaux, parce que, lors des expériences que nous fimes dans l'intention de connaître les effets que produisait sur le lait de vache un changement de nourriture presque subit, nous observames très-bien que certaines plantes très-odorantes ne communiquaient pas leur odeur au lait, et que ce fluide conservait celle qu'on lui remarque le plus ordinairement ; d'où nous avons conclu que, s'il existe réellement quelques parties aromatiques susceptibles de se combiner avec le lait, il en est d'autres aussi avec lesquelles ce fluide ne contracte aucune union. Nous reprendrons cette question quand nous rendrons compte des expériences que nous avons faites pour établir jusqu'à quel point les alimens influent sur la qualité du lait.

### Des parties fixes du lait.

Une fois la partie fluide du lait séparée au moyen de la distillation au bain-marie, on trouve dans la cucurbite une matière épaisse, grasse au toucher, d'un blanc jaunâtre, d'une saveur douce et sucrée ; c'est à cette matière que *Hoffmann* a donné le nom de *franchipane* : elle contient toutes les substances fixes du lait, en dissolution, ou suspendues dans la sérosité, rapprochées par la soustraction de l'humidité et par une espèce de combinaison opérée par l'action du feu.

En délayant la franchipane dans l'eau bouillante, la liqueur qu'on obtient est laiteuse ; par la filtration elle devient claire. Les pharmaciens la connaissent alors sous le nom de *petit lait d'Hoffmann*, espèce de médicament autrefois fort recommandé; mais, sa préparation étant longue, embarrassante et dispendieuse, son usage est tombé en désuétude : on lui substitue aujourd'hui le petit lait ordinaire, qui, à bien des égards, mérite de lui être préféré.

La distillation à feu nu de la franchipane donne d'abord une liqueur claire et transparente ; par les progrès de la distillation on obtient un peu d'huile , du carbonate d'ammoniaque , et enfin du gaz inflammable, qu'on peut recueillir avec des appareils convenables.

Ce qui reste dans la cornue se présente sous la forme d'une matière charbonneuse assez raréfiée , et dont l'incinération s'opère difficilement. La cendre qui en résulte verdit le syrop violat ; son mélange avec l'acide sulphurique donne naissance à des vapeurs d'acide muriatique. Dans l'analyse du *sérum* , nous indiquerons les causes de ce dernier phénomène.

On a pu distinguer dans les parties volatiles du lait l'odeur de quelques plantes dont les animaux ont été nourris. Les parties fixes , au contraire , n'ont pas offert le même avantage. Les franchipanes, ainsi que les produits obtenus par la distillation à la cornue , examinés par comparaison , étaient plus ou moins abondans , sans cependant annoncer par des caractères particuliers l'influence du régime alimentaire : ce qui sert à prouver combien les moyens d'analyse, tant vantés autrefois , sont défectueux, puisqu'ils n'établissent aucune différence entre une substance douce et alimentaire , une substance âcre et médicamenteuse, une substance aromatique et vireuse.

Nous terminerons cet article par la réflexion suivante. L'être volatil obtenu du lait par la distillation, seroit-il donc particulier au règne animal? C'est ce qui paraît assez vraisemblable; cependant il y a grande apparence que toutes les substances animales ou animalisées n'en sont pas pourvues au même degré. Nous avons eu souvent occasion d'observer que le lait distillé, de différentes vaches nourries de la même manière, n'a pas toujours suivi la même marche en s'altérant, quoique dans la même saison, puisque l'un s'est corrompu plus tôt que l'autre. L'état particulier de l'animal en est vraisemblablement une des causes principales.

<h2 style="text-align:center">A R T I C L E  I I I.</h2>

<h3 style="text-align:center">De la crème.</h3>

En énonçant les propriétés les plus générales du lait, nous avons observé que, quand on abandonnait ce fluide au contact de l'air, sa surface se recouvrait insensiblement d'une matière épaisse, onctueuse, agréable au goût, quelquefois d'une couleur jaunâtre, mais plus souvent d'un blanc mat. Cette matière est connue sous le nom de *crème.*

La densité de la crème, au moment où elle se sépare, est presqu'égale à celle du lait qui vient d'être trait; aussi la séparation de ces deux fluides est-elle d'abord difficile. Cette séparation ne peut même s'exécuter compléte-

ment que quand la crème a eu le temps d'acquérir assez de consistance pour être distinguée du
lait ; mais souvent alors ce dernier n'est plus
propre aux usages ordinaires. Or, pour faire les
expériences dont nous allons rendre compte,
il faut nécessairement placer le lait dans une
température où il puisse exister deux ou trois
jours sans changer d'état, sans éprouver d'altération sensible dans ses parties constituantes.

*Première expérience.* On a mis dans trois
vases de faïence, numérotés 1, 2, 3, une quantité égale de lait nouvellement trait. Chaque
vase avait la même forme, la même capacité,
mais un orifice différent. Celui du n.º 1 était
de cinq pouces et demi d'ouverture, le n.º 2 de
trois pouces, et le n.º 3 d'un pouce et demi.
Ces trois vases furent exposés à une température de douze degrés de Réaumur pendant
trente-six heures ; au bout de ce temps on
s'aperçut que le lait qu'ils contenaient présentait à sa surface une pellicule crèmeuse,
d'autant plus épaisse et facile à enlever que
l'orifice du vase offrait à l'air plus de super-
ficie.

*Seconde expérience.* La pellicule crèmeuse
ayant été séparée, on a laissé le lait à la
même température pendant vingt-quatre heures.
Il s'est formé de nouvelles pellicules ; mais celle
du n.º 1 était fort mince, tandis qu'elle était
plus épaisse dans le n.º 2, et davantage encore
dans le n.º 3.

Ces pellicules enlevées une deuxième fois, nous avons laissé encore les trois vases à la même température, et pendant le même espace de temps. Pour la troisième fois, le lait a offert des pellicules crèmeuses, excepté, cependant, celui contenu dans le vase n.° 3, c'est-à-dire, celui dont l'ouverture était plus grande.

*Troisième expérience.* Cette expérience, répétée plusieurs fois de suite et toujours avec le même succès, établit la nécessité de donner la préférence aux vases d'une large ouverture, quand il s'agit d'opérer la séparation de la crème d'avec le lait.

En effet, on conçoit que, dans des vases de cette espèce, l'air, ayant plus de facilité pour s'unir dans le même cercle de temps avec les parties les plus volatiles et les fluides du corps qu'il touche, doit nécessairement favoriser leur évaporation et contribuer par conséquent au rapprochement des molécules de la crème, qui dans ce cas est toujours plus épaisse que dans les vases d'une étroite -ouverture.

Au reste, il est bon d'observer que, pour que cette évaporation spontannée de la crème, qui favorise son rapprochement, puisse être avantageuse, il faut que la température ne soit pas trop élevée. C'est ce dont nous nous sommes convaincus par beaucoup d'expériences, dont les résultats n'ont servi qu'à confirmer l'opinion d'*Anderson* à ce sujet. Ce célèbre agriculteur pense que, lorsque le thermomètre de Réaumur indique huit à dix degrés, la crème se sépare du lait avec le plus de régularité, et qu'au-delà et en-deçà cette séparation devient plus difficile.

Nous avons encore remarqué, toutes circonstances égales d'ailleurs, que, plus le lait était riche en crème, plus la séparation de celle-ci devenait facile, et que, pour l'opérer complétement, il fallait trois conditions essentielles : la première, que le lait présentât une grande surface à l'air; la seconde, qu'il fût dans un repos parfait; la troisième, enfin, que le vase qui contenait ce fluide fût exposé à une température plus froide que chaude.

Mais ici plusieurs difficultés s'élèvent pour savoir si la crème est réellement toute formée dans les glandes mammaires, ou bien si son existence ne serait pas due à l'espèce d'altération que le lait éprouve dès l'instant qu'il est trait et soumis à l'action de l'air atmosphérique. Voici les expériences que nous avons faites encore pour les éclaircir.

*Quatrième expérience.* On a introduit le bout du pis d'une vache dans le goulot d'un flacon; on l'y a maintenu de manière à s'opposer à l'entrée de l'air extérieur. Ensuite, par une légère pression, on a fait sortir suffisamment de lait pour remplir la moitié du vase. Alors on a retiré le pis, et sur-le-champ l'orifice du flacon a été fermé avec un bouchon de cristal et placé dans un endroit frais ( c'était en thermidor ). Bientôt la surface du lait s'est recouverte d'une matière épaisse , jaunâtre, ayant toutes les propriétés extérieures de la crème.

*Cinquième expérience.* La même expérience a été répétée, à l'exception qu'on a rempli le flacon jusqu'à l'orifice, qu'on a fermé. La crème a gagné également la surface , et s'est présentée avec tous ses caractères.

*Sixième expérience.* Nous avons agité du lait encore chaud jusqu'à ce qu'il eût pris la température de l'atmosphère ; il a été versé ensuite dans un bocal de verre. La crème s'est montrée à sa surface aussi promptement que si on ne lui avait pas imprimé de mouvement.

*Septième expérience.* En continuant d'agiter plus long-temps le lait , il s'en est séparé une matière concrète ; c'était du beurre. Mais le fluide, restant abandonné dans un vase pendant douze heures, a fourni une autre portion de crème, qui, battue, a donné son beurre.

*Huitième expérience.* Après nous être assurés que le lait, à l'époque de sa sortie des mamelles, marquait trente degrés au thermomètre de Réaumur, nous avons plongé, aussitôt la traîte achevée, le vase qui contenait le lait dans l'eau d'un bain-marie dont la chaleur était aussi de trente degrés, et nous l'y avons laissé pendant six heures. La crème a toujours gagné la surface, avec moins de promptitude, à la vérité; mais elle a paru plus épaisse que celle du lait abandonné à la température ordinaire.

*Neuvième expérience.* Au lieu de tenir le lait dans une température égale à celle qu'il a lorsqu'il est à notre disposition, nous avons placé le vase qui contenait ce fluide dans un bain de glace, de manière qu'il pût y rester pendant dix heures à six degrés au-dessus de zéro. La crème s'est élevée assez lentement, mais elle n'avait pas autant de consistance que celle du lait de l'expérience précédente.

*Dixième expérience.* Le lait de la troisième expérience, dépourvu de sa crème, a été vingt-quatre heures sans s'altérer, tandis que celui dont le vase avait été exposé à une chaleur pareille à celle qu'il a au moment où on vient de le traire, s'est coagulé en moins de douze heures.

Il résulte de ces expériences que l'existence de la crème, à l'instant où le lait sort des mamelles, ne peut pas être révoquée en doute, puisqu'en prolongeant la durée de sa chaleur naturelle, elle ne s'en élève pas moins à la surface du lait, et qu'elle n'a pas besoin du contact de l'air pour se séparer, cette sépara-tion ayant lieu également dans les vaisseaux fermés. Voyons maintenant quelles sont ses propriétés les plus générales.

## A R T I C L E   I V.

### *Examen des parties qui constituent la crème.*

QUATRE vaches, nourries successivement avec différens fourrages verts, nous ont fourni les crèmes sur lesquelles nous avons opéré.

*Première expérience.* Les crèmes mises dans des capsules de verre placées dans un endroit frais, ont contracté à leur surface une couleur jaune peu foncée; leur consistance a augmenté insensiblement au point que le cinquième jour il était possible de renverser les vaisseaux sans que le fluide s'en détachât. A cette époque les crèmes commencèrent à exhaler une odeur désagréable; on ne distinguait plus dans celle provenant des vaches nourries avec le fourrage ordinaire et les feuilles de choux la saveur qu'elles avaient dans leur état frais. Au bout de trois décades chaque espèce de crème s'est recouverte d'une efflorescence verdâtre, semblable à celle qu'on aperçoit sur les matières qui se moisissent. Sous cette espèce d'efflorescence la crème avait la saveur d'un fromage gras, et aurait pu, à la faveur de quelques grains de sel, paraître sur la table en cette qualité.

*Seconde expérience.* Une partie de ce fromage a été délayée dans suffisante quantité d'eau chaude distillée, et a pris une consistance tellement visqueuse qu'il a été impossible de filtrer la liqueur, et par conséquent d'obtenir des produits susceptibles d'être caractérisés par leur configuration.

*Troisième expérience.* L'autre portion de crème arrivée à l'état de fromage, a été mise en digestion dans l'alkohol. Ce fluide, quatre jours après, avait contracté une odeur analogue à celle de la matière avec laquelle il avait séjourné; mais il a fourni par l'évaporation une trop petite quantité de résidu pour le soumettre à quelques essais.

*Quatrième expérience.* Nous avons distillé à feu nu, dans deux cornues de verre luttées, une portion de chacune des crèmes arrivées à l'état de fromage. Les produits obtenus ont été, 1.° de l'huile jaunâtre, d'une odeur forte et pénétrante, accompagnée de quelques gouttes de liqueur légèrement acide; 2.° de l'ammoniaque; 5.° un gaz inflammable. L'huile, par les progrès de la distillation, est devenue insensiblement plus épaisse et plus colorée : à peine coulait-elle le long des parois du col de la cornue. 4.° On a trouvé pour résidu un charbon un peu raréfié, d'une incinération difficile, qui n'a donné que quelques grains d'une poudre dans laquelle, à l'aide des réactifs usités, nous avons reconnu la présence de la potasse.

Cette manière d'examiner la crème ne pouvant fournir sur sa composition les lumières

que nous cherchions à acquérir, et ne cons-
tatant nullement l'état particulier de la matière
huileuse qu'elle contient évidemment, nous
avons eu recours au procédé pratiqué dans les
métairies pour préparer le beurre. Il consiste,
comme on sait, à soumettre la crème, plus
ou moins nouvelle, à un mouvement rapide et
continu qui la sépare en deux parties, savoir,
le beurre proprement dit, et un fluide vulgairement connu sous le nom de *lait de beurre*,
dont nous ferons connaître par la suite les
propriétés.

Quant à l'origine du beurre, aux circonstances qui accompagnent sa séparation, à la
faculté qu'on a de lui donner à volonté la
couleur et la saveur qu'on désire qu'il ait, à la
manière dont il s'altère et aux moyens employés
pour prévenir ou retarder son altération ; tous
ces objets nous ont paru d'un trop grand intérêt pour nous dispenser de les examiner et d'en
faire le sujet des questions suivantes.

1.° La crème renferme-t-elle le beurre tout
formé, dispersé seulement en molécules très-
divisées et interposées entre les autres parties
qui la constituent? ou bien les propriétés qu'il
a au moment de sa séparation, sont-elles l'ouvrage de la simple percussion ?

2.° La qualité du beurre ne diffère-t-elle
point à raison de la manière dont la crème se
forme à la surface du lait et des précautions
employées pour sa séparation ?

3.° La couleur plus ou moins jaune que possède le beurre dans certaines circonstances, est-elle inhérente à ce produit de la crème? ou bien doit-on l'attribuer à l'action de l'air qui se combine pendant l'opération?

4.° Le beurre, plus susceptible qu'aucune autre matière huileuse d'éprouver ce genre d'altération désigné vulgairement sous le nom de *rance*, doit-il cet état à la présence d'un acide développé?

5.° Enfin la qualité et la proportion du beurre que contient la crème, sont-elles constamment les mêmes dans le lait provenant d'une seule et même traite?

Les expériences que nous avons cru devoir entreprendre pour la solution de toutes ces questions, ont fourni des résultats trop essentiellement liés avec les fabriques de beurre et de fromage, pour ne pas les présenter ici au plus grand jour, et engager en même temps ceux qui s'intéressent aux progrès de cette branche d'économie rurale à multiplier leurs recherches sur des objets aussi importans.

### *Du beurre.*

Le beurre est une substance grasse, inflammable, blanche, quelquefois jaune, à demi solide, inodore; d'une saveur douce, agréable; susceptible de se liquéfier à une température de dix-huit à vingt degrés du thermomètre de

Réaumur, et de prendre une consistance assez ferme dès qu'on l'expose au froid.

Quoique ce soit à ces propriétés générales qu'on reconnaisse le plus ordinairement le beurre, quelques-unes, cependant, sont subordonnées à l'emploi de manipulations particulières, et sur tout à la nature des alimens dont les animaux font usage. C'est ce que nous avons eu occasion d'observer en examinant le beurre extrait de la crème fournie par quatre vaches à-peu-près égales entre elles pour l'âge et la constitution physique.

Mais, plus on réfléchit au procédé d'après lequel on parvient à séparer le beurre, moins on conçoit la manière dont cette séparation s'exécute. Il semble en effet que le mouvement long-temps continué, loin d'opérer la réunion de ces molécules, devrait s'y opposer en quelque sorte; car l'expérience prouve que le véritable moyen pour que les molécules de corps identiques mêlées dans un fluide puissent rester désunies, c'est de leur imprimer un mouvement non interrompu : aussi voyons-nous de l'huile agitée dans de l'eau se réduire en une infinité de particules et donner à ce fluide un caractère laiteux. D'ailleurs, si, comme on le soupçonne, le mouvement concourt au rapprochement des molécules de beurre disséminées dans la crème, pourquoi ne facilite-t-il pas celui des parties caséeuses qui existent également dans cette crème ?

Ces objections que nous nous sommes faites
souvent, et le peu de succès de nos tentatives
lorsqu'il a été question d'extraire le beurre de
la crème sans recourir à la percussion, sem-
blaient d'abord nous autoriser à penser que cette
matière huileuse n'existait pas dans le lait, mais
qu'elle était le produit d'une combinaison opérée à l'aide du mouvement. Voici, au reste,
comment nous présumions que les choses se
passaient.

L'organe que la nature a destiné pour fabriquer le lait, peut être considéré comme tra-
vaillant sans cesse à rassembler tous les principes qui doivent concourir à la production de
ce liquide; c'est seulement lorsqu'ils sont réunis que l'opération est achevée, ou, ce qui
est la même chose, que le lait est formé.

Il paraît vraisemblable que dans ce cas, la
nature ne produit pas séparément chacune
des parties constituantes du lait que nous
obtenons par la décomposition de ce fluide,
c'est-à-dire, qu'elle ne fait pas de matière
caséeuse, de beurre et de sel, ou sucre de
lait; mais qu'elle rassemble tous les élémens
propres à créer ces substances, de manière à en
former un tout, aux dépens duquel naîtront à
leur tour les corps dont nous venons de
parler, aussitôt que des circonstances mettront
les principes nécessaires à leur combinaison
dans un état d'appropriation convenable. Ces
combinaisons une fois formées, le lait doit

commencer à exister dans les mamelles avec les propriétés qui le caractérisent.

En effet, si pour existe le lait a besoin que les principes qui doivent servir à la formation du beurre, de la matière caséeuse et du sucre ou sel essentiel du lait, soient écartés ou, si on aime mieux, combinés de telle ou telle manière, on conçoit aisément que, toutes les fois que cet état de choses viendra à changer, il devra nécessairement en résulter une sorte de décomposition du lait; c'est sans doute aussi ce qui a lieu lorsque nous soumettons la crème à la percussion, et que nous séparons de sa sérosité la matière caséeuse.

Au reste, il serait difficile de révoquer en doute l'existence du beurre dans la crème, lorsqu'on sait que ce fluide possède une foule de propriétés analogues à celles des corps gras. D'ailleurs, pour peu qu'on l'expose dans un endroit où il règne une chaleur capable d'évaporer l'humidité qui l'allonge, on obtient bientôt un résidu, qui, par une légère pression, laisse transsuder une matière huileuse, de la nature du beurre.

Il n'est pas aussi facile, à la vérité, d'expliquer comment s'opère la séparation du beurre par le seul mouvement imprimé à la crème, à moins qu'on ne veuille qu'un aussi simple moyen mécanique soit capable d'opérer dans les corps des changemens, tels que des substances auparavant isolées par l'interposition d'une autre substance, ou peut-être combinées avec elle, puissent tout-à-coup, à l'aide de ce seul moyen, paraître sous un état différent de celui qu'elles avaient auparavant.

Or c'est vraisemblablement ce qui arrive à la crème. Toutes les molécules du beurre étendues dans ce fluide, quoiqu'essentiellement solides, considérées isolément, jouissent cependant, dans le milieu qui les retient, d'une sorte de mobilité qu'elles doivent conserver tant que ce milieu, qui s'oppose à leur réunion, existera dans l'état convenable pour produire leur écartement; mais, dès qu'une fois cet état change, aussitôt le rapprochement des molécules du beurre doit s'effectuer et faire paraître un corps d'une consistance assez différente du fluide qui le contenait pour ne pouvoir plus rester uni avec lui.

A cet égard nous devons faire observer qu'il ne faut pas considérer les molécules du beurre dispersées, ou plutôt fondues dans la crème, comme le seraient celles d'un corps quelconque, extrêmement divisé, qu'on aurait mêlé dans un fluide, ou, ce qui revient au même, avec lequel ce fluide n'aurait pas contracté de combinaison; car, dans ce cas, on conçoit que le mouvement qu'on imprimerait à un fluide de cette espèce, loin de déterminer la réunion des molécules du corps qu'il tiendrait suspendues, tendrait au contraire à les écarter, comme cela arrive à l'huile dont nous avons déjà parlé, qui, battue avec de l'eau, finit par lui donner un coup d'œil laiteux. Dans la crème, au contraire, le fluide qui isole les molécules du beurre, est de nature à former avec elles une sorte de combinaison, qui, sans doute, est peu solide, puisqu'elle peut être détruite par la seule percussion.

Quoi qu'il en soit, le beurre n'est pas la seule substance qu'on puisse citer comme exemple de l'effet que produit la percussion : pour réunir et rendre sensibles des corps qui auparavant étaient tenus en dissolution dans un fluide ; en effet, nous voyons la même chose arriver dans la préparation de l'indigo, espèce de matière colorante, qui, comme on sait, ne peut être séparée du fluide qui la contient que par une percussion long-temps continuée.

Que l'oxigène, que l'hydrogène, que l'azote même, ou quelques autres principes de cette espèce, jouent un grand rôle dans la préparation du beurre, ainsi que dans celle de l'indigo, cela est assez vraisemblable ; mais, comme aucune expérience n'a pu démontrer la manière dont ils agissent, nous avons préféré l'explication simple que nous venons de hasarder, plutôt que de nous perdre dans des théories qui, quoique très-brillantes en apparence, n'en sont cependant pas plus lumineuses.

Sans nous arrêter à la structure des organes qui opèrent la secrétion de l'humeur dont nous avons entrepris l'examen, sans considérer

si les auteurs sont fondés dans l'opinion que
le chyle est du lait commencé, qui n'attend
pour prendre tous les caractères du véritable
lait que le travail des mamelles, nous nous
bornerons à faire remarquer que, s'il pouvait
rester quelques doutes sur la différence notable qui existe entre la nature du chyle et
celle du lait, il ne faudrait pour les dissiper
qu'une simple observation puisée dans l'analyse
comparative de ces deux liquides.

En effet, d'après les connaissances qu'on
s'est procurées tout récemment encore sur la
composition du chyle, il paraît démontré que,
s'il possède quelques-unes des propriétés de
l'émulsion, on ne saurait confondre ni l'un
ni l'autre de ces deux fluides avec le lait,
puisqu'en les exposant au feu on n'en obtient
aucune pellicule semblable à la matière caséeuse :
ils ne forment point de coagulum par la fermentation et les acides, et par l'évaporation
insensible de matière saline, comparable à ce
qu'on nomme *sucre de lait*. C'est dans les
mamelles que se fabrique le lait ; la nature ne
secrète pas dans un autre organe une pareille
humeur.

Cependant les ouvrages de médecine four-
millent d'exemples de l'existence du lait, précédemment à sa formation dans les mamelles ;
on cite même des individus mâles qui ont
rendu du lait par des vaisseaux étrangers aux
glandes lactifères : mais ces singularités, en

supposant qu'elles existent, font exception à la loi générale. D'ailleurs, est-on bien assuré que le fluide que l'on a pris pour du lait, à cause de l'analogie de sa couleur, ne fût pas plutôt une liqueur séreuse lymphatique? C'est, à ce qu'il paraît, ce qu'on a négligé de constater.

Mais notre objet n'est point de chercher à expliquer la manière dont les élémens du lait se forment pendant le travail de la digestion, et quels sont les changemens qu'ils subissent dans les vaisseaux qu'ils parcourent pour arriver aux glandes mammaires. Il s'agit de continuer à déterminer les propriétés de ce fluide autant qu'on peut le faire par l'observation et l'expérience.

### *Manière d'être du beurre dans la crème.*

Dans une savante dissertation sur la nature et l'usage du lait de divers animaux, publiée en 1776 à Edimbourg par *Young,* ce médecin rapporte une suite d'expériences qu'il a faites pour faciliter ou empêcher la butirisation; mais elles n'ont servi qu'à lui apprendre que, dans ce cas, les acides, les alkalis, les sels neutres, l'alcohol, le sucre, sont de nul effet, et qu'il faut absolument le concours de la simple agitation pour décomposer la crème et en séparer le beurre.

On voit aussi, d'après ce qui précède, qu'on ne peut révoquer en doute l'existence du beurre dans la crème, et que la percussion est, pour ainsi dire, l'unique moyen auquel on puisse avoir recours pour en opérer la séparation : cependant, dans la vue de prévenir les objections qui pourraient nous être faites, nous n'avons pas négligé de recourir aux expériences propres à anéantir tous les doutes à cet égard ; il sera facile d'en juger par les détails dans lesquels nous allons entrer.

Il n'est pas vrai, comme on l'a dit, que la crème ait besoin d'une fermentation spontanée pour se séparer du lait et fournir ensuite son beurre ; le simple repos, dans un lieu frais, suffit pour lui faire gagner la surface suivant les lois de la pesanteur : dès que cette crème est retirée du lait nouveau, elle peut donner sur-le-champ la totalité du beurre qu'elle contient ; sa saveur alors est plus agréable que celle du beurre séparé d'une crème ancienne.

Nous avons aussi observé, qu'en abandonnant à l'air la crème avec le lait, il ne s'en séparait aucune matière comparable au beurre ; mais qu'en l'agitant tant soit peu, elle se mêlait parfaitement au caillé qui se formait, et qu'elle produisait des fromages gras et moëlleux, dans lesquels le beurre, en tant que beurre, ne se manifestait jamais.

Pour savoir s'il ne serait pas possible d'enlever le beurre à la crème sans le secours de l'agitation, nous avons, entr'autres moyens, employé le feu, persuadés que, cet agent donnant plus de fluidité au mélange, le beurre, débarrassé de ses entraves, viendrait se rassembler à la surface et se concréter ensuite par le refroidissement.

Après avoir tenu sur le feu la crème assez long-temps pour la faire bouillir, nous avons bien remarqué quelques gouttes d'huile nager à sa surface; mais elles ne se sont pas rapprochées de manière à présenter une masse concrescible qui eût l'apparence de beurre.

Cette crème, qui avait ainsi bouilli, a donné, par la percussion, la totalité de son beurre, un peu plus difficilement, il est vrai; il paraissait même d'un blanc plus crémeux et d'une saveur moins délicate.

Il nous restait d'autres essais à tenter, et nous ne les avons pas négligés. Il s'agissait d'abord d'appliquer à la crème un dissolvant qui n'attaquât que le beurre et qui pût acquérir en même temps des propriétés susceptibles de le faire connaître : l'huile nous parut propre à cet objet. Nous en avons ajouté une demi-once sur quatre de crème, et le mélange, versé dans un vaisseau cylindrique de verre, a été agité doucement et placé au bain-marie pendant une heure : l'huile ensuite a peu à peu gagné la partie supérieure ; mais, après l'avoir laissée refroidir, elle n'a pas paru plus épaisse qu'auparavant.

La crème, soumise à la percussion, a donné, un peu plus difficilement, tout ce qu'elle contenait de beurre; mais il était plus mou, plus gras et plus coloré que dans l'état ordinaire.

Un des moyens sur la réussite duquel il semblait que nous dussions compter, a été de mêler à la crème fraîche quelques gouttes de vinaigre; il était à présumer que cet acide, en opérant la coagulation de la matière caséeuse, laisserait le beurre à part, ou qu'un léger mouvement suffirait pour en opérer très-promptement la séparation. Le résultat n'a pas été conforme à notre raisonnement.

Nous avons cherché ensuite à enlever à la crème la partie séreuse qui constitue sa fluidité, sans y apporter d'altération; en conséquence nous en avons répandu une certaine quantité sur plusieurs feuilles de papier gris : une fois imprégnées, elles ont laissé la crème sous la forme d'une matière dont la solidité était égale à celle du beurre. Cette matière, recueillie et délayée dans une quantité d'eau distillée, suffisante pour lui restituer sa première fluidité, a été agitée pendant plusieurs minutes; le beurre s'est séparé de la même manière que par le procédé ordinaire. La sérosité était seulement d'une fadeur extrême; preuve incontestable que les sels dissous dans le *serum* ne servent pas d'intermède pour réunir le beurre à la crème, comme quelques personnes l'avaient prétendu.

Cette expérience, ajoutée à celle de la crème mêlée avec du vinaigre, prouve encore que la promptitude avec laquelle le beurre se sépare de la crème aigrie, dépend moins d'un acide développé dans ce fluide que de l'espèce de fermentation qui a produit cet acide, laquelle, en changeant les parties constituantes de la crème, doit nécessairement détruire, d'une manière plus ou moins marquée, la cohérence du corps qui sert de *medium junc-tionis* du beurre avec la crème ; cohérence d'ailleurs si lâche, qu'à peine une première molécule de beurre apparaît que toute la masse est rassemblée et ne forme plus qu'un corps solide. Ce phénomène nous avait déterminés à appliquer l'électricité à la crème ; mais nos expériences à cet égard ne sont pas assez avancées pour en offrir les résultats.

Nous avons cru aussi devoir vérifier les effets de quelques pratiques usitées dans les campagnes pour accélérer la butirisation, lorsque la saison ou d'autres circonstances locales rendent cette opération longue et pénible. A cet effet nous avons mis successivement au fond de la baratte une pièce de métal et un morceau de beurre, un jaune d'œuf, et même du sucre ; mais aucun de ces moyens n'a donné les avantages annoncés. Nous observerons même que, s'il existe une foule de procédés pour accélérer la butirisation, on en connaît bien peu qui puissent rendre le résultat de cette opération impossible.

Enfin, il nous restait encore à déterminer

s'il était possible, à l'aide de quelques moyens, d'extraire de la crème un beurre beaucoup plus solide que celui qu'elle fournit le plus ordinairement lorsqu'on le sépare par les procédés d'usage.

Pour obtenir les éclaircissemens que nous désirions à ce sujet, nous crûmes devoir faire les expériences suivantes.

*Première expérience.* Nous avons fait chauffer, dans un vase de terre vernissée, du lait nouvellement trait et encore pourvu de toute sa crème. Lorsqu'il a été parvenu au moment d'entrer en ébullition, nous y avons mêlé du vinaigre pour le faire coaguler, comme si nous eussions voulu faire du petit lait médicinal. Le tout ensuite a été passé à travers un tamis de crin très-serré. Le caillé ou fromage, resté sur le tamis, ayant été délayé dans une suffisante quantité d'eau et soumis à la percussion, il en est résulté du beurre tout aussi ferme que s'il eût été retiré d'une crème nouvelle. Nous avons remarqué seulement que son odeur et sa saveur n'étaient pas aussi douces que celle d'un beurre frais de bonne qualité.

*Deuxième expérience.* Connaissant la propriété qu'a la crème, lorsqu'on lui fait présenter beaucoup de surface à l'air, de s'épaissir et de prendre assez de consistance pour pouvoir être pétrie aisément entre les doigts, nous présumâmes que cet effet ne pouvait être attribué

qu'au beurre qui, dans ce cas, avait acquis
une consistance plus qu'ordinaire; mais nous
eûmes bientôt la preuve du contraire, car,
ayant restitué avec de l'eau à de la crème ainsi
épaissie sa première fluidité et l'ayant soumise
ensuite à la percussion, nous retirâmes encore
un beurre tout aussi solide et également coloré
que s'il eût été extrait d'une crème nouvelle.

*Troisième expérience.* Pour connaître l'effet
de l'acide propre du lait sur le beurre, nous
avons laissé ce fluide se coaguler spontanément, et, après avoir enlevé la crème qui
couvrait sa surface, nous l'avons soumise au
travail de la baratte : elle a fourni son beurre
ayant la consistance ordinaire.

*Quatrième expérience.* Nous avons ajouté
à du lait déjà très-crèmeux une autre portion
de crème, et nous avons eu soin d'agiter
souvent le mélange; quand ce lait ainsi sur-
chargé de crème a été coagulé, nous lui avons
laissé contracter une forte aigreur, et au bout
de quinze jours nous en avons retiré, au
moyen de la percussion, du beurre tout aussi
formé que les précédens.

*Cinquième expérience.* Nous avons choisi
les fromages les plus renommés à Paris, et dans
lesquels il est bien reconnu que la crème entre
pour un tiers; ces fromages sont le fromage
de Brie en pot, le fromage de Neuchâtel et le
fromage de Viry. Après les avoir laissés pendant un mois se recouvrir d'une moisissure,

nous les avons délayés dans suffisante quantité d'eau pour leur donner la fluidité ordinaire de la crème, et ils ont été soumis successivement à la percussion : le beurre qui en est résulté n'avait pas une consistance plus ferme que celui provenant des mêmes fromages, mais non faits; il avait seulement une saveur piquante et désagréable.

Nous avons dit plus haut qu'en multipliant les surfaces de la crème exposée à l'air, elle prenait en très-peu de temps une consistance telle qu'on pouvait la manier entre les doigts; que si on lui restituait la fluidité qu'elle avait auparavant, et qu'on la soumît ensuite à la percussion, le beurre qu'on en séparait n'était pas plus ferme, pas plus coloré que celui d'une crème nouvelle, résultant du lait de la même femelle.

Le produit de cette expérience nous ayant paru contrarier l'opinion des chimistes qui assurent que les corps gras ont une grande tendance à s'unir à l'oxigène contenu dans l'air atmosphérique, et que le principal effet de ce principe sur eux est d'augmenter leur consistance d'une manière sensible; nous crûmes devoir chercher à reconnaître si l'effet dont il s'agit se ferait remarquer en exposant la crème au contact immédiat d'une certaine quantité de gaz oxigène, le plus pur qu'il serait possible d'obtenir; voici en conséquence comme nous avons opéré.

*Sixième expérience.* Nous avons mis dans un vase de la capacité d'une pinte, du gaz oxigène bien pur et quatre onces de crème ; après un quart d'heure d'agitation, le beurre s'est séparé sans avoir plus de couleur et de concrétion que s'il eût été fait dans l'air atmosphérique.

*Septième expérience.* Du beurre renfermé bien hermétiquement dans un vase contenant de l'oxigène, n'a pas éprouvé plus de changement que celui exposé à l'air libre.

*Huitième expérience.* L'acide carbonique, que nous avons regardé comme ne pouvant rien fournir à la crème pour favoriser la formation du beurre, puisqu'il ne se décompose point dans cette opération, l'acide carbonique a été employé dans les mêmes vues que dans les expériences 6 et 7 ; mais le résultat obtenu n'a point encore présenté de différence bien marquée.

*Neuvième expérience.* Pour terminer l'examen de cette question, nous avons battu le beurre dans un bocal recouvert d'un triple parchemin mouillé et bien ficelé sur l'orifice du vase, et nous avons remarqué que, loin qu'il se fît du vide, il paraissait au contraire qu'il s'était dégagé un fluide élastique, car le parchemin était devenu convexe et très-distendu. Pour juger de la nature de ce fluide, nous l'avons fait passer, à l'aide d'appareils convenables, dans des récipiens, et bientôt

nous avons reconnu qu'il ne différait pas de
l'acide carbonique, puisqu'il éteignait les
lumières et qu'il décomposait l'eau de chaux.

Tenons-nous en donc aux expériences qui
viennent d'être rapportées : elles prouvent,
contre l'opinion des chimistes modernes, que
le beurre est tout formé dans la crème; qu'il s'y
trouve contenu avec toutes les propriétés que
nous lui connaissons; qu'enfin il n'a nullement
besoin d'absorber de l'oxigène pour prendre
de la concrescibilité, et une couleur plus ou
moins jaune.

### Des Proportions du beurre relativement au lait.

Dans le dessein où l'on est de comparer la
nature et la quantité de lait produit par deux
femelles d'espèce, d'âge et de constitution
semblables, il faut préalablement faire attention au temps qui s'est écoulé depuis qu'elles
ont mis bas, car ce fluide augmente de
consistance à mesure qu'on s'éloigne de cette
époque.

Pour constater ce fait dans tous ses détails,
nous avons choisi une vache qui avait vélé
dès les premiers jours de Germinal, et dont
le produit commun en lait était par jour de
huit mesures connues sous le nom de pinte
ou pot, pesant chacune trois livres environ,
ce qui formait pour les deux traites vingt-
quatre livres; nous avons eu soin également

d'attendre que l'animal fût au vert pour commencer nos expériences.

*Première expérience.* Un mois après le vêlage, c'était en Floréal, nous avons fait traire la vache matin et soir, comme à l'ordinaire, et verser chaque traite dans une terrine évasée, exposée à une température de douze degrés du thermomètre de Réaumur ; au bout de vingt-quatre heures, nous avons séparé la crème, et l'avons soumise aussitôt à la percussion : elle a fourni, sur trente-deux livres de lait, sept onces et demie de beurre, de couleur jaunâtre.

*Deuxième expérience.* La même expérience a été répétée le lendemain et le surlendemain, sans que la quantité du lait et celle du beurre parussent s'éloigner sensiblement de la proportion observée ci-dessus.

*Troisième expérience.* Un mois après ces premières expériences, c'est-à-dire en Prairial, la vache, continuant le même régime, n'a fourni dans les deux traites que trente et une livres de lait, qui ont donné neuf onces trois quarts de beurre, ce qui fait une livre de lait de moins, et deux onces de beurre de plus qu'en Floréal.

*Quatrième expérience.* Pendant le mois de Messidor, la quantité de lait des deux traites n'a pas diminué d'une manière marquée ; mais celle du beurre a augmenté au point que, sur trente et une livres de lait, nous avons retiré douze onces et demie de beurre.

*Cinquième expérience.* Le lait en Thermidor a diminué sensiblement, mais le beurre a augmenté en proportion ; vingt-sept livres de lait nous ont donné quinze onces de beurre.

*Sixième expérience.* Pareille diminution de lait et augmentation de beurre ont eu lieu dans le courant de Fructidor ; la vache a produit alors vingt-quatre livres de lait et une livre de beurre.

*Septième expérience.* La vache ayant passé au sec en Vendémiaire, elle a fourni cependant à peu près la même quantité de lait qu'en Fructidor ; mais celle du beurre a augmenté d'une once, et sa couleur a un peu diminué.

*Huitième expérience.* La même quantité de lait s'est soutenue en Brumaire, ainsi que celle du beurre ; mais la couleur de ce dernier s'est encore affaiblie et a passé au blanc mat.

*Neuvième expérience.* A l'époque de Frimaire, la vache, qu'on avait menée au taureau à la fin de Messidor, fournit sensiblement moins de lait, et le beurre cependant fut dans une proportion à peu près la même qu'auparavant.

*Dixième expérience.* En Nivôse, la proportion du lait se soutint comme en Frimaire, et il donna à peu près un vingt-quatrième de beurre, c'est-à-dire que vingt-quatre livres de lait donnèrent une livre environ de beurre.

*Onzième expérience.* Nous avons obtenu en

Ventôse le même résultat, et, comme à cette époque la vache était pleine de huit mois, il ne fut plus possible d'avoir du lait autrement qu'épais et filant comme du blanc d'œuf.

Ces expériences se trouvent confirmées par celles du C.<sup>en</sup> *Boyssou*, habile pharmacien à Aurillac. Elles prouvent que le lait d'une vache produit, le premier mois qui suit le part, trois gros environ de beurre par livre de lait; quatre gros les deuxième et troisième mois, cinq et six gros jusqu'au huitième mois, et que c'est à cette époque que le beurre a réellement acquis sa perfection et abonde davantage.

On se tromperait sans doute en croyant que la plus ou moins grande abondance de lait en été ne vient seulement que de la nature plus ou moins succulente des herbages qui composent alors la nourriture des femelles, car nous avons eu occasion de voir des vaches qui avaient vêlé dans un temps où elles étaient au sec, et le lait du premier mois n'en être pas plus séreux ni plus abondant que celui du second mois, et ainsi successivement.

Rien n'est donc plus variable que la proportion du beurre que fournit la même vache à différentes époques de l'année, sans même changer de régime; mais la crème que produit son lait, quoique résultant de la même traite, offre encore dans tous les temps différentes nuances dans la qualité du beurre; et c'est ce phénomène qu'il nous reste à constater.

Nous avons déjà dit qu'un des moyens les plus efficaces pour séparer la crème d'avec le lait consistait à mettre le produit de la traite dans un vase plus large que profond, et à exposer ce vaisseau à une température plus froide que chaude ; il s'agit maintenant de faire voir que la crème retirée du lait à mesure qu'elle monte à sa surface, offre des différences sensibles dans la qualité du beurre qui en provient.

*Douzième expérience.* Nous avons rempli de lait un bocal cylindrique , et ensuite il a été exposé à une température de dix degrés. Six heures après nous avons séparé la première couche de crème, qu'on a mise en réserve dans un vase bien clos. Pour enlever la seconde couche on a attendu le même espace de temps, et il en a été de même pour la troisième ; ce qui a exigé trente-six heures avant d'avoir écrémé entièrement le lait.

*Treizième expérience.* La crème du même lait, ainsi divisée en trois parties, agitée séparément et au même instant, dans trois bouteilles, a présenté trois qualités distinctes de beurre : le premier était plus fin et plus délicat que le second, et celui-ci plus que le troisième.

*Quatorzième expérience.* Ces deux expériences, variées et répétées sur une plus grande masse de lait de vache ainsi que sur le lait d'autres femelles, ont offert constamment les mêmes résultats; ce qui démontre que, quand

on verse le lait dans un vase à étroite ouverture, et qu'on laisse à la crème le temps de
se rassembler, celle qui monte la première
fournit un beurre supérieur en qualité à celui
de la seconde crème, tandis que le beurre de
la dernière couche est toujours inférieur aux
deux précédens.

Nous observerons que le règne végétal présente un résultat à peu près semblable. En
effet, si on exprime des semences émulsives,
et, mieux encore, la pulpe charnue des olives,
le premier produit de l'expression est infiniment préférable, pour l'odeur et la saveur, à
celui qu'on obtient ensuite : aussi dans le
commerce a-t-on grand soin de distinguer ces
deux qualités d'huile, et de mettre la première
à un prix plus haut que la seconde.

Mais il existe encore d'autres causes qui
peuvent influer sur la proportion du beurre
dans le lait; ce sont les différentes manipulations employées dans l'opération de la traite.
Si une vache, par exemple, n'est tirée dans les
vingt-quatre heures qu'une seule fois, son lait
est moins abondant, et la proportion du beurre
plus considérable que pour le lait qui résulte
d'une vache traite jusqu'à trois fois dans le
même espace de temps : le lait se trouve par ce
moyen augmenté d'un septième, et le beurre
diminue dans une égale proportion.

Une autre observation, non moins intéressante, est que dans une même traite le lait

qui vient le premier n'est nullement semblable
à celui qu'on tire le dernier, que l'un est trois
fois plus riche en beurre que l'autre; mais
nous rendrons compte des expériences qui
ont été faites pour constater ces vérités importantes, ainsi que des conséquences essentielles
qu'on peut en tirer, lorsque nous considérerons
le lait dans ses rapports immédiats avec l'économie rurale.

Un autre phénomène, bien plus propre encore à causer de la surprise, c'est la différence
que présente le lait d'une même traite divisée
en plusieurs parties; nous en parlerons après
avoir examiné la coloration du beurre.

N'oublions pas de répéter que, si pendant
l'été il est difficile de dégager entièrement le
lait de sa crème, la séparation du beurre est
alors infiniment prompte; tandis qu'en hiver,
après avoir attendu huit à dix jours pour battre,
il faut encore employer la chaleur, et que le
beurre qui en résulte a perdu de sa qualité.

### Coloration du beurre.

S'il est hors de doute que la saison, la nature
des alimens et l'état physique des animaux
influent sur la qualité du beurre, il n'est pas
moins démontre que ces mêmes causes ont
aussi une influence sur sa coloration : plus les
plantes sont succulentes et aromatiques, plus
le beurre en général est jaune. A l'entrée de
l'hiver cette couleur s'affaiblit au point de

disparaître entièrement : aussi les vaches nourries avec de la paille d'avoine ou d'orge, des fourrages secs et du son, des racines potagères, ne donnent-elles communément qu'un beurre d'un blanc mat.

Un fait bien connu des habitans des campagnes, et qui n'est pas non plus ignoré de ceux des grandes communes, c'est que, quand la vache, la chèvre, la brebis, l'ânesse et la jument ont été nourries pendant l'été dans les mêmes pâturages, il n'y a que le beurre de lait de vache qui soit constamment jaune, tandis que, dans la même saison, celui des autres femelles est plus ou moins blanc. Cette différence dépend vraisemblablement de la disposition des organes destinés à recevoir et à préparer le lait, organes qui varient dans tous les animaux, et sur les opérations desquels la nature a jeté un voile que, peut-être, nous ne viendrons jamais à bout de déchirer.

La couleur jaune du beurre paraît donc étrangère à ce produit de la crème, puisqu'assez généralement il est blanc comme de l'axonge, et que, dans le nombre des femelles que nous venons de nommer, la vache seule le fournit coloré; encore n'est-ce que pendant la saison où elle est nourrie de plantes fraîches.

Cependant, s'il n'est pas facile de déterminer la véritable cause de la coloration du beurre du lait de vache, nous connaissons au moins la propriété dont la crème jouit de devenir un des dissolvans les plus propres à extraire la matière colorante de certaines substances végétales : mais comment s'opère cette extraction? c'est sur quoi les chimistes ont gardé le silence. Nous ne serions point excusables de les imiter dans un ouvrage uniquement consacré à l'examen des parties constituantes les plus essentielles du lait.

Quelques auteurs ont assuré qu'on ne transmettait la matière colorante au beurre qu'immédiatement, c'est-à-dire, après sa préparation ; mais on conçoit la difficulté qu'il y aurait de la distribuer uniformément et à froid dans un corps ferme comme le beurre, sans lui donner au moins la fluidité qu'il a dans l'état de crème.

On imagine facilement aussi que, si on avait recours à la chaleur pour l'amener à cet état, le beurre serait, à la vérité, bientôt coloré, mais qu'il éprouverait une telle altération qu'il serait impossible, dans beaucoup de circonstances, de l'employer un certain temps comme aliment : il fallait donc chercher le moyen d'éviter cet inconvénient.

Nous avons fait beaucoup d'expériences, d'après lesquelles nous avons eu la preuve que, quelle que fût la matière colorante qu'on voulût associer au beurre sans le faire chauffer, jamais elle ne pouvait s'y unir qu'autant qu'on la lui présentait au moment où, se séparant du lait avec lequel il était combiné dans la crème, ses molécules, extrèmement divisées et voisines de la fluidité, étaient par cela même dans un état d'appropriation plus convenable pour agir sur le corps colorant qu'elles trouvaient à côté d'elles. Nous avons remarqué aussi que, l'union de la matière colorante avec le beurre étant une fois consommée, il était difficile, pour ne pas dire impossible, de la rompre.

Parmi les substances propres à colorer le beurre, nous ne citerons que celles que nous avons essayées dans cette vue : telles sont le fruit d'alkekenge, la graine d'asperges, les fleurs de souci, et sur tout le suc de carotte rouge. Toutes ces substances, mêlées à la crème et battues avec elle, donnent au beurre qui en provient une couleur jaune plus ou moins foncée.

Cette propriété qu'a le beurre, en se séparant de la crème, de se charger du principe colorant des matières végétales dont il vient d'être question, s'étend également à la partie verte des plantes : mais leurs sucs, exprimés et battus avec la crème, ne fournissent pas un beurre coloré; il faut nécessairement, pour le succès de l'opération, que la matière colorante soit extraite auparavant, ou par l'alcohol sous forme de teinture, ou bien en exposant au feu le suc qui la contient.

Le beurre que fournit la crème ainsi traitée, a non-seulement contracté une couleur qui approche de celle de la plante employée, mais encore son odeur et sa saveur : c'est ainsi que

nous lui avons communiqué l'arome de l'angé-
lique, du persil, du cerfeuil, dn céleri.

Le principe vireux et narcotique des végétaux passe aussi de cette manière dans le beurre;
la nicotiane, le pavot, la ciguë, la mandragore,
s'y font sentir d'une manière très-marquée, et
peut-être les combinaisons de cette espèce
offriraient-elles à l'art de guérir une ressource
de plus dans les circonstances où l'usage de
ces plantes est recommandé intérieurement ou
extérieurement.

Nous avons encore observé que, pour colorer le beurre, il n'était pas toujours nécessaire
de prendre les matières colorantes dans l'état
humide, puisque nous sommes parvenus à
opérer cette coloration avec l'écorce sèche
de la racine d'orcanette; c'est même ainsi que
nous nous sommes procuré du beurre depuis
le rose léger jusqu'au rouge le plus foncé,
en augmentant ou diminuant les proportions
de la racine. Le beurre est également susceptible de dissoudre d'autres fécules diverse-
ment colorées. Nous avons battu de la crème
avec de l'indigo et du tournesol : le beurre
qu'elle a fourni était teint en bleu, faible à
la vérité, mais agréable et susceptible d'augmenter d'intensité par une percussion plus
long-temps continuée avec ces substances
mieux divisées.

Le beurre, ainsi coloré en bleu, perd insensiblement sa couleur: d'abord il passe au violet,

puis il devient rougeâtre, et se décolore enfin tout-à-fait. Ces effets se font remarquer plus promptement sur les premières couches que sur celles qui sont moins exposées à l'air : cependant à la longue ces dernières se décolorent complétement.

L'air n'est peut-être pas ici la cause unique de cette altération de la partie colorante, à moins qu'on n'admette que ce fluide, qui demeure interposé dans le beurre, puisse jouir des mêmes propriétés que celui qui est à l'extérieur : dans ce cas on expliquerait facilement pourquoi l'action de ce dernier est moins énergique que celle du premier.

Si la racine d'orcanette donne au beurre une couleur dont on peut varier la nuance à l'infini, il n'en est pas de même de la matière colorante des betteraves rouges et jaunes, et de la cochenille ; elles n'impriment aucune teinte à ce corps gras : ce qui semble annoncer que, pour que le beurre dissolve la matière colorante qu'on lui présente, il faut nécessairement qu'elle soit de nature résineuse.

Le beurre par la chaleur perd un peu de sa couleur, mais il éprouve en même temps une sorte d'altération qui le prive de cette saveur douce et agréable qu'on lui connaît lorsqu'il est frais.

On sait aussi que le contact de l'air le colore ou le décolore, selon les circonstances. Celui qui est absolument blanc après sa séparation, devient jaune à sa surface au bout de quelque temps d'exposition à l'air libre : mais cette couleur est toujours faible, et ne se communique que très-difficilement aux couches inférieures.

L'effet contraire arrive au beurre naturellement jaune, car on remarque que c'est sa surface qui blanchit, tandis que la couleur jaune se conserve dans l'intérieur.

En général nous croyons avoir remarqué que l'air paraît avoir plus d'action sur la couleur jaune communiquée artificiellement au beurre, que sur celle qu'il tient de la nature. C'est pour cela sans doute que le beurre exposé dans nos marchés, qui doit presque toujours sa couleur, soit à la fleur de souci, soit à toute autre matière qu'on y a ajoutée à l'instant même de sa préparation, blanchit si aisément à sa surface.

Il nous reste maintenant à examiner cette tendance qu'a le beurre de perdre plus ou moins promptement sa saveur douce et agréable, pour en prendre une tellement âcre et forte que l'organe du goût le moins exercé peut la découvrir dans une masse énorme d'alimens auxquels une très-petite portion de ce beurre a servi d'assaisonnement.

### Rancidité du beurre.

Nouvellement préparé avec de bonne crème, le beurre ne conserve pas long-temps la saveur douce et agréable qu'on lui connaît ; peu-à-peu il perd de sa qualité , et éprouve une sorte d'altération , qui, poussée à un certain point, ne permet plus qu'on l'emploie à tous les usages domestiques. Dans cet état il porte le nom de *beurre rance*, de *beurre fort*.

Cette altération peut être plus ou moins prompte, suivant les procédés employés pour la préparation et la conservation du beurre. En général on remarque qu'on parvient à la retarder en lavant parfaitenent le beurre, et sur tout en le plaçant dans des endroits frais et sous l'eau.

Souvent aussi on prévient la rancidité en faisant éprouver au beurre assez de chaleur pour le priver de l'humidité interposée entre ses parties, ou en le mêlant avec une suffisante quantité de sel, d'où résulte ce qu'on nomme dans le commerce *beurre fondu*, *beurre salé*.

Nous donnerons, dans la troisième partie, le procédé de ces deux préparations, exécuté en grand dans quelques cantons de la république.

La présence du lait dans le beurre nous a paru, plus que toute autre, hâter la rancidité.

En effet nous avons mis souvent en comparaison des beurres obtenus de la même crème, mais qui exprès n'avaient pas été tous lavés avec le même soin : constamment nous avons remarqué que ceux dans lesquels on avait

laissé des portions de lait se rancissaient bien
plus promptement que les autres.

On a ensuite fait fondre des beurres rances
et d'autres qui ne l'étaient pas : les premiers
ont laissé déposer un fluide blanchâtre, qui
avait une saveur âcre et désagréable, tandis
que les derniers n'ont pas donné un semblable
produit.

Enfin nous sommes parvenus à diminuer la
rancidité du beurre préparé depuis plus d'un
mois, en le lavant à grande eau. La première
eau du lavage était laiteuse et fort désagréable.

Si les expériences dont on vient de rendre
compte ne suffisaient pas pour prouver que
le lait disséminé dans les interstices du beurre
contribue à hâter sa rancidité, nous citerions
les pratiques journalières des ménagères, qui
pétrissent le beurre dans l'eau pour diminuer
son goût fort; nous indiquerions leur précaution de le tenir en fonte sur le feu, jusqu'à ce
qu'il se soit précipité, au fond des chaudières,
une matière qui d'abord s'épaissit et se torré-
fie ensuite. Cette matière, qui n'est autre chose
que la substance caséeuse existante dans le
lait que contenait encore le beurre, étant une
fois séparée, il devient moins susceptible de
s'altérer; aussi peut-on le conserver plusieurs
mois sans qu'il contracte le goût rance.

Il faut convenir cependant que, telle précaution qu'on prenne, le beurre le mieux
préparé finit à la longue par se rancir complé-

tement, et qu'il éprouve dans ce cas le sort
de toutes les matières grasses, végétales et
animales, qui, comme on sait, sont sujettes à
la même altération.

De tout temps les chimistes ont cherché à
déterminer la nature du produit nouveau qu'on
pouvait naturellement supposer exister dans
un corps gras devenu rance. Presque tous
ont admis que c'était un acide. Cependant,
comme les expériences d'après lesquelles ils
ont fondé leur opinion à cet égard, ne nous
ont pas paru assez concluantes, nous avons
cru devoir faire de nouvelles recherches qui
pussent nous mettre à portée d'obtenir les
éclaircissemens que nous désirions.

On imagine bien que, le beurre étant le
corps gras qui nous occupait spécialement,
nous avons dû le choisir de préférence pour
sujet de nos expériences.

D'abord, connaissant la propriété qu'ont les
acides de coaguler le lait, nous avons cherché
à reconnaître si celui qu'on supposait exister
dans le beurre rance jouissait de cette même
propriété.

Pour cet effet nous avons ajouté à du lait
une certaine quantité de beurre très-rance,
et nous avons tenu ce lait sur un feu doux
pendant plusieurs heures.

La même expérience a été répétée avec du
fromage rance, ajouté à du lait en place de
beurre.

Le lait, dans ces deux cas, a acquis une saveur fort désagréable, et analogue à celle du beurre et du fromage employés ; mais il ne s'est pas coagulé.

On a ensuite lavé à froid, et dans une petite quantité d'eau, du beurre et du fromage très-rances. L'eau des lavages, mêlée avec de la teinture aqueuse de tournesol, n'a point changé en rouge la couleur de cette teinture.

Au lieu de faire cette expérience avec de l'eau froide, on a employé de l'eau chaude et même bouillante : la teinture s'est encore comportée comme dans le premier cas.

Nous présumions que, si la rancidité du beurre était due à la présence d'un acide, on déterminerait promptement cet état avec du vinaigre ; mais au bout de plusieurs jours, nous avons trouvé le beurre ainsi mélangé moins rance qu'un autre que nous avions mis en comparaison avec lui et dans lequel on n'avait pas ajouté d'acide.

Rappelons d'ailleurs un fait qui se reproduit souvent pendant l'été. La crème, dans cette saison, s'aigrit quelquefois en moins de vingt-quatre heures ; cependant le beurre qu'on en sépare n'est pas moins doux ni moins délicat pour avoir séjourné dans un milieu acide.

D'après tous ces résultats nous sommes autorisés à penser que la rancidité peut exister sans développement d'acide.

Mais, si rien ne démontre que le beurre rance contienne un acide, on ne peut pas se refuser au moins à admettre qu'un des principes des acides contribue pour beaucoup à déterminer la rancidité; et que ce principe est l'oxigène. Voici comment nous sommes parvenus à en avoir la preuve.

Sous deux cloches de verre de même forme et de même capacité, remplies d'air atmosphérique, on a placé séparément des vases contenant de la crème fraîche et du beurre frais.

De la crème fraîche et du beurre frais ont été également placés sous deux cloches remplies de gaz oxigène.

L'air des deux premières cloches n'avait pas, le huitième jour, diminué de volume d'une manière sensible. La surface de la crème était devenue un peu plus jaune et un peu ridée; on voyait aussi dans quelques endroits des points de moisissure; sa consistance avait augmenté; sa saveur n'était plus agréable, mais sans être rance : battue dans une phiole avec un peu d'eau, elle a donné un beurre assez doux.

Le beurre placé sous la cloche qui contenait aussi de l'air atmosphérique, paraissait avoir acquis à sa surface un peu plus de couleur; sa saveur n'était pas douce, comme le jour où l'expérience avait été commencée, mais on ne pouvait pas dire qu'elle fût rance.

Le beurre et la crème, placés sous les cloches remplies de gaz oxigène, avaient au contraire une odeur décidément rance, et par conséquent une saveur désagréable. Une partie du gaz avait été absorbée et remplacée par l'eau de la cuve sur laquelle les cloches avaient été placées. Enfin nous vîmes que la quantité du gaz absorbé pouvait être évaluée au quart de son volume.

Quand nous n'aurions que ces expériences à citer, elles suffiraient déjà pour prononcer que l'oxigène est l'agent qui détermine la rancidité; mais la certitude à cet égard devient encore plus complète depuis les nouveaux resultats obtenus par les chimistes qui ont traité les graisses avec l'acide nitrique.

Cet acide, comme on sait, est composé d'oxigène et d'azote; il est un de ceux qui se décompose le plus facilement. Une des circonstances où sa décomposition se fait singulièrement remarquer, est celle qui a lieu lorsqu'on le mêle en petite quantité avec de la graisse; dans ce cas l'oxigène abandonne promptement l'azote avec lequel il était uni, pour se joindre à la graisse, qui aussitôt devient extrêmement rance.

Dans cet état la graisse est apte à oxider certaines substances métalliques, et principalement le mercure.

En effet, si on mêle à de la graisse oxigénée par l'acide nitrique ou oxigénée naturellement, c'est-à-dire rance, une petite quantité de mercure, on voit aussitôt ce métal perdre son éclat métallique et se convertir en oxide gris. C'est pour cela sans doute que le mercure s'éteint si facilement avec de l'onguent *mercuriel* rance, tandis qu'on est long-temps à obtenir le même effet lorsque l'onguent est nouvellement préparé.

Mais ce serait trop nous écarter que d'insister plus long-temps sur cet objet; nous terminerons cet article en disant que la rancidité peut être considérée comme une oxigénation réelle, qui, à raison de sa plus ou moins grande intensité, doit présenter des nuances différentes dans l'état du beurre, et généralement dans celui de tous les corps gras qui deviennent rances.

Maintenant que nous connaissons la cause de la rancidité des corps gras, ne peut-on pas espérer que la chimie, lorsqu'elle aura plus de données sur les affinités de l'oxigène avec différens corps, parviendra à l'enlever au beurre, et le rappellera par ce moyen, sinon à sa primitive perfection, au moins à un état qui permettra qu'on' l'emploie à différens usages auxquels il est moins propre lorsqu'il est rance. Ce résultat sera une nouvelle preuve des services que les sciences peuvent rendre à la société quand elles sont dirigées vers les objets d'utilité générale.

### Du lait de beurre.

La crème, après avoir donné le beurre qui en formait une des parties constituantes, ne présente plus qu'un fluide blanchâtre, d'une saveur et d'une consistance à peu près égales à celles du lait. Ce fluide est connu sous le nom de *lait de beurre*, dénomination fort impropre puisqu'il ne contient pas un atome de beurre.

Le nom de petit lait acidule, sous lequel on le désigne encore, ne lui convient pas davantage, car on sait qu'il n'a de saveur acide qu'autant qu'il a été séparé d'une crème ancienne, laquelle, par conséquent, a déjà commencé à tourner à l'aigre ; mais lorsque la crème dont on se sert pour faire le beurre est nouvelle, le fluide qu'elle laisse échapper, au moment où le beurre se sépare, a une saveur douce, absolument analogue à celle du lait dépourvu seulement de sa crème. En comparant même le lait de beurre et le lait écrèmé, on voit qu'ils réunissent l'un et l'autre à peu près les mêmes propriétés.

Il faut convenir cependant que le lait dit *lait de beurre*, est plus susceptible que le lait écrèmé de passer à la fermentation acide : c'est ce dont nous avons eu la preuve en faisant l'expérience suivante.

On a mis séparément dans deux vases semblables une égale quantité de lait de beurre et de lait parfaitement écrèmé. Ils étaient le produit de la même traite ; par conséquent la crème qui avait fourni le lait de beurre avait été séparée du lait qu'on employait pour servir de terme de comparaison.

E.

Ces deux fluides placés dans le même endroit, le lait de beurre passa à l'aigre vingt-quatre heures plus tôt que l'autre.

Cette différence doit être sans doute attribuée en grande partie à la percussion qu'on a fait éprouver à la crème lorsqu'on a voulu en séparer le beurre. Cette percussion nécessairement agit d'une manière sensible sur les différentes parties de la crème et principalement sur celle du lait de beurre, et par suite elle doit disposer les parties constituantes de ce fluide à passer plus tôt à la fermentation acide, que celles du lait qui n'a pas été agité.

A l'exception de cette différence, le lait de beurre contient, ainsi que nous nous en sommes convaincus en faisant une analyse comparée de ces deux fluides, autant de matière caséeuse et de substances salines que le lait parfaitement écrèmé.

### *Du lait écrèmé.*

Le lait qui vient d'être séparé de la crème n'a plus, ni cette couleur d'un blanc mat, ni cette saveur douce et ce toucher onctueux qu'il avait quelques instans après sa sortie du pis de la femelle ; sa densité est donc moins considérable : aussi, pour le faire bouillir, faut-il employer un degré inférieur à celui qu'il exige lorsque la crème s'y trouve encore mêlée. On remarque aussi qu'il devient propre à dissoudre une plus grande quantité de sucre et d'autres matières salines.

Il n'est pas aussi facile qu'on pourrait le croire de se procurer du lait parfaitement écrèmé, et jouissant d'ailleurs de la saveur douce et agréable qu'on désire lui trouver. C'est principalement pendant l'été qu'on éprouve de grandes difficultés à cet égard ; car, comme pendant cette saison il faut, pour que la totalité de la crème puisse se séparer, attendre souvent douze heures, ce temps est plus que suffisant pour faire passer le lait à l'aigre. On conçoit qu'alors il ne doit plus avoir les mêmes qualités qu'auparavant.

C'est pour obvier à cet inconvénient que nous avons cherché si, en appliquant la percussion à du lait au sortir du pis de la vache, il ne serait pas possible de l'amener sur-le-champ à l'état de lait parfaitement écrèmé. En conséquence nous en avons agité pendant une heure dans un vaisseau convenable. Ce moyen a suffi pour nous donner du beurre sous forme de flocons, qu'on ne pouvait réunir qu'en approchant du feu ou en plongeant dans l'eau chaude la bouteille qui contenait le lait. Il nous a paru que le beurre obtenu par ce procédé avait une saveur moins agréable que celui séparé immédiatement de la crème sans le concours de la chaleur.

Soupçonnant d'après la quantité du beurre qui s'était séparée dans cette expérience, qu'elle était inférieure à celle que nous eussions obtenue si, au lieu d'opérer sur le lait non écrémé, nous nous fussions servis de la crème que ce lait aurait pu produire, nous nous déterminâmes à soumettre à une seconde percussion le lait dont nous avions d'abord séparé le beurre mentionné plus haut; mais, malgré tous nos efforts, il nous fut impossible d'obtenir une nouvelle quantité de beurre.

Peu découragés par ce défaut de succès, nous crûmes pouvoir mieux réussir si nous exposions pendant quelque temps ce lait à une chaleur tempérée. En effet, après vingt-quatre heures, nous nous aperçumes qu'il s'était recouvert d'une pellicule crèmeuse; nous la séparâmes, et aussitôt nous la soumîmes à la percussion pendant près de deux heures : cette fois-ci nous ne fûmes pas plus heureux que la première, pour séparer de cette espèce de crème le moindre atome de beurre.

Il nous paraît que le défaut de succès de cette expérience doit être attribué au fluide mêlé avec la crème : la proportion de ce fluide était sans doute plus grande qu'elle ne devait être pour permettre aux molécules du beurre qui étaient contenues dans cette crème de se réunir. Ce qui nous porte à penser ainsi, c'est que le même lait, exposé de nouveau dans un lieu frais, a donné facilement son beurre.

Cette observation apprend que pour retirer

la totalité du beurre que la crème renferme, il faut toujours trois conditions:

1°. Séparer celle - ci du lait, et lui appliquer immédiatement la percussion ;

2°. Ne laisser à la crème que la quantité nécessaire du lait pour favoriser le mouvement qu'on lui imprime ;

3°. Eviter autant qu'il est possible le concours de la chaleur; sans quoi on s'expose à avoir du beurre qui a une grande propension à rancir.

L'on voit d'après ce qui précède, que la crème est plus composée que le lait dont elle est séparée entièrement, puisque ce dernier fluide ne contient plus de beurre. On peut en conclure aussi que la couleur blanche du lait ne dépend nullement de l'interposition d'une certaine quantité de beurre suspendue dans la sérosité à la faveur de la matière caséeuse, et que ceux qui ont considéré le lait comme une émulsion animale, auraient dû plutôt donner ce nom à la crème, dont le blanc plus mat est réellement dû au beurre qu'elle renferme.

Mais s'il n'est plus permis d'attribuer à la matière butyreuse, disséminée dans le serum, la couleur du lait, et qu'il soit démontré, ainsi que nous le ferons voir par la suite, que la matière caséeuse en est la seule cause, on ne saurait se refuser de croire que le beurre n'influe sensiblement sur la couleur, la consistance et la saveur de la crème, puisque, quand celle-ci est jaune, c'est toujours à raison de la couleur du beurre qu'elle contient, et que, lorsqu'il est séparé, le lait prend une fluidité et une saveur différentes de celles qu'avait la crème.

On est donc forcé de convenir que la coloration et l'épaisissement de la crème appartiennent essentiellement au beurre, et qu'ils suffisent ponr démontrer son existence dans ce fluide.

## Article V.

### Des pellicules produites à la surface du lait qu'on fait chauffer.

De tous les chimistes qui se sont occupés de l'analyse du lait, *Venel* est presque le seul qui ait parlé des pellicules formées à la surface de ce fluide lorsqu'on le fait chauffer; mais il pensait, ce sont ses expressions, qu'elles différaient peu de la pellicule crèmeuse qui recouvre le lait peu de temps après qu'il est tiré, c'est-à-dire du beurre mêlé de quelques parties de fromage empreintes et imbibées de petit lait.

D'après une pareille définition de la composition des pellicules dont il s'agit, on est tenté de croire que *Venel* ne les a jamais examinées, complétement dépouillées du fluide qui les mouille; car il faut convenir que dans cet état elles annoncent plutôt une matière (membraneuse divisée et suspendue dans le sérum, laquelle, en se rapprochant, produit un corps très-sensible. Arrêtons-nous à la manière dont ces pellicules se forment, à la cause de leur formation, et aux propriétés qui les caractérisent.

### Formation des pellicules.

Nous avons exposé à la chaleur du bain-marie une livre de lait écrémé. L'eau du bain n'était pas encore bouillante que la surface du lait était déjà couverte d'une pellicule mince, qui peu à peu est devenue plus épaisse. Dès qu'elle a paru avoir toute l'épaisseur qu'elle pouvait prendre, nous l'avons enlevée avec un tube et mise aussitôt dans une capsule remplie d'eau distillée. Il en a été de même de toutes celles qui se sont successivement formées.

La séparation de ces pellicules exige beaucoup d'adresse et de célérité pour pouvoir les obtenir entières : autrement elles se déchirent, se précipitent au fond du vaisseau, s'attachent à ses parois, et y forment des petits corps qu'on ne peut enlever qu'en les brisant. Cet inconvénient, que nous avons éprouvé en commençant, nous a fait répéter plusieurs fois l'opération : aussi avertissons-nous que le lait dont nous allons parler a fourni des pellicules tout entières, sans rien déposer au fond de la capsule.

Comme l'expérience nous avait appris qu'à mesure que les pellicules se formaient le lait acquérait plus de densité, nous avons, pour lui conserver une grande fluidité, essayé de remplacer par de l'eau distillée l'humidité qui s'évaporait : au moyen de cette addition, le vaisseau, qui, au commencement de cette opération, était plein de lait, s'est trouvé encore rempli de fluide lorsqu'elle a été terminée.

A mesure que nous enlevions les pellicules, on voyait le lait perdre de sa couleur blanche. Vers la fin, il fallait beaucoup plus de temps pour qu'elles se formassent. Lorsque nous avons vu qu'il n'en paraissait plus, nous avons cessé l'opération. La liqueur avait alors une demi-transparence ; elle ne se caillebotait plus, ni avec les acides, ni avec l'esprit de vin ; sa saveur était sucrée ; enfin cette même liqueur, jetée sur un filtre, a passé aussi transparente que du petit lait clarifié. Versée dans plusieurs capsules, elle s'est évaporée spontanément, et a donné, au bout de quelques jours, un sel très-blanc, sucré, parfaitement semblable au sel essentiel ou sucre de lait, dont il sera question par la suite.

L'opération que nous venons de décrire a été répétée sur du lait de beurre qui n'était point aigre : elle a offert un résultat parfaitement semblable.

Du lait pourvu de sa crème, soumis à la

même expérience, a donné des produits qui n'ont différé des précédens qu'en ce que les premières pellicules étaient onctueuses.

On a vu plus haut que les pellicules recueillies successivemeut avaient été mises dans une capsule remplie d'eau distillée. Ce moyen nous a paru le seul propre à les dépouiller du lait qui y adhérait. En répétant deux ou trois fois les lavages, nous sommes parvenus à avoir ces pellicules assez pures. Elles se développaient alors très-aisément, et se présentaient sous la forme d'une espèce de membrane à demi transparente, d'une consistance telle qu'elles pouvaient supporter, sans se déchirer, l'action du tube dont on se servait pour les étendre. Nous croyons qu'il serait difficile de donner une meilleure idée de leur manière d'être qu'en les comparant à la membrane qui tapisse l'intérieur de l'œuf.

*Cause de la formation des pellicules.*

Il paraît vraisemblable que le contact de l'air extérieur est une condition essentielle à l'existence des pellicules, puisque ce n'est jamais qu'à la surface du lait qu'elles se forment, et que, une fois formées, elles acquièrent une sorte de consistance. Cette opinion se trouve confirmée par l'expérience suivante.

Nous mîmes dans une bouteille de pinte une livre de lait écrémé, et cette bouteille, après avoir été bouchée avec un morceau de liége traversé par une longue épingle, fut placée dans l'eau d'un bain-marie qu'on fit bouillir pendant près d'une heure. De temps en temps on avait soin de retirer l'épingle pour donner issue à l'air qui se dégageait. La bouteille ayant été retirée du bain, nous n'aperçûmes pas que le lait fût couvert d'une pellicule, quoiqu'il fût assez chaud pour qu'il eût dû .s'en former si l'opération avait été faite dans un vaisseau ouvert. Mais dès qu'on déboucha la bouteille, nous vîmes paraître une pellicule toute semblable à celle dont nous avons parlé plus haut. Ce procédé, répété bien des fois, nous a toujours réussi.

Convaincus, d'après cette seule expérience, que le contact de l'air était nécessaire pour la production des pellicules, nous avons essayé d'en hâter la formation, en mettant la surface du lait en contact avec une masse d'air plus considérable. En conséquence on a dirigé le tuyau d'un soufflet sur la surface d'un lait qu'on avait fait chauffer : à chaque coup de soufflet on voyait une pellicule se former. Le moyen nous a paru si avantageux que nous y avons eu recours à différentes reprises pour obtenir plus promptement une grande quantité de pellicules.

Cet effet est-il dû à l'air agissant tout entier sur la surface du lait chaud ? ou bien l'air ne contribue-t-il à la formation des

pellicules qu'en fournissant un de ses principes?
C'est ce qu'il est difficile de décider. Nous
observerons cependant qu'il paraît vraisemblable que l'air atmosphérique, dans cette circonstance, n'agit pas différemment que le gaz
inflammable, l'acide carbonique et l'air vital,
puisque ces trois fluides aériformes, renfermés
dans des vessies terminées par un robinet de
cuivre à étroite ouverture, ayant été dirigés
successivement sur la surface d'une quantité
de lait qu'on avait fait chauffer exprès, ces
fluides n'ont pas paru produire d'effets différens de ceux de l'air atmosphéripue qui sortait
d'un soufflet.

### De la nature des pellicules.

Le lait séparé des pellicules, devenu assez
fluide pour passer à travers d'un filtre, donne
lieu à différentes questions. Qu'est devenue la
matière caseuse? Les pellicules en sont-elles
les débris, ou bien cette matière elle-même
ne serait-elle pas produite par la réunion
subite de la substance propre à fournir les
pellicules? C'est particulièrement à cette dernière opinion que nous nous arrêtons, fondés
sur les expériences suivantes.

Les pellicules, abandonnées à elles-mêmes
dans la capsule, ont perdu, en moins de
vingt-quatre heures, une partie de leur consistance et de leur transparence. Au bout de
quatre jours, le thermomètre étant à seize

degrés, elles étaient devenues si molles que le moindre attouchement suffisait pour les déchirer ; l'eau dans laquelle elles nageaient n'était plus aussi claire que la veille. Le sixième jour, elle exhala une odeur si fétide, qu'on s'en apercevait à plus de dix pieds de distance de la capsule. Le huitième jour, la surface de l'eau se trouvait recouverte d'une matière glaireuse et putride. Les pellicules étaient alors dans une sorte de dissolution ; on ne pouvait plus apercevoir leur forme. Enfin, le douzième jour, l'eau étant tout-à-fait évaporée, il n'est plus resté dans la capsule qu'une très-petite quantité de matière inodore, insipide, insoluble dans l'eau, dans les acides et dans l'alcohol.

Si, au lieu d'abandonner ainsi les pellicules à la décomposition spontanée, on les fait sécher, après toutefois avoir eu soin de les laver exactement, elles deviennent jaunâtres, sans perdre leur transparence. Alors elles se brisent sous les doigts avec la plus grande facilité : les acides sulphurique et muriatique, peu concentrés, ne paraissent pas avoir d'action sur elles : l'acide nitrique les colore en jaune, et diminue leur consistance sans les dissoudre : le vinaigre les attaque sensiblement : la soude caustique, étendue avec suffisante quantité d'eau distillée, et aidée de la chaleur, les dissout entièrement ; cette dernière dissolution devient d'un rouge foncé.

Ces mêmes pellicules, mises sur le feu, brûlent en se tuméfiant, et répandent une odeur de corne brûlée.

Enfin, lorsqu'on les distille à feu nu dans une retorte, on obtient les mêmes produits que de la corne, c'est-à-dire du phlegme, de l'huile légère, de l'ammoniaque ou alkali volatil, et de l'huile empyreumatique. Il reste dans la cornue un charbon extrêmement raréfié, qui s'incinère avec la plus grande difficulté.

Dans le nombre des propriétés ci-dessus mentionnées, celle qu'a la soude caustique d'attaquer les pellicules, et de donner à la dissolution une couleur rouge foncée, mérite d'être remarquée.

Il paraît vraisemblable que cette couleur est due au carbone qui entre dans la composition des pellicules, lequel, séparé d'abord par la soude caustique, est ensuite dissous entièrement par elle.

Cette manière d'agir de la soude caustique rend parfaitement raison de la couleur rouge que prend aussi le lait écrémé ou non écrémé, lorsqu'on les fait bouillir ensemble : il n'est point douteux que, dans ce cas, la matière propre à former les pellicules éprouve de l'altération, et que dès-lors le lait doit prendre une couleur rougeâtre.

On conçoit, d'après cela, combien était grande l'erreur de ceux qui, en voyant la couleur rouge dont est question, pensaient que l'alkali fixe caustique avait le pouvoir de convertir le lait en sang; aussi la théorie sur la sanguification, qu'on s'était hâté d'établir d'après cette expérience, n'est-elle plus soutenable maintenant?

Au reste, la propriété qu'ont les pellicules d'être attaquables par la soude caustique, ne leur appartient pas exclusivement, puisque par la suite nous verrons cet alkali produire, d'une manière même encore plus marquée, un pareil effet sur le sel ou sucre de lait.

En résumant les différentes observations que nous venons de présenter, il semble qu'on ne doit plus hésiter de regarder la matière qui constitue les pellicules comme étant parfaitement la même que celle qui forme la substance caséeuse. Il paraît aussi qu'elle est, de toutes les parties constituantes du lait, la seule qui soit évidemment animalisée, puisqu'elle possède les propriétés particulières des substances animales. C'est, en un mot, une véritable matière plastique, analogue à celle qui existe dans le sang, ainsi que dans d'autres humeurs récrémentitielles.

Nous ajouterons encore, que toutes les snbstances qui ont la faculté de coaguler le lait, produisent en un instant ce que le feu et le contact de l'air font insensiblement: dans ce dernier cas, on n'obtient jamais que des pellicules, tandis que dans le premier la matière propre à les former successivement, se rapproche tout-à-coup, et se réunit pour produire cette espèce de coagulum auquel on a donné le nom de substance caséeuse.

Mais ce qui achève d'établir l'identité des pellicules et de la matière caséeuse, ce sont les produits qu'on en obtient par l'analyse chimique. Nous en rendrons compte dans un instant.

## ARTICLE VI.

### *Des agens propres à la coagulation du lait.*

IL existe une multitude d'agens propres à coaguler le lait, et à mettre sur-le-champ en évidence une substance blanche connue des chimistes sous le nom de *matière caséeuse* ou *fromageuse;* mais comme ces agens offrent chacun quelques particularités, nous avons cru qu'il était utile de les faire tous connaître successivement avant de nous occuper de l'examen de la matière caséeuse.

### *Coagulation par les acides.*

En mêlant deux gros d'acide sulphurique affaibli, avec une livre de lait écrèmé, le mélange perd un peu de sa fluidité, et, si le vaisseau qui le contient est placé dans une température de quinze à seize degrés, il ne faut pas une heure pour que la coagulation s'opère. Le coagulum, d'abord très-mou, acquiert insensiblement plus de consistance, et, en l'agitant, on voit surnager une sérosité, de couleur légèrement citrine, d'une saveur douce et agréable.

On obtient de semblables résultats, mais beaucoup plus lentement, lorsque le lait qui en est l'objet se trouve pourvu encore de sa crème.

Si, au lieu d'abandonner, à la température dont nous avons parlé, le mélange de lait et d'acide sulphurique, on l'expose à la chaleur du bain-marie ou dans une étuve, le coagulum se manifeste beaucoup plus promptement; mais il ressemble parfaitement au précédent.

Si on double la quantité d'acide sulphurique, en opèrant à chaud ou à froid, la coagulation a lieu plus vîte que lorsqu'on se sert de la première dose indiquée. Le sérum et la matière caséeuse ont alors une saveur aigrelette.

Porte-t-on encore plus loin la proportion d'acide sulphurique, la coagulation s'opère presque sur-le-champ; mais le caillé, au lieu d'être mou et tremblant, a plus de densité, et la séparation du sérum se fait aussi avec promptitude. L'acidité alors devient très-sensible dans le sérum et dans la matière caséeuse.

Tout ce qui vient d'être dit pour l'acide sulphurique, peut être répété pour l'acide muriatique; on obtient, en suivant la même marche, des résultats à peu près semblables;

nous n'avons pas observé, du moins, de différence bien notable.

L'acide nitrique affaibli agit de la même manière; mais, lorsqu'il est très-concentré, son action s'exerce sur la portion de lait qu'il touche d'abord, avec une telle violence qu'il en sépare la matière caséeuse, la racornit et la jaunit.

L'acide phosphorique se comporte de même que l'acide sulphurique, lorsqu'on l'emploie dans des proportions semblables.

Le vinaigre, ainsi que plusieurs autres acides végétaux, coagule le lait comme le font les acides minéraux affaiblis; mais nous avons observé qu'il fallait employer des proportions plus fortes pour réussir dans le même espace de temps. La matière caséeuse et le sérum n'avaient de saveur aigrelette que lorsqu'on mettait plus de vinaigre qu'il n'en était essentiellement besoin pour déterminer la coagulation.

L'action de l'acide carbonique sur le lait est plus lente que celle des autres acides. Pour séparer la matière caséeuse, il a fallu faire passer une très-grande quantité de cet acide à travers une livre de lait. Le caillé s'est présenté sous la forme de molécules très-divisées, et non pas en masse, comme avec les autres acides; effet qu'il faut attribuer, sans doute, au mouvement continuel qu'occasionaient dans le liquide les bulles de gaz acide carbonique qui partaient du fond, pour venir crever à la surface. Le sérum, après la coagulation, n'avait pas de saveur acide, mais il était plus blanc que dans les expériences précédentes.

*Coagulation par les sels à excès d'acide.*

Assurés que les acides minéraux et végétaux avaient la propriété de coaguler le lait, nous avons employé les sels appelés *sels avec excés d'acide :* le tartrite acidule de potasse, ou crème de tartre; l'oxalate acidule de potasse, ou sel d'oseille; le sulphate de potasse avec excès d'acide. Tous ces sels ont agi d'une manière plus ou moins marquée sur le lait : tous l'ont coagulé; mais nous avons observé que, pour que cette coagulation se fît complétement, il fallait que le lait fût presque dans l'état bouillant. Nous avons remarqué aussi que la plupart se décomposaient en se séparant de la matière caséeuse. Cette décomposition n'a rien de surprenant lorsqu'on sait que le sérum contient différens sels neutres.

La matière caséeuse obtenue par ces procédés, ainsi que le sérum, avait peu ou point de saveur, dès qu'on n'employait que la quantité de sels indispensable pour opérer la coagulation; mais elle devenait plus sensible en augmentant la proportion.

En général, cet effet était très-frappant, lorsqu'au lieu des sels dont on vient de parler on se servait des fleurs de benjoin et du sel volatil de succin. L'odeur et la saveur particulières à ces deux derniers acides, se manifestaient bien sensiblement, même lorsqu'on n'en mettait que de petites quantités.

### *Coagulation par les sels neutres.*

Dans le nombre des sels neutres qui ont agi d'une manière très-marquée sur le lait, nous citerons la plupart des sulphates. Ils coagulent ce fluide avec une promptitude singulière; mais, pour que l'opération réussisse, il convient d'attendre que le lait bouille avant que d'y jeter les sulphates. Il y en a qui demandent à être employés à plus forte dose que les autres, et pour lesquels il faut moins de chaleur.

Les différens muriates n'agissent pas comme les sulphates. Le lait les dissout sans former de coagulum, excepté le muriate ammoniacal, qui cependant n'agit jamais d'une manière aussi complète que les sulphates. Un phénomène singulier, c'est qu'au moment de la coagulation opérée par ce muriate il se dégage une vapeur d'ammoniaque très-sensible.

On a aussi essayé, mais sans succès, les phosphates de potasse, de soude et de chaux. Il en a été de même des nitrates de chaux, de magnésie, de potasse et de soude, ainsi que des acétates de potasse et de soude, en

observant de n'employer tous ces sels qu'après
la certitude acquise de leur parfaite saturation.

*Coagulation par le corps muqueux.*

Le corps muqueux insipide et le corps
muqueux sucré, coagulent constamment le
lait. Pour en avoir la preuve, il suffit de faire
bouillir du lait, soit avec de la gomme arabique en poudre, soit avec de l'amidon bien
lavé, soit, enfin, avec du sucre. Après quelques minutes d'ébullition on voit le caillé
se former et prendre une consistance assez
serrée, sur tout si on a soin de forcer la dose
de sucre, d'amidon et de gomme. Il nous est
arrivé souvent de réussir dans cette expérience, en employant quatre gros de gomme
arabique sur huit onces de lait, tandis que
d'autres fois il a été nécessaire d'en mettre
depuis quatre gros jusqu'à huit, sur la même
quantité. Pareille chose est arrivée avec le
sucre. En général, nous avons remarqué qu'il
fallait une plus grande quantité de sucre et
d'amidon que de gomme.

Le caillé produit par le sucre se présente
quelquefois sous la forme d'une écume qui nage
à la surface du sérum : celui-ci, dans ce cas,
est très-clair ; sa saveur et sa consistance ressemblent à un sirop ordinaire.

Quant à la matière écumeuse dont on vient
de parler, elle se délaye très-bien dans l'eau,
et lui communique une couleur blanche ; cette

espèce d'émulsion se décompose aisément par
le repos, et la matière caséeuse se sépare sous
la forme d'un sédiment assez divisé.

### Coagulation par l'alcohol.

C'est un des meilleurs moyens auxquels on
puisse avoir recours pour se procurer de la
matière caséeuse très-promptement et en
grande abondance : le sérum que l'on obtient
dans ce cas est tout-à-fait incolore ; il a la
saveur de l'eau-de-vie.

Quant à la matière caséeuse, elle est toujours sous la forme de molécules assez divisées, qui gagnent ordinairement la partie inférieure du vaisseau. Sa saveur participe un peu
de celle du fluide dans lequel elle nage : mais
il est facile de l'en dépouiller, en la lavant
à plusieurs reprises dans l'eau distillée ; alors
elle ressemble assez bien à celle qu'on sépare
au moyen des acides.

### Coagulation par les végétaux.

Les plantes évidemment acides coagulent
fort bien le lait ; mais il faut en ajouter une
certaine quantité, sans quoi le coagulum n'a
jamais une forte consistance. Le sérum et le
caillé ne sont point acides ; on distingue seulement la saveur de la partie extractive des
végétaux employés. La grande oseille et l'allé-

luia nous ont paru produire l'effet le plus marqué.

Parmi les plantes non acides que nous avons cru devoir soumettre à l'expérience, plusieurs de la famille des rubiacées ont été mises à infuser et à bouillir dans le lait : mais nous avouerons qu'à notre grand étonnement, il n'a jamais été possible d'en trouver une qui opérât la coagulation ; nous n'en exceptons pas même le caille-lait, auquel tous les auteurs ont attribué la propriété qui lui a donné son nom. Elle a été essayée, comme ils le recommandent, sans avoir pu obtenir un effet seulement perceptible, quoique nous ayons apporté dans cette expérience toute l'attention dont nous sommes capables; il est essentiel de prévenir que nous avons opéré d'abord avec du caille-lait séché, ayant cette odeur de miel qui annonce sa bonne qualité.

Au retour du printemps, nous avons répété sur le caille-lait nouveau les expériences que nous avions faites, en automne, avec le caille-lait desséché ; et, comme les principes des plantes, en général, varient à raison de l'âge, du sol et des expositions, nous avons eu l'attention de recueillir, sur des terrains et à des aspects différens, le caille-lait dans son premier début de végétation, à l'époque de la floraison, et quand il est prêt de grainer : l'infusion, la décoction, l'eau distillée, le végétal lui-même en substance, appliqué, dans ces divers états, au lait froid ou en ébullition, n'ont opéré aucune coagulation; ce qui nous autorise à prononcer affirmativement, que la faculté de cailler le lait n'appartient pas plus au caille-lait jaune qu'au caille-lait blanc, qui a été pareillement essayé.

On sait que le lait qui commence à devenir ancien, a une grande disposition à se cailler; il suffit pour cela de lui faire éprouver un petit degré de chaleur. Dans l'été il acquiert souvent la propriété de se cailler seul, en moins de six heures, lorsqu'on le met sur le feu. On conçoit d'après cela que, si on opérait sur du lait de cette espèce, il ne faudrait plus attribuer sa coagulation à l'influence du caille-lait qu'on y aurait mélé.

Une chose bien étonnante, c'est que, depuis Dioscaride jusqu'à nous, il ne se soit pas trouvé un seul auteur qui ait même osé élever quelques doutes sur la propriété du caille-lait: aussi est-on en droit d'en conclure que tous les auteurs se sont copiés servilement, et que c'est ainsi qu'ils ont transmis une erreur qu'une seule expérience aurait pu si facilement détruire. Que d'exemples, en physique et en chimie, ne pourroit-on pas citer de pareilles fautes, qui tiennent à la même cause!

Ce que ne produit pas le caille-lait, les fleurs d'artichaux et de chardon le font d'une manière très-marquée. Il suffit de mêler une infusion assez forte de ces fleurs, ou même de

les mettre en substance avec du lait, pour déterminer la coagulation. Le caillé qu'on obtient
est tremblant, peu serré, et par conséquent
d'une consistance molle ; le sérum s'en sépare
assez difficilement ; il faut beaucoup de temps
pour le faire égoutter complétement ; ni l'un
ni l'autre n'ont de saveur sensible, lorsqu'on
a été économe de ces fleurs.

Il n'est pas inutile d'observer que, plusieurs
chimistes ayant assuré que la propriété reconnue à ces fleurs, de coaguler le lait, était due
à un acide masqué, nous avons fait, pour le
découvrir, plusieurs expériences, qui toutes
ont été sans succès. On peut présumer qu'il
y a d'autres fleurs qui jouissent de la propriété
de cailler le lait ; cependant nous osons avancer que, parmi celles que nous avons essayées,
les fleurs de chardon seules ont produit l'effet
que nous cherchions. Mais une circonstance
singulière, observée par *Young*, et que nos expériences ont confirmée, c'est que, si on fait
infuser ces fleurs à l'eau bouillante au lieu
d'eau froide, elles perdent entièrement la propriété coagulante, et la possèdent au plus grand
degré, si le lait employé est très-chaud. Cette
observation suffit pour faire voir combien la
simple infusion à chaud peut changer la vertu
d'une plante quelconque.

Entre les autres parties végétales, soumises
à l'expérience, la noix de galle nous a paru
jouir de la propriété de séparer la matière

caséeuse. Son infusion n'a pas produit d'effet sensible. Mais, lorsque nous avons fait bouillir deux gros de cette matière concassée avec huit onces de lait, nous avons aperçu, après quelques minutes d'ébullition, les morceaux de noix de galle se ramollir comme de la résine, la matière caséeuse se séparer du sérum, et venir contracter avec la noix de galle une sorte de combinaison, qui formait un corps adhérent à la spatule et filant à peu près comme de la térébenthine. Le sérum obtenu par ce moyen était coloré en jaune, et, quoiqu'il contînt encore de la matière caséeuse, il était très-fluide; dans cet état sa saveur participait beaucoup de celle de la noix de galle.

L'extrait résineux de noix de galle, employé de la même manière, a donné précisément des résultats semblables.

Beaucoup de substances végétales, astringentes et acerbes, ont été essayées, telles que le sumac, l'écorce du maronier d'Inde, le quinquina, sans produire l'effet coagulant.

Ce que fait le corps muqueux ou mucilagineux, lorsqu'il est pur et tel qu'il existe dans les gommes et l'amidon, il ne le fait pas étant combiné avec d'autres principes : aussi est-ce envain que nous avons fait bouillir dans du lait la semence de psyllium, celle de lin, la racine de guimauve; ces substances ne produisent pas de coagulation.

### Coagulation par les matières animales.

Les veaux, les agneaux, les chevreaux etc., qu'on tue avant qu'ils aient pris d'autre nourriture que le lait de leur mère, fournissent une substance qui a pour base le lait caillé, avec laquelle on fait ce qu'on connaît vulgairement sous le nom de *présure*. Ce mot paraît même générique pour exprimer tout ferment dans la composition duquel entre une substance animale, et dont l'usage est particulièrement destiné à coaguler le lait dans les fromageries. Nous en indiquerons la préparation dans la troisième partie de cet ouvrage.

Les jeunes animaux de la classe des ruminans, ne sont pas les seuls qui puissent fournir une substance douée de la vertu coagulante; la liqueur contenue dans l'estomac, l'estomac lui-même, d'une foule d'êtres qui vivent de chair, de poissons, d'insectes, de grains et d'herbes, possèdent également cette vertu à un degré assez intense pour qu'on puisse quelquefois en tirer parti.

On a prétendu que la propriété coagulante de la présure dépendait d'un acide à nu que cette substance contient; mais il est facile de prouver la fausseté de cette assertion, car un mélange de présure et de potasse, dans lequel cette dernière est en excès, ajouté à du lait, a produit un coagulum absolument semblable à celui résultant des mêmes quantité et espèce de lait auquel on avait ajouté une proportion égale de présure pure.

Il existe donc une multitude de substances propres à opérer la coagulation du lait. Mais ce phénomène, pour l'explication duquel on a tant hasardé de conjectures, mérite bien de nous occuper aussi un instant.

### Du phénomène de la coagulation.

Ce ne serait pas prononcer d'après l'expérience que de vouloir établir, comme quelques chimistes l'ont fait, que le principe coagulant est identique dans tous les corps qui jouissent de cette propriété.

Nous avons vu les acides des trois règnes, soit à nu, soit dans l'état de sels neutres ou avec excès d'acide, agir assez puissamment sur le lait et en séparer la matière caséeuse : nous avons vu les alkalis, employés à petite dose, ne pouvoir détruire la propriété coagulante de la présure : enfin, nous avons cité plusieurs autres substances, également éloignées de l'état acide, opérant les mêmes effets. Le sucre, l'amidon et la gomme ne font certainement pas ici les fonctions d'acide, puisqu'il est démontré qu'ils n'en contiennent pas de développé, et que celui qu'on parvient à obtenir avec eux est toujours le produit d'une nouvelle combinaison qu'on leur a fait éprouver : or, assurément, si les gommes et le sucre ne contiennent pas d'acide à nu, on est donc forcé de convenir que le principe coagulant n'appartient pas exclusivement aux acides.

Quand on réfléchit ensuite à la manière, plus ou moins prompte, avec laquelle la matière caséeuse se sépare de la sérosité par l'action de différens corps qui n'ont entre eux aucune analogie, on aperçoit bientôt la difficulté d'établir une théorie satisfaisante du phénomène de la coagulation ; car, enfin, si le caillé n'est formé que par la réunion de ces mêmes membranes que nous avons vues se séparer et se condenser à la surface du lait qu'on fait chauffer, sans doute il ne doit pas être aisé d'expliquer comment l'effet que produit un acide est aussi produit par d'autres substances dont les propriétés chimiques semblent être diamétralement opposées.

Cependant *Scheele* a essayé de rendre raison de la coagulation par le moyen des acides, en disant « que la matière caséeuse attirait une « certaine quantité d'acide, et que, la combi-« naison qui en résultait exigeant une beau-« coup plus grande quantité d'eau que le lait « n'en porte avec lui, cette combinaison devait « dès-lors former un *magma*, qui ne pouvait « plus rester en dissolution. »

Une expérience que nous avons répétée plusieurs fois avec succès, et d'après laquelle on peut prouver que du lait étendu dans dix parties d'eau n'est presque plus susceptible d'être coagulé par les acides, semble venir à l'appui de l'explication de *Scheele*, et il faut avouer qu'il serait difficile d'en donner une plus vraisemblable si les acides étaient les seuls intermèdes propres à séparer la matière caséeuse : mais, quand on voit des sels neutres, la gomme et le sucre, opérer le même effet, il est impossible de se contenter de la théorie de ce savant, car ce serait envain qu'on dirait que ces substances, lorsqu'on les mêle avec du lait, s'emparent du principe aqueux qui constitue le sérum, et que la matière caséeuse, n'en trouvant plus suffisamment pour être tenue en dissolution, est obligée de se séparer. Si les choses se passaient ainsi, il n'y aurait pas de raison pour que tout sel soluble dans le lait ne dût produire le même effet que la gomme, le sucre, le sulphate d'alumine, etc. : or, assurément le nitre, le muriate de soude, que le lait dissout très-bien et en assez grande quantité, ne déterminent pas la coagulation de ce fluide. On peut donc conclure que l'explication donnée à cet égard ne saurait être admise, et que la vraie cause de la coagulation du lait, soit par les acides, soit par les autres substances, est encore à découvrir. Nous ne doutons pas que, si une mort prématurée n'avait enlevé *Scheele,* au grand regret des savans et de sa patrie, qu'il honorait, ce chimiste n'eût repris l'examen de cette matière vraiment singulière, et qu'il n'eût donné la solution du problème qui nous occupe.

Une chose nous a paru fort extraordinaire; c'est de voir la gomme arabique et l'amidon coaguler le lait, tandis que le mucilage de racine de guimauve, ainsi que celui de graines de lin, produisait un effet contraire. Cette différence ne dépendrait-elle pas de la matière extractive combinée avec le mucilage?

Quels que soient, au reste, les intermèdes employés à la coagulation du lait, on voit que leur action s'exerce d'une manière plus ou moins marquée sur la substance caséeuse. Les uns agissent fortement sur elle et l'expriment, pour ainsi dire, en un instant; d'autres, au contraire, lui conservent une sorte de mollesse, qu'elle ne perd qu'après beaucoup de temps : dans l'un et l'autre cas, la saveur du sérum, ainsi que celle de la matière caséeuse, présente des différences bien sensibles. Cette observation sert à prouver qu'il ne faut pas employer indifféremment tous les agens, lorsqu'on veut coaguler du lait dont on a l'intention d'examiner les produits, car on ne pourrait acquérir les connaissances qu'on désire se procurer.

# ARTICLE VII.

## *De la matière caséeuse.*

PARMI les procédés employés à la coagulation du lait, nous avons donné la préférence à celui qu'il était facile d'exécuter sans introduire aucun corps étranger dans ce fluide.

Nous avons donc exposé, à une température de dix-huit degrés environ, une certaine quantité de lait écrémé : deux fois vingt-quatre heures après, nous nous aperçûmes qu'il était parfaitement coagulé. Le coagulum, qui avait une consistance molle et tremblante, fut d'abord mis à égoutter sur un tamis, et ensuite soumis à l'action d'une presse, afin d'en séparer la totalité du sérum qu'il contenait encore; il acquit par ce moyen de la solidité. Les parties qui le composaient se laissèrent diviser avec peine, et, en se séparant, elles formaient des filamens assez longs et demi-transparens.

Cette substance, ainsi préparée, est l'une des parties constituantes du lait sur lesquelles les chimistes se sont le plus exercés; mais, en réunissant leurs expériences, on voit que les produits qu'ils ont obtenus leur ont donné de la composition de la matière caséeuse des idées bien différentes. Les uns l'ont comparée au coagulum du sang, les autres à la gélatine : ceux-ci ont assuré que c'était une matière parenchymateuse, semblable à celle contenue dans les plantes émollientes; ceux-là lui ont trouvé beaucoup de rapport avec la substance glutineuse : enfin il y a des auteurs qui croient que c'est véritablement une substance lymphatique, analogue à celle du blanc d'œuf. *Scheele,* et principalement le C.ᵉⁿ *Fourcroy,* ont adopté cette opinion, à laquelle nous accordons d'autant plus volontiers la préférence, qu'indépendamment du poids que lui donne l'autorité de ces deux savans chimistes, elle se trouve confirmée par des expériences dont nous allons présenter les résultats.

### *Examen de la matière caséeuse.*

Cette matière, obtenue avec les précautions indiquées, étant mise dans une capsule de verre, placée au bain-marie, s'est ramollie, et peu-à-peu s'est fondue assez complétement pour que toutes les molécules, divisées, puis rapprochées et réunies, ne formassent plus qu'un tout homogène. En continuant le même degré de chaleur, la matière a perdu de sa blancheur; elle est devenue en même temps transparente comme de la corne, et se laissait malaxer entre les doigts. Cependant ce dernier effet n'avait lieu qu'autant qu'elle était chaude, car, dès qu'elle se refroidissait, elle prenait la sécheresse de la térébenthine cuite.

La substance caséeuse, amenée à cet état, peut se conserver très-long-temps sans s'altérer.

Mais lorsqu'elle a été simplement soumise à l'action de la presse, sans en extraire toute l'humidité, on voit, au bout de quelques jours, sa surface se couvrir de petites taches livides, qui exhalent une odeur désagréable ; bientôt elle éprouve une sorte de décomposition analogue à celle des substances animales ; enfin, par le progrès de la putréfaction, elle se remplit de vers, qui finissent eux-mêmes par périr et ne laissent dans la capsule que les débris de leurs dépouilles. A la vérité, pour arriver à ce dernier terme, il faut du temps, sur tout si le vaisseau dans lequel l'opération se fait, est exposé à une température moyenne.

Si, au lieu de se servir de la matière caséeuse exprimée, on emploie celle qui a été simplement égouttée sur un tamis, c'est-à-dire, qui a perdu spontanément une grande partie de sa sérosité, les phénomènes de la putréfaction se manifestent plus tôt, et l'odeur qu'exhale cette matière, lorsque la fermentation putride touche à son dernier période, est tellement fétide qu'on la supporte difficilement.

La potasse et l'ammoniaque, saturés de gaz acide carbonique, traités avec la matière caséeuse nouvelle et encore humide, l'attaquent et en dissolvent une partie, sur tout si ces alkalis ne sont pas étendus dans une trop grande quantité d'eau. La dissolution est décomposable par les acides ; mais le précipité qui se forme toujours en molécules très-déliées, peut être redissous par une nouvelle quantité d'acide.

La portion de matière caséeuse qui n'a point été attaquée par les alkalis, reste au fond du vaisseau dans un état infiniment plus rapproché qu'il n'était auparavant.

Le contraire arrive lorsqu'on opère sur de la matière caséeuse desséchée, et dans l'état où nous avons dit qu'elle était lorsque nous lui avons fait éprouver, au bain-marie, assez de chaleur pour la fondre : les alkalis alors la ramollissent, mais n'en dissolvent qu'une petite quantité.

L'ammoniaque ou alkali volatil caustique et l'eau de chaux ont aussi de l'action sur la matière caséeuse nouvelle, et encore humide ; mais aucun agent ne paraît l'attaquer plus puissamment que l'alkali fixe caustique, étendu dans suffisante quantité d'eau. Il faut pour cela employer assez de chaleur pour faire bouillir la liqueur. On voit insensiblement la matière caséeuse disparaître, et le fluide prendre une couleur d'un rouge très-foncé. Il semble même que pendant la dissolution il y a une sorte d'effervescence, puisqu'on aperçoit des bulles qui viennent crever à la surface avec assez de promptitude. Dans cette opération toute la matière caséeuse est encore dissoute, et peut être séparée de son dissolvant par le moyen d'un acide. Le précipité qu'on obtient dans ce cas est d'une couleur rouge-noire ; desséché

et mis sur les charbons ardens, il se décompose
en répandant une vapeur analogue à celle des
matières animales qui brûlent.

Il n'est pas inutile d'observer qu'en faisant
bouillir la matière caséeuse avec de la soude
caustique, il se dégage de l'alkali volatil; on
en est averti par l'odeur forte et pénétrante
qui frappe vivement l'organe de l'odorat lorsqu'on s'approche de l'orifice de la bouteille où
se fait l'expérience.

Il s'exhale aussi une odeur de gaz hydrogène
fulfuré, lorsqu'on décompose avec un acide
la dissolution de la matière caséeuse, opérée
par la soude caustique. L'acide le plus faible
suffit pour produire cet effet ; une lame d'argent, plongée alors dans la liqueur, s'y noircit
en très-peu de temps.

Tous les acides minéraux attaquent la matière caséeuse, principalement lorsqu'elle est
encore humide ; mais ils en laissent toujours
une portion qui se refuse à leur action.

Nous avons fait bouillir, pendant une demi-
heure, de l'acide sulphurique, très - étendu
d'eau, avec de la matière caséeuse humide,
dans la vue d'obtenir une dissolution bien
saturée : mais nos efforts ont été infructueux;
la liqueur est restée constamment acide. Comme
elle était laiteuse, nous l'avons filtrée toute
bouillante. D'abord elle paraissait claire et
transparente ; mais, en se refroidissant, elle se
troublait et laissait déposer dans la capsule un

magma blanc, que nous avons reconnu pour
être de la matière caséeuse ; cette liqueur,
filtrée de nouveau et évaporée à une douce
chaleur, s'est encore troublée. En répétant
ainsi les filtrations et les évaporations, elle a
perdu toute la matière caséeuse qu'elle tenait
en dissolution : il n'est plus resté dans la capsule que de l'acide.

L'acide nitreux, concentré et rutilant, agit
singulièrement sur la matière caséeuse sèche
ou humide : il la racornit, la jaunit, et la
réduit insensiblement à l'état de pellicules assez
minces, qui disparaissent lorsqu'on met le
vaisseau où se fait l'expérience sur un bain de
sable, suffisamment chaud pour faire bouillir
l'acide.

Le vinaigre distillé est, de tous les acides que
nous avons employés, celui qui paraît avoir
le plus d'action sur la matière caséeuse ; il la
dissout en entier, sur tout lorsqu'on la lui
présente dans l'état sec et réduite en poudre
fine. Nous avons répété souvent cette expérience, avec d'autant plus de précautions
qu'elle contredit ce que *Scheele* a annoncé au
sujet de cet acide. Ce chimiste assure que le
vinaigre n'attaque qu'imparfaitement la matière
caséeuse, tandis que les acides minéraux la
dissolvent toujours.

Enfin nous avons soumis à la distillation
à feu nu une certaine quantité de matière
caséeuse, séparée spontanément d'un lait par-

faitement écrémé, et nous avons obtenu, en opérant comme il convient, du phlegme, de l'huile légère, de l'ammoniaque, de l'huile épaisse et une espèce de gaz inflammable. On a trouvé dans le fond de la cornue un charbon très-léger, qui a été incinéré avec la plus grande peine, et a donné une très-petite quantité d'alkali fixe.

Nous n'insistons pas davantage sur les autres expériences auxquelles nous avons cru devoir soumettre la matière caséeuse, attendu qu'elles n'ont rien présenté de bien intéressant dans leurs résultats, qui, d'ailleurs, diffèrent peu de ceux insérés dans le mémoire que *Scheele* a publié sur le lait : nous nous bornerons à quelques observations sur sa nature.

### *Nature de la matière caséeuse.*

Lorsqu'il a été question des pellicules qui se forment à la surface du lait chauffé, nous avons dit que tout nous portait à croire que ces pellicules constituaient la matière caséeuse, puisque dès l'instant que le lait cessait d'en fournir, il se trouvait réduit à l'état de sérum.

En comparant maintenant les expériences auxquelles nous venons de soumettre la matière caséeuse, avec celles qui ont eu pour objet l'examen des pellicules, on voit que les résultats obtenus de deux corps très-différens en apparence, sont si parfaitement semblables, qu'il n'est plus permis de douter de leur identité. La seule difficulté qui nous arrête, c'est de savoir pourquoi, au moment de la coagulation du lait, toutes les pellicules qui doivent former le caillé, viennent se coller les unes aux autres, plutôt que de se séparer par lames, comme dans le lait qu'on fait chauffer.

La séparation très-facile de la matière caséeuse, et la grande quantité qu'on peut s'en procurer en peu de temps, nous ont mis à portée de faire sur cette matière plus d'expériences que sur les pellicules : il en est plusieurs sur lesquelles il paraît nécessaire d'insister, parce qu'elles pourront servir à rendre raison de quelques phénomènes que nous développerons à l'article du sérum.

De ce nombre est la dissolution incomplète de la matière caséeuse dans les acides minéraux, quoique *Scheele* ait annoncé le contraire, et sa dissolution complète dans le vinaigre distillé. Mais il est bon de remarquer que cette dissolution, soit dans les acides minéraux, soit dans les acides végétaux, s'exécute d'autant plus aisément, qu'on présente à ces acides la substance caséeuse dans l'état sec, ou telle qu'elle se trouve dans le lait qui n'a pas encore été coagulé, ou bien, enfin, sous la forme de pellicules.

Une autre observation, c'est que la dissolution de la matière caséeuse dans les acides minéraux, toute incomplète qu'elle soit, n'a cependant lieu qu'autant qu'on emploie des acides affaiblis : ce qui échappe à la dissolution se racornit, et acquiert quelquefois de la transparence. Cet effet n'arrive point avec le vinaigre distillé, qui, ainsi que nous l'avons dit, dissout en totalité la matière caséeuse sèche.

Il convient de ne pas confondre l'état de la matière caséeuse séchée au bain-marie, avec celui de cette même substance racornie par l'action des acides minéraux, car il y a une très-grande différence. La facilité avec laquelle celle qui n'a été que desséchée se laisse dissoudre dans le vinaigre, en est une des preuves bien marquées.

Les alkalis fixes et volatils agissent sur la matière caséeuse, mais c'est la soude caustique dont l'action est plus sensible : elle se manifeste par le changement de couleur qui s'opère dans la dissolution. Au reste, ce changement de couleur est semblable à celui dont il a été question à l'article des pellicules, et dépend absolument de la même cause.

Mais ce que nous ne devons point passer sous silence, c'est l'ammoniaque ou alkali volatil, qui se développe lorsqu'on fait bouillir de la soude caustique avec de la matière caséeuse : ce produit qui, à ce que nous croyons, n'a encore été entrevu par personne, nous paraît avoir été formé pendant la dissolution ; et, pour concevoir sa formation, il suffit de savoir que, l'azote et le gaz hydrogène, qui sont les principes constituans de l'ammoniaque ou alkali volatil, ainsi que l'a démontré le C.<sup>en</sup> *Bertholet*, se trouvant précisément dans la matière caséeuse, il ne s'agit plus que de les mettre en contact pour qu'ils donnent naissance à l'ammoniaque. Or, c'est précisément ce qui arrive toutes les fois qu'on fait chauffer de la matière caséeuse avec de la soude caustique. Celle-ci agit si puissamment sur la matière caséeuse, qu'elle en opère sur-le-champ la décomposition, et met en évidence le carbone. Mais, comme cette décomposition ne peut pas avoir lieu sans qu'en même temps l'azote et l'hydrogène qui étaient unis séparément au carbone soient forcés de l'abandonner, aussitôt ils se dissipent, et, venant ensuite à se rencontrer, se réunissent et finissent par former un nouveau corps, qui, par sa volatilité et son odeur forte et pénétrante, annonce être une véritable ammoniaque.

Il n'est pas, à beaucoup près, aussi facile d'expliquer la formation du gaz hydrogène sulfuré, qu'on aperçoit en décomposant, à la faveur d'un acide, la dissolution de la matière caséeuse dans la soude caustique.

Nous avions d'abord pensé, ainsi que l'avait soupçonné *Scheele*, que cette matière pouvait, comme le blanc d'œuf, contenir du souffre; mais, les différentes expériences pour découvrir ce corps ayant été infructueuses, nous nous abstiendrons de prononcer sur la véritable origine du gaz hydrogène sulfuré, plutôt que de hasarder une théorie qui n'aurait pas un certain nombre de faits pour base.

On a, sans doute, été étonné de voir qu'en rendant compte des expériences auxquelles la matière caséeuse a été soumise, il n'a point été question de celles que nous avons dû faire pour obtenir l'acide phosphorique, qui, selon *Scheele*, existe dans cette matière, combiné avec une terre animale.

Pour nous justifier du reproche qu'on pourrait nous faire à cet égard, nous devons prévenir que, loin d'avoir négligé de recourir aux moyens nécessaires pour obtenir cet acide, il n'y a pas, au contraire, de tentatives que nous n'ayons faites pour constater son existence ; nous ajouterons même que cette partie de notre travail est celle qui nous a le plus coûté de temps et de soins. On sera forcé d'en convenir lorsqu'on saura, qu'à différentes reprises, et toujours sans succès, nous avons répété sur la matière caséeuse les procédés indiqués par les auteurs pour retirer l'acide phosphorique des corps qui en contiennent.

Il aurait été à désirer sans doute, que *Scheele* eût fait connaître son procédé pour obtenir l'acide dont il s'agit. Le silence qu'il a gardé sur un objet aussi important, a tout lieu de surprendre, et ferait presque soupçonner, si d'ailleurs l'exactitude de ce savant n'était pas généralement reconnue, qu'il a annoncé l'existence de l'acide phosphorique dans la matiéré caséeuse, non pas d'après des expériences qu'il avait faites pour la constater, mais bien à cause de son intime conviction qu'une matière, dont l'analogie avec certaines substances animales est incontestable, devait nécessairement contenir un acide semblable à celui que celles-ci fournissent dans leur analyse.

Après avoir traité de tout ce qui est relatif à la matière caséeuse, il nous reste à examiner la troisième et dernière partie constituante du lait, c'est-à-dire le sérum.

## ARTICLE VIII.

### *Des sels contenus dans le sérum.*

MALGRÉ les précautions employées pour séparer la matière caséeuse du sérum, il en reste toujours une certaine quantité en dissolution à la faveur des matières salines que ce fluide contient : aussi, lorsqu'on l'évapore, quelque clarifié qu'on le suppose, au lieu d'obtenir des sels, on n'a jamais qu'un résidu visqueux, tenace, qui refuse absolument de cristalliser.

Convaincus que, si on parvenait à se débarrasser entièrement de la matière caséeuse, on n'éprouverait pas l'inconvénient dont on vient de parler, nous avons mis en usage plusieurs procédés. Celui qui nous a le mieux réussi consiste à faire aigrir le sérum.

En effet, si on expose dans un endroit où il règne une température de 12 à 15 degrés une certaine quantité de sérum bien clarifié , on apercevra qu'au bout de vingt-quatre heures il commencera par perdre de sa transparence et finira par se troubler entièrement. On peut alors, en le filtrant, l'obtenir clair ; mais bientôt il se troublera de nouveau. En continuant ainsi à le filtrer à mesure qu'il se trouble , on parviendra à l'avoir parfaitement clair et à le conserver dans cet état pendant plusieurs jours. Alors il a une odeur et une saveur qui annoncent sa conversion en acide.

Nous aurons occasion de l'examiner dans cet état lorsque nous traiterons de la fermentation acide du lait.

A chaque filtration du sérum , il reste sur le papier une matière blanchâtre un peu visqueuse, qui n'est autre chose que de la matière caséeuse déjà un peu altérée.

Plus le sérum devient aigre , plus la viscosité de cette matière augmente; c'est ce dont nous avons eu la preuve en comparant le produit de la dernière filtration avec celui de la première.

Si on saisit l'instant où le sérum peut rester pendant quelque temps sans se troubler, et qu'on l'évapore au bain-marie jusqu'à consistance d'un syrop clair, on obtiendra par le refroidissement et le repos une matière saline blanchâtre, d'une saveur sucrée.

Lorsque la liqueur ne cristallise plus, on peut

l'évaporer de nouveau. Elle donne alors des cristaux moins blancs que les précédens et dont la saveur n'est pas non plus aussi sucrée.

Une troisième évaporation produit quelques cristaux confus, absolument différens des premiers.

Enfin, il reste une petite quantité de liqueur tenace et épaisse comme du miel, qui refuse obstinément de cristalliser. C'est une véritable eau mère.

Le sel obtenu des deux premières cristallisations porte le nom de *sel* ou *sucre de lait*; comme il diffère des autres sels fournis par les dernières cristallisations, nous allons l'examiner séparément.

### Du sel ou sucre de lait.

Pour bien juger des propriétés du sel de lait, il est nécessaire d'opérer de préférence sur celui qui est purifié.

Après avoir rassemblé le sel provenant des deux premières cristallisations d'une assez grande partie de sérum passé à l'aigre, comme on l'a dit précédemment, il a été dissous dans une suffisante quantité d'eau bouillante. La dissolution filtrée, évaporée à une douce chaleur et mise à cristalliser, à la faveur du refroidissement, a donné des cristaux en parallélipèdes rhomboïdaux.

Une seconde cristallisation a produit de nouveaux cristaux un peu moins blancs.

Ceux obtenus par les cristallisations suivantes étaient en petite quantité, mal configurés et colorés en jaune. La liqueur qui les a produits était fort épaisse.

On a abandonné ces derniers cristaux pour ne se servir que des premiers. Ils avaient une saveur douce et légèrement sucrée. Leur solubilité dans l'eau était peu considérable, puisqu'il a fallu près de cinq parties de ce fluide pour en dissoudre une de ces mêmes cristaux.

*Rouelle* et *Maquer* assurent qu'à force de les purifier ils perdent leur saveur sucrée et deviennent presque insipides, ce qui semblerait annoncer que le muqueux sucré qu'ils contiennent leur est en quelque sorte étranger. Cependant nous avons vu que du sel de lait qui avait été purifié quatre fois, était encore aussi sucré que celui de la première cristallisation.

Exposé à un degré supérieur à celui de l'eau bouillante, le sel de lait brunit, se tuméfie, et finit par brûler en répandant une vapeur qui a une odeur analogue à celle que donne le corps muqueux sucré, traité de la même manière.

Si on le distille à feu nu dans une cornue, il donne aussi les mêmes produits que le sucre, et laisse, après la distillation, un charbon très-volumineux qui s'incinère avec la plus grande difficulté.

Traité avec l'acide nitrique, le sucre de lait

se comporte encore comme le sucre ordinaire, c'est-à-dire qu'il se sépare du gaz nitreux et de l'azote ; mais pour cela il faut recourir à la chaleur et faire l'opération dans un appareil disposé de manière à pouvoir recueillir les produits.

A mesure que l'acide nitrique agit, la dissolution prend une couleur jaune plus ou moins foncée. En continuant le feu et ajoutant de l'acide sur la liqueur, si elle est trop épaisse, on la voit perdre de sa consistance et se décolorer. Par l'évaporation elle se trouble et laisse déposer un sédiment blanc en assez grande quantité.

Le fluide surnageant, séparé et évaporé, puis mis à cristalliser, donne des cristaux d'acide oxalique.

Quant au sédiment séparé pendant l'opéraration, il paroît, d'après *Scheele*, que c'est un acide concret essentiellement différent de l'acide oxalique, puisque, combiné avec les mêmes bases que ce dernier acide, il donne des sels dont les propriétés ne ressemblent pas à celles des oxalates. *Scheele*, qui a donné à cet acide le nom de *sachlactique*, a remarqué qu'il se comportait au feu comme certains acides végétaux. En effet, si on le fait chauffer fortement dans une cornue, il commence par se liquéfier, se tuméfie ensuite, prend une couleur jaune et se décompose complétement.

Les produits de sa décomposition sont du

phlegme, quelques gouttes d'huile, de l'hydrogène, enfin une matière concrète et acide, qui
se sublime et forme une légère incrustation
dans le col de la cornue.

On voit, d'après ce qui précède, que l'acide
sachlactique est un acide tout-à-fait particulier;
mais il reste à savoir si ce sel appartient essentiellement au sucre de lait, ou bien si l'acide
nitrique, qu'on prétend employer seulement
pour l'extraire, ne le fabrique pas pendant
l'opération : en effet, par la même raison que
l'acide oxalique, qu'on retire en même temps
que l'acide sachlactique, est produit pendant
l'opération, pourquoi n'en serait-il pas de même
de l'acide sachlactique ?

Car, enfin, si, pour produire un acide quelconque, il ne faut que de l'oxigène combiné
en quantité suffisante avec une base; si encore
le sucre de lait contient la base de l'acide
oxalique, pourquoi n'admettrait-on pas qu'il
contînt aussi celle de l'acide sachlactique ? Si
cela était, il n'y aurait rien d'étonnant que
l'oxigène de l'acide nitrique, en se séparant de
l'azote, et trouvant deux bases avec lesquelles
il a de l'affinité, ne s'unît à elles pour créer
deux acides tout-à-fait différens, c'est-à-dire,
de l'acide oxalique et de l'acide sachlactique.

Nous devons en convenir, cette supposition
était celle que nous avions adoptée lors de
notre premier travail sur le lait : mais, en étudiant avec plus de soin la manière dont l'acide

nitrique se comportait avec le sucre de lait,
nous ne tardâmes pas à reconnaître notre erreur.

En effet, si on examine ce qui se passe lorsqu'on présente de l'acide nitrique à du sucre
de lait, et qu'on aide son action par la chaleur,
on remarque qu'il n'y a qu'une très-petite quantité de cet acide qui soit décomposée ; ce dont
il est facile de s'assurer, en recueillant avec soin
les gaz nitreux et azote qui se séparent pendant
l'opération.

Si ensuite on répète la même expérience sur
du sucre ordinaire, on parvient à reconnaître,
avec assez de précision, combien il faut de
sucre pour opérer la décomposition d'une quantité donnée d'acide nitrique, égale à celle qui
est décomposée, lorsqu'on opère sur du sucre
de lait. En comparant, après cela, le produit
en acide oxalique obtenu dans les deux opérations, et ajoutant celui de l'acide sachlactique
qui se sépare lorsqu'on n'opère que sur le sucre
de lait, on arrive facilement à former un calcul
dont le résultat porte à conclure que l'acide
sachlactique forme à peu près les deux tiers
du sucre de lait, et que l'autre tiers est du
sucre ordinaire.

Ce qui semble confirmer l'exactitude de ce
calcul, c'est que, si on fait bouillir dans suffisante quantité d'eau deux parties d'acide sachlactique avec une partie de sucre, on parvient
à reformer du sucre de lait, ou au moins une
matière qui lui ressemble beaucoup, puisque,

traitée comme le sel de lait, elle se comporte de même.

Il résulterait donc de ces expériences :

1.º Que le sucre de lait n'est autre chose qu'une combinaison d'acide sachlactique avec la matière sucrée ;

2.º Que c'est à la présence de cet acide sachlactique que le sucre de lait doit, et son peu de saveur sucrée, et son peu de solubilité dans les fluides aqueux ;

3.º Que, toutes les fois qu'on traite le sucre de lait avec l'acide nitrique, cet acide n'agit que sur la matière sucrée, qu'il convertit bientôt en acide oxalique, tandis que l'acide sachlactique, abandonné, se sépare et vient, à raison de son peu de solubilité, se rassembler sous la forme d'un précipité.

Les acides sulphurique et muriatique, affaiblis, ne paraissent pas altérer le sel de lait, lorsqu'ils sont délayés avec une certaine quantité d'eau : mais, concentrés, ils agissent sur lui d'une manière très-marquée.

L'acide sulphurique, entr'autres, le dissout avec facilité, sur-tout si on place le vase où se fait l'expérience sur un bain de sable chaud : à mesure que la dissolution s'opère, la liqueur se colore, d'abord en rouge, et ensuite en noir très-foncé ; en poursuivant la chaleur il s'exhale du mélange une odeur vive d'acide sulphureux volatil, qui ne cesse que lorsque la matière se trouve réduite à l'état de charbon.

H

Le vinaigre distillé dissout le sucre de lait : mais la quantité dissoute est toujours en raison de l'état phlegmatique de cet acide.

Par l'évaporation insensible, cette dissolution donne de petits cristaux, qui participent de la saveur acide du fluide dans lequel ils ont été formés. En les lavant à plusieurs reprises avec de l'eau, ils perdent cette saveur et reprennent celle qui appartient au sucre de lait le mieux purifié.

Le lait est le fluide qui dissout une plus grande quantité de sel de lait : nous avons souvent éprouvé qu'une livre de lait bouillant pouvait en dissoudre jusqu'à cinq onces, sans qu'il se formât le moindre dépôt, même après le refroidissement de la liqueur. Ce n'était qu'en l'évaporant, et en l'exposant ensuite dans un lieu frais, que le sel se cristallisait.

Ce fait est d'autant plus important à remarquer qu'il sert à prouver que, pour qu'un fluide ait de l'aptitude à dissoudre une substance saline en grande quantité, il ne suffit pas toujours qu'il soit simple, mais que la dissolution peut avoir également lieu, et quelquefois même avec plus d'avantage, dans un fluide composé, surtout lorsque les corps qu'il contient ont une certaine analogie avec ceux qui entrent dans la composition du sel à dissoudre.

## Des autres substances salines contenues dans le sérum.

Si, après avoir séparé du sérum la matière saline que fournissent les deux premières cristallisations, on continue l'évaporation, les sels qu'on obtient ne ressemblent point au premier, comme nous l'avons déjà dit; ce sont de petits cristaux formés en parallélogrammes, ayant toutes les propriétés qui caractérisent le muriate de potasse (sel fébrifuge de Sylvius).

Lorsque la liqueur exposée dans un endroit frais n'a plus fourni de cristaux, nous l'avons fait rapprocher au bain-marie jusqu'à moitié environ : dans cet état elle a encore refusé de cristalliser; sa couleur était jaune, sa saveur un peu âcre et salée; elle verdissait légèrement le syrop violat; l'acide sulphurique en dégageait des vapeurs d'acide muriatique. Enfin, par l'alkali fixe il s'est fait un précipité blanc; ce qui nous porte à conclure que cette dernière liqueur ne contenait plus que du muriate calcaire.

Prévenus par la lecture des ouvrages des chimistes qui ont écrit sur le lait, et plus encore par l'odeur d'ammoniaque que laisse exhaler ce fluide lorsqu'on le fait bouillir avec du muriate d'ammoniaque, nous nous attendions à rencontrer de la potasse dans l'eau-mère que le sérum fournit; cependant, quelles qu'aient été nos recherches, nous n'avons pu acquérir la preuve de l'existence de ce sel. A la vérité, la couleur verte que prend le syrop violat par son mélange avec l'eau-mère, nous laissait encore quelques doutes sur le succès de nos expériences; mais, après avoir examiné la chose de plus près, nous vîmes que c'était au muriate calcaire, dont nous avions reconnu l'existence dans l'eau-mère, qu'il fallait attribuer le changement de couleur qui nous avait étonnés: tous les chimistes savent, en effet, que le muriate calcaire partage avec la potasse la propriété de verdir la teinture bleue de certains végétaux.

Il paraît donc qu'on peut dire avec *Rouelle* que la potasse n'existe pas à nu dans le lait; nous ajouterons même qu'il est presqu'impossible qu'on puisse espérer de l'y trouver.

En effet, si, comme on ne saurait en douter, le sérum du lait contient du muriate calcaire, comment conçoit-on que ce sel puisse rester dans ce fluide à côté de la potasse, sans être décomposé par elle?

Dira-t-on que, dans le lait, l'alkali doit être sans action sur le muriate calcaire, parce que la matière caséeuse s'oppose à ce que le jeu des affinités de l'acide muriatique sur l'alkali puisse avoir lieu? Mais, en admettant cette supposition, on serait au moins forcé de convènir que, lorsqu'on a séparé la matière caséeuse, que le lait est converti en sérum, et qu'enfin ce sérum a subi différentes opérations pour arriver au point où il donne des cristaux, il n'y a plus de raison pour que l'alkali n'exerce pas toute son action sur le muriate calcaire et n'en opère pas la décomposition. Alors on ne devrait trouver dans le sérum que du muriate de potasse ou de soude, et jamais de muriate calcaire.

Au reste, il est vraisemblable que les sels qu'on trouve dans le sérum du lait, autres que le sel de lait, ne sont pas parties constituantes essentielles de ce fluide; nous pensons, au contraire, qu'ils y sont tout-à-fait étrangers, et que leur présence n'est due qu'à des accidens particuliers, dépendans de la nature des alimens, des boissons administrées aux animaux, et des procédés employés à la coagulation.

Combien de fois n'est-il pas arrivé aux auteurs qui ont tant insisté sur tous les sels contenus dans le lait, de les y avoir introduits eux-mêmes, sans s'en douter, lorsque, pour le coaguler ou le clarifier, ils employaient la présure, le blanc d'œuf et d'autres substances analogues, qui toutes contiennent de l'alkali ou des sels neutres, ainsi que l'analyse l'a démontré?

Si à du sérum, dont on a séparé la matière caséeuse, d'abord par la coagulation spontanée, ensuite par la clarification avec le blanc d'œuf, on ajoute une certaine quantité d'eau de chaux, il se manifeste sur-le-champ un précipité assez abondant. Ce précipité, lavé par le moyen de l'eau distillée, et mêlé avec de l'acide sulphurique, prend bientôt une couleur noirâtre; il s'en dégage en même temps une odeur qui a beaucoup d'analogie avec celle qu'on remarque lorsqu'on soumet à la même expérience des os légèrement calcinés, dont on extrait l'acide phosphorique.

Avertis par cette odeur, nous soupçonnâmes que le précipité dont il s'agit contenait du phosphate de chaux. Pour en avoir la preuve, nous mîmes dans un creuset la totalité de ce qui nous restait de ce précipité, et nous lui fîmes éprouver assez de chaleur pour le tenir rouge pendant plus d'une demi-heure. Bientôt sa couleur noire disparut; mais ensuite nous vîmes sa surface couverte d'une légère flamme bleue, qui semblait se séparer avec peine, et qui avait beaucoup de rapport avec celle qu'on remarque lorsqu'on chauffe fortement certaines substances qui contiennent de l'acide phosphorique. Cette expérience, il faut l'avouer, n'est pas assez concluante pour prononcer que le sérum ou petit lait contienne de l'acide phosphorique; mais au moins elle semble annoncer que, si le lait contient de l'acide phosphorique ou un sel dans la composition duquel cet acide entre, c'est plutôt dans le sérum qu'il faut chercher à le découvrir que dans la matière caséeuse, qui, ainsi que nous l'avons dit, ne nous a jamais rien présenté qui pût nous faire adopter l'opinion de *Scheele* sur l'existence de l'acide phosphorique dans cette même matière caséeuse.

## ARTICLE IX.

### *De la fermentation du lait.*

Nous venons de déterminer la nature des différentes parties constituantes du lait; il s'agit à présent de savoir comment ce fluide se comporte lorsqu'on l'abandonne tout entier à lui-même.

Il est facile de juger, d'après ce qui a été dit, que le lait est comparable en quelque sorte aux sucs des fruits exprimés : il est opaque, doux, sucré, nutritif, et renferme un sel essentiel; comme eux, il se décompose aisément, et fournit des produits analogues à ceux du vin, c'est-à-dire, de l'alcohol et du vinaigre.

Nous étions d'autant plus intéressés à l'examiner sous ce rapport, que, plusieurs auteurs ayant déjà parlé des qualités remarquables qu'il acquérait en passant à la fermentation spiritueuse, nous pouvions espérer de saisir quelques phénomènes différens de ceux observés par d'autres chimistes.

Pour faciliter l'intelligence de ce que nous avons à dire sur cet objet, nous avons cru devoir diviser cet article en deux sections. Dans la première il sera question de la fermentation spiritueuse du lait; nous traiterons dans la seconde de la fermentation acide de ce fluide.

### *Fermentation spiritueuse.*

On savait depuis long-temps que les Tartares pouvaient convertir le lait de jument en une sorte de vin, dont ils retiraient ensuite, par la distillation, un véritable alcohol ; mais il importait de savoir si le lait de vache offrirait les mêmes résultats.

Avant d'opérer sur ce dernier fluide, nous avons cherché à nous procurer des renseignemens sur les procédés employés par les Tartares, afin de voir si les mêmes procédés pourraient nous servir, ou s'ils ne seraient pas susceptibles de quelques rectifications.

Voici, à cet égard, ce que nous avons appris en consultant les ouvrages de voyageurs dignes de foi, qui ont vu préparer le vin et l'alcohol de lait, et qui en ont fait usage comme boisson.

Le vase destiné à faire fermenter le lait, est fait avec de la peau de cheval non tannée, mais très-durcie par la fumée. Sa forme est conique et un peu triangulaire ;. ce vase paraît être composé de trois morceaux attachés à une base circulaire de la même peau.

C'est dans cette espèce d'outre qu'on introduit le lait qu'on veut faire fermenter ; on la remplit à peu près jusqu'aux trois quarts, et on ferme son ouverture avec une lanière faite de la même peau que celle qui a servi à fabriquer l'outre.

Plusieurs fois par jour on agite fortement le vase, et de temps en temps on l'ouvre pour donner issue à l'air qui tend à s'échapper du fluide.

Au bout de quelques jours le lait a déjà acquis une odeur et une saveur vineuses.

On continue à l'agiter jusqu'à ce que l'acidité soit devenue plus considérable : alors on saisit le moment où cette acidité devient moins forte, pour décanter la liqueur et la séparer du *magma* qui s'y trouve. On l'enferme aussitôt dans d'autres outres, et on s'en sert en place de vin. Elle a, en effet, une saveur sensiblement vineuse; aussi, quand on en boit une trop grande quantité, éprouve-t-on les effets ordinaires de l'ivresse.

Il paraît, au surplus, que ce procédé n'est pas toujours celui qu'emploient les habitans des différentes contrées de la Tartarie. Par exemple, plusieurs ajoutent au lait qu'ils veulent faire fermenter du lait qui a déjà éprouvé la fermentation; d'autres versent le lait sur le *magma* resté dans l'outre après qu'ils en ont décanté celui qui est converti en vin; quelques-uns, enfin, sont dans l'usage d'ajouter au lait de la pâte aigrie de farine d'orge ou d'avoine : mais, quel que soit le procédé auquel on s'arrête, on parvient toujours à obtenir le même résultat, c'est-à-dire, une espèce de liqueur plus ou moins parfaite, et dont les Tartares retirent de l'eau-de-vie.

L'appareil dont ils se servent pour procéder
à la distillation, consiste en une espéce de
chaudière de fer, placée sur un trépied, sous
lequel on allume du feu. Cette chaudière,
remplie à moitié de vin de lait, est recouverte
d'une pièce de bois creuse, percée dans son
milieu, et garnie d'un bouchon qu'on peut
mettre et ôter à volonté ; dans le trou latéral
on ajoute un tube de bois recourbé, qui aboutit
à un vase plongé dans de l'eau.

On voit, d'après cette description, qu'on
peut comparer l'appareil des Tartares à une
espéce d'alembic. En effet, la distillation s'exécute comme dans un alembic ordinaire ; mais,
parce qu'on ne prend pas assez de soin pour la
conduire, et que pendant l'opération il se forme
des dépôts au fond de la chaudière, qui, sans
doute, y adhèrent et brûlent, il en résulte que
le produit distillé est quelquefois coloré, et
qu'il a toujours une saveur désagréable d'empyreume. A cet inconvénient près, ce produit
est un véritable alcohol inflammable, comme
celui qu'on retire du vin.

Nous avons répété, avec du lait de vache,
le procédé des Tartares, en y faisant toutefois
les corrections dont il était susceptible.

Pour cet effet on a mis dans un tonneau de
la capacité d'environ trente pintes, vingt-cinq
livres de lait de vache nouvellement trait. Après
avoir bouché le tonneau il a été placé dans
une température de quinze à seize degrés.

Plusieurs fois par jour on avait soin de l'agiter fortement pendant quelques minutes. Dès le lendemain nous nous aperçûmes que lorsqu'on le débouchait il se dégageait une certaine quantité de gaz, qui s'annonçait par un sifflement assez considérable.

Le second jour la liqueur commençait à avoir une odeur et une saveur légèrement acides. Lorsqu'on l'examinait avant de l'agiter, on voyait à sa surface une pellicule crèmeuse, plus fluide cependant que celle qui se forme ordinairement sur du lait qui n'aurait pas été agité.

Le troisième jour le lait était caillé. La matière caséeuse se présentait sous la forme de petits grumeaux, mêlés en partie avec la crème. Le sérum était alors blanchâtre.

Le quatrième jour la liqueur avait une chaleur un peu supérieure à celle de l'atmosphère. La sortie du gaz devint à cette époque assez abondante pour nous permettre d'en recueillir sous des cloches. D'après l'examen que nous en fîmes, nous reconnûmes son analogie avec l'acide carbonique. L'acidité de la liqueur était alors très-considérable.

Les choses ont continué à se passer de même jusqu'au vingtième jour, que, nous étant aperçus que le lait avait une saveur décidément vineuse, quoique cependant un peu aigre, nous le fîmes jeter sur un tamis de crin, afin de séparer le fluide d'avec le *magma* qui s'y trouvait mêlé.

Le fluide obtenu par ce moyen était blanchâtre ; par le repos il est devenu à demi transparent : alors il a été décanté et mis dans des bouteilles. C'était véritablement une sorte de vin, peu agréable, à la vérité, mais cependant potable.

Huit pintes de ce vin ont été distillées dans un alembic de verre. La première once de liqueur qui vint se condenser, était un peu louche ; son odeur avait quelque chose d'acéteux. Le second produit commença à prendre une odeur analogue à celle de l'eau-de-vie ; il en avait, en effet, toutes les propriétés, puisqu'il s'enflammait dès qu'on le faisait chauffer et qu'on lui présentait la flamme d'une bougie.

Après avoir retiré ainsi huit onces de fluide, la distillation fut interrompue et le produit rectifié. Par ce moyen nous eûmes quatre onces d'alcohol comparable à l'alcohol de vin.

Il n'était plus possible, d'après un semblable résultat, de nier la possibilité de faire subir au lait la fermentation spiritueuse ; mais il restait à savoir si toutes les parties constituantes de ce fluide étaient nécessaires à cette fermentation. Pour cela nous avons répété les expériences indiquées par quelques auteurs, et nous avons eu la preuve que le sérum non clarifié donnait, après la fermentation, une liqueur médiocrement vineuse et produisant très-peu d'alcohol par la distillation. Nous avons observé encore que la quantité d'alcohol était moindre lorsqu’on faisait fermenter du sérum bien clarifié, tandis qu’elle devenait plus considérable en opérant sur du lait privé de sa crème, mais pourvu de sa matière caséeuse. Enfin, nous avons vu que, pour réussir à avoir du vin de lait contenant une assez grande quantité d’alcohol, il fallait nécessairement employer le lait dans son intégrité, c’est-à-dire, celui dont on n’a séparé ni la crème ni la matière caséeuse.

Si maintenant on réfléchit à ce qui se passe dans la fermentation du lait, on voit que tous les phénomènes qu’elle présente sont précisément les mêmes que ceux qu’on observe dans la fermentation de certains fluides sucrés. En effet, l’acide carbonique est un des produits qui se manifestent les premiers; il se développe ensuite du calorique, en moindre quantité, à la vérité, que pendant la fermentation du suc du raisin, mais assez sensiblement pour qu’on puisse s’en apercevoir sans le secours du thermomètre.

On voit aussi qu’il se forme à la surface de la liqueur fermentante une espèce de chapeau, qui s’oppose à la dissipation du fluide aériforme, le force à rester et à entrer, soit tout entier, soit en se décomposant, dans les nouvelles combinaisons qui donnent naissance au vin.

Plus cette sorte de chapeau est épaisse, plus le vin a de qualité; c’est pour cela, sans doute, que le lait pourvu de sa crème et de sa matière caséeuse devient plus apte à former du vin que celui qui manque d'une de ces deux parties.

Il paraît encore qu'il est absolument indispensable, pour réussir à avoir du vin de lait, de rompre quelquefois ce chapeau, afin de donner issue à l'acide carbonique qui est en excès, et de contribuer à la combinaison de celui qui est nécessaire; c'est pour cela qu'on prend la précaution d'agiter plusieurs fois par jour le vase dans lequel le lait en fermentation est contenu.

Le mouvement qu'on imprime par ce moyen au fluide, imite celui que prend naturellement tout autre liquide qui subit la fermentation.

On sait, en effet, que dans ce cas il y a toujours un mouvement d'ébullition très-sensible; souvent même ce mouvement est si violent qu'il expulse les corps qui lui opposent de la résistance.

Enfin, on ne peut pas révoquer en doute que le lait, pour être converti en vin, n'ait besoin de passer préalablement à l'aigre; mais il y a une époque où cette aigreur semble disparaître : aussi est-ce là le moment à saisir lorsqu'on veut soutirer le vin de lait et l'avoir potable. En le laissant plus long-temps sur sa lie l'acide paraîtrait de nouveau, et dans ce cas, au lieu de vin, on aurait une espèce de vinaigre, ainsi que nous le dirons lorsqu'il sera question de la fermentation acide du lait.

Le corps muqueux sucré, contenu dans le sel de lait, est sans doute celui qui joue ici le principal rôle; c'est, en effet, dans le nombre des sels en dissolution dans ce fluide, **le** seul qui puisse être susceptible de la fermentation vineuse. Il y a même lieu de croire que l'acidité qui se manifeste dans le lait avant qu'il se soit converti en vin, est plutôt due à la décomposition du sel de lait, qu'à celle d'une des autres parties constituantes du lait, qui, étant d'une nature toute différente de celle du corps sucré, ne sont pas, comme lui, obligés d'éprouver la fermentation spiritueuse avant d'arriver à la fermentation acide : ce qui semble le prouver, c'est que, si avant que la fermentation spiritueuse se manifeste on clarifie le sérum qui est acide, et qu'on le fasse évaporer ensuite jusqu'à la consistance convenable, on voit le sel de lait se cristalliser au milieu de ce fluide acide avec autant de facilité et en aussi grande quantité que si on se fût servi de sérum parfaitement doux.

On se tromperait si on espérait pouvoir parvenir à faire avec le lait un vin bien généreux. La quantité de corps muqueux sucré que contient le sel de lait étant peu considérable, on conçoit que la fermentation ne peut pas être assez long-temps continuée pour qu'il se forme beaucoup de vin; la sérosité dans laquelle le vin, une fois formé, se trouve étendu, ne contenant pas, comme dans le suc de raisin, cette espèce de matière extracto - résineuse, qui sert à conserver la liqueur vineuse, il doit nécessairement arriver qu'à la fermentation spiritueuse succède bientôt la fermentation acide : aussi le vin de lait est-il presque toujours acide, et par conséquent inférieur en qualité à celui qui a été fait avec le suc des fruits.

Nous terminerons cet article, en faisant observer que, malgré la possibilité de convertir le lait en vin, il n'est pas vraisemblable qu'on songe jamais à le consacrer à cet usage, surtout ayant à sa disposition d'autres liquides dans lesquels le corps muqueux sucré, et d'autres matières nécessaires à la fermentation, se trouveront rassemblés en plus grande quantité et dans un état d'appropriation plus convenable qu'ils ne le sont dans le lait. Il paraît même présumable que, si les Tartares font leur vin avec le lait, c'est qu'ils ignorent la manière de convertir les semences farineuses en une liqueur analogue à celle que nous nous procurons lorsque nous préparons la bière. Il serait, par exemple, avantageux pour leurs intérêts de faire fermenter la farine de seigle, qu'ils peuvent se procurer aisément : l'espèce de vin qu'ils en obtiendraient, serait de meilleure qualité que celui du lait.

Au reste, en ne considérant le vin de lait que sous les rapports chimiques, on voit que ce fluide se comporte à l'instar de ceux qui contiennent du corps muqueux sucré, puisque, comme eux, il est susceptible de subir la fermentation vineuse ou spiritueuse.

### Fermentation acèteuse.

La première altération que le lait éprouve après que la crème a été élevée à la surface, se manifeste par une saveur et une odeur légèrement acides. Bientôt cette saveur et cette odeur augmentent; c'est alors que la matière caséeuse se coagule. Si on la sépare, on obtient, ainsi que nous l'avons dit, un sérum blanchâtre, qui, avec le temps, devient plus acide, mais qui perd aussi peu à peu de son opacité. On peut, à l'aide de la filtration, obtenir ce sérum assez clair. Pendant l'été il ne conserve pas sa transparence plus de douze heures; cependant, après s'être troublé, il s'éclaircit de nouveau, et il continue à se comporter ainsi plusieurs fois de suite, en laissant chaque fois un sédiment blanchâtre et visqueux. Enfin, il arrive un moment où il paraît rester plus long-temps sans se troubler. C'est alors qu'il est singulièrement acide; aussi rougit-il la teinture de violettes, et fait-il effervescence avec les alkalis. Dans cet état il a beaucoup d'analogie avec le vinaigre; il pourrait même, dans bien des cas, le suppléer, si d'ailleurs il ne tenait pas en dissolution différentes substances, telles que de la matière caséeuse et des sels neutres à bases alkalines et terreuses.

On conçoit aisément que le lait n'a pu acquérir l'acidité dont on vient de parler, sans avoir éprouvé une sorte de fermentation analogue à celle désignée sous le nom de fermentation acéteuse.

En effet, les phénomènes qui se manifestent lors de la fermentation acide de certains sucs de fruits avec lesquels on fait du vinaigre, sont précisément les mêmes qu'on remarque pendant la fermentation acide du lait, avec cette différence, seulement, qu'ils sont un peu plus lents à paraître dans le lait, parce que, sans doute, la nature de ce fluide retarde leur production.

Une chose bien singulière, que nous avons remarquée plusieurs fois, c'est que la couche supérieure du sérum qu'on fait aigrir exprès, a toujours très-peu d'acidité, tandis que la couche inférieure en a sensiblement. Il est vrai qu'alors la surface de la liqueur se trouve recouverte d'une pellicule qui fait, en quelque sorte, l'office de cette croute qu'on voit sur le vin en fermentation, et à laquelle on a donné le nom de *chapeau*. Cette pellicule pourroit bien n'être due qu'à une combinaison nouvelle, qui se fait continuellement des parties constituantes du sérum avec celles de l'air atmosphérique; combinaison dont le résultat est une liqueur qui tend continuellement à perdre son acidité.

Ce qui nous porte à penser ainsi, c'est que

du sérum aigre, qu'on met dans une bouteille entièrement pleine et bien bouchée, ne présente pas de pellicule, et reste aussi acide dans le centre qu'à sa surface.

Nous avons remarqué encore que, pour que le sérum du lait s'aigrît, il n'était pas nécessaire qu'il absorbât, comme le vinaigre de vin, une des parties constituantes de l'air atmosphérique; car, ayant disposé sur l'orifice d'une bouteille pleine de sérum une vessie remplie d'air, nous n'avons pas aperçu qu'au bout de trois jours elle eût perdu beaucoup de son volume, quoique le sérum fût devenu très-sensiblement acide.

Une autre preuve du peu d'influence de l'air atmosphérique sur la conversion du lait en acide, est ce qui se passe, lorsqu'au lieu d'écrèmer le fluide, on le conserve long-temps avec toute sa crème. Dans ce cas, on observe qu'il s'aigrit beaucoup plus vîte, et que l'acide qu'il fournit est aussi beaucoup plus fort. Or, si, comme on n'en peut douter, la crème qui séjourne sur le lait, y forme une couche assez épaisse pour que l'air atmosphérique ne puisse pas la pénétrer, il faut que la formation de l'acide dans le lait soit tout-à fait indépendante de l'oxigène de l'air atmosphérique; et, d'après cela, on doit nécessairement chercher, dans les parties constituantes du lait, celles qui peuvent fournir le principe acidifiant dont il s'agit.

Mais quelles sont celles qui fournissent ce

principe ? C'est sur quoi il sera , sans doute, difficile de prononcer. Comment, en effet, suivre ce qui se passe dans un fluide aussi composé que le lait ? Essayer de présenter une théorie à cet égard, sans avoir des expériences à l'appui, ce serait s'exposer aux reproches que méritent ceux qui, voulant tout expliquer, substituent des suppositions aux faits, sans s'embarrasser des objections qu'on peut leur faire, ni des erreurs dans lesquelles ils induisent ceux qui prononcent d'après eux.

Si, lorsque le lait a acquis toute l'acidité dont on le croit susceptible, on le filtre et qu'on le couvre d'huile, il se conserve pendant quelque temps, sans s'altérer ; mais il finit par se troubler et se décomposer.

Nous avons bien des fois cherché à concentrer cet acide, par le moyen de la congellation, dans la vue de nous assurer s'il se conserverait plus long-temps.

A la vérité, par cette opération, la liqueur qui n'a pas été gelée est devenue plus acide ; mais en même temps elle s'est troublée, et a fini, comme celle qui n'avait pas été concentrée, par se décomposer entièrement.

On a aussi tenté de séparer l'acide du sérum par le moyen de la distillation ; mais, cet acide étant moins volatil que le vinaigre, la liqueur qui a passé avait seulement l'odeur et le goût légèrement acides, tandis que celle restée dans la cornue était d'une acidité considérable.

D'ailleurs, l'acidité de cette liqueur était accompagnée d'une saveur particulière, qui semblait annoncer que le sérum devait différer essentiellement de ce qu'il était avant de l'avoir fait chauffer.

En poussant plus loin la distillation, nous avons remarqué que, l'acide se décomposant, la liqueur prenait une couleur brune, et laissait déposer au fond de la cornue un sédiment brunâtre et comme charbonneux.

La difficulté d'avoir l'acide du sérum pur, avait déjà été remarquée par *Scheele* : c'est pour cela, sans doute, qu'il avait proposé un moyen tout différent de ceux employés jusqu'alors.

Ce moyen consiste à verser, dans du sérum aigre, de la chaux vive jusqu'à parfaite saturation; à filtrer ensuite la liqueur, et à y ajouter, peu à peu, une solution d'acide oxalique.

La chaux quitte aussitôt l'acide du sérum, pour s'unir à l'acide oxalique, avec lequel elle a une plus grande affinité, et forme un sel qui, n'étant pas soluble, se précipite au fond du vaisseau. On filtre alors la liqueur; on la rapproche ensuite en consistance de miel, et, lorsqu'elle est dans cet état, on y mêle de l'alcohol : par ce moyen l'acide passe seul dans l'alcohol, et laisse en arrière les sels qui lui sont étrangers et avec lesquels il était auparavant mêlé. Il n'y a plus que l'alcohol à séparer. On en vient aisément à bout, en distillant la liqueur dans une cornue ; l'alcohol s'évapore bientôt, et l'acide reste seul.

Il est bon de remarquer que cet acide, ainsi préparé, n'est pas parfaitement incolore. Il a toujours une teinte brunâtre, qui semblerait annoncer que le carbone, qui fait son radical, y est en excès.

Quand on le garde long-temps, surtout dans des vaisseaux mal bouchés, il laisse déposer un précipité noirâtre, qui est un véritable charbon. Si on le filtre, il devient clair ; mais il ne tarde pas à donner un nouveau précipité.

Il est vraisemblable qu'à la longue on parviendrait ainsi à le décomposer complétement.

Si on distille dans une cornue jusqu'à siccité de l'acide du sérum, il reste au fond un véritable charbon. La liqueur obtenue dans le récipient présente un acide différent de celui qui l'a fournie.

En multipliant les distillations, on parvient à le décomposer très-promptement.

Le produit qu'on trouve alors dans le récipient, au lieu d'être acide, présente une sorte de liqueur phlegmatique, ayant l'odeur d'empyreume. Nous avons remarqué aussi, qu'à chaque distillation il se séparait toujours, et sur tout vers la fin, une certaine quantité de gaz inflammable.

L'acide du sérum, obtenu par le procédé de *Scheele*, a des propriétés différentes de celles du vinaigre ordinaire. Il est facile d'en avoir la preuve, si on compare les sels qu'on obtient en saturant séparément les mêmes bases avec ces deux acides. Mais, une propriété bien remarquable de l'acide du sérum, c'est de décomposer certains acétites; ce qui n'arriverait pas, sans doute, si, ainsi que quelques auteurs l'avaient pensé, cet acide devait être considéré comme étant de même nature que celui du vinaigre.

Quoique, d'après ce qui précède, il soit bien démontré qu'il existe entre l'acide du sérum et celui du vinaigre une différence essentielle, il n'est pas douteux que, dans bien des cas, ces deux acides, sur tout pour les usages économiques, ne puissent être également employés. Il y a même lieu de croire qu'ils sont composés de principes absolument semblables, mais dans des proportions tout-à-fait différentes : c'est à la différence de ces proportions qu'il faut attribuer vraisemblablement les propriétés qui caractérisent ces deux acides, et qui empêchent toujours qu'on ne les confonde. Au reste, la facilité avec laquelle l'acide du sérum laisse séparer son carbone pendant la distillation, semblerait déjà annoncer qu'il contient plus de ce principe que l'acide du vinaigre.

# DEUXIÈME PARTIE.

## *Du lait considéré relativement à la médecine.*

C'EST au printemps et en automne que le lait réunit le plus de qualités ; ce sont aussi les deux saisons que l'on choisit de préférence pour en faire usage comme remède.

Un des grands moyens de perfectionner le lait et d'ajouter à ses propriétés générales, c'est non-seulement de nourrir convenablement les animaux qui le fournissent, mais de choisir encore, parmi les végétaux destinés à leur subsistance, ceux dont l'influence avantageuse sur ce liquide est plus marquée. Rappelons quelques faits relatifs à ces moyens, joignons-y nos expériences ainsi que nos observations, et démontrons la nécessité de profiter de cette influence pour faire du lait un véritable médicament, ou pour donner à ses produits une qualité qui les rende plus recommandables et plus immédiatement utiles encore dans les différens emplois auxquels nous les réservons.

### ARTICLE PREMIER.

#### *Influence des alimens sur le lait.*

ON a prétendu que le lait provenant d'un animal carnivore était plus sujet à s'altérer que celui des animaux herbivores; mais la première espèce de lait, étant inconnue dans le commerce, ne permet pas d'entreprendre les expériences de comparaison indispensables pour établir cette différence. Nous observerons seulement, qu'ayant eu occasion d'avoir du lait d'une chienne qu'on nourrissait uniquement de viande, il ne nous a point paru que cette assertion fût fondée.

Cependant *Young* assure qu'ayant nourri une chienne pendant huit jours avec des alimens végétaux, il a trouvé son lait semblable à celui de chèvre; il avait même plus de crème et de parties caséeuses que le dernier. Il se coagulait très-bien spontanémeut, ainsi que par l'addition des substances coagulantes. La même chienne ayant été nourrie ensuite avec de la viande crue, le lait fut moins abondant, trèsalkalescent, et ne se caillait pas par le repos.

En faisant alternativement passer les vaches à différens genres d'alimens, nous n'avions pas seulement pour objet de connaître leur influence sur la qualité du lait, il s'agissait encore de s'assurer si, dans le cas d'une disette de fourrage pareille à celle de 1785, il serait possible de changer tout-à-coup la nourriture des animaux, et de les soumettre sur-le-champ à un autre régime, en supposant même qu'il fût meilleur que celui auquel ils étaient familiarisés, sans que ce passage subit occasionât quelques désordres dans leurs organes.

Le phénomène qui nous a le plus frappés dans le cours de nos expériences, c'est la diminution très-sensible des produits en lait que les vaches fournissaient dès qu'elles changeaient de nourriture, et quoique celle qu'on leur subsituait fût plus succulente, cependant l'augmentation du lait ne se faisait apercevoir que plusieurs jours après l'usage du nouveau régime; il semble même qu'au moment où il va donner aux différentes humeurs les propriétés générales qui les caractérisent, il survient de grands changemens dans l'économie animale.

L'espèce de révolution opérée chez les animaux dont on change brusquement le régime, avertit donc les nourrices d'être circonspectes sur le choix de leurs alimens et sur la nécessité de continuer l'usage de ceux qui leur sont le plus salutaires, ou de n'en changer que graduellement. Que les femmes apprennent, pour ne jamais l'oublier, que leur zèle empressé pour allaiter leurs enfans ne suffit pas; qu'il faut encore, pour remplir les fonctions qu'impose un devoir aussi sacré, et dont il n'appartient qu'aux véritables mères de se bien acquitter, écarter de leur régime tout ce qui peut les déranger, et ne pas perdre de vue que l'analogie qui existe entre la manière de vivre et le lait qui en résulte, est très-directe.

On connaît cette observation de *Borrichius*, sur le lait d'une femme, devenu amer, parce que, vers la fin de sa grossesse, elle avait pris de la teinture d'absinthe.

Une femme d'une constitution nerveuse a observé que, le jour où elle mangeait des asperges, l'urine de son nourrisson avait l'odeur qui caractérise l'influence de ce végétal.

On sait encore que la saveur de la semence de quelques ombellifères, et sur tout celle d'anis, se communique au lait sans avoir subi de changement. *Cullen* a observé que cette semence, donnée à des nourrices en forme d'assaisonnement, produit un effet sensible sur leurs nourrissons, et remédie aux coliques dont ceux-ci étaient affectés.

Il faut donc, lorsqu'on désire se procurer une quantité constante de lait, continuer d'administrer aux animaux les mêmes fourrages; ce qui ne doit pas être indifférent pour les malades soumis au régime du lait. Combien de fois n'arrive-t-il pas que ce fluide, après avoir réussi pendant quelques jours, produit tout-à-coup du mal-aise, des anxiétés, si considérables que les malades sont forcés, à leur grand regret, d'en abandonner l'usage?

Avouons-le; on fait en général trop peu d'attention à la nature des végétaux destinés à servir de nourriture aux femelles dont le lait doit ensuite être employé comme remède. Il n'existe, à la vérité, aucunes expériences précises à cet égard : on sait seulement que certaines plantes communiquent de l'odeur, de la couleur et de la saveur au lait; mais il s'en faut que cette influence ait toute la latitude qu'on a prétendu lui donner. Voici, d'ailleurs, ce que nos expériences ont confirmé.

*Première expérience.* Nous avons donné, pendant quinze jours consécutifs, à plusieurs vaches, de la chicorée sauvage et de la chicorée frisée, de manière à en former la base de leur nourriture : le lait qu'elles ont fourni n'a jamais manifesté aucune amertume.

*Deuxième expérience.* Il en a été de même de l'oseille potagère, que les jardiniers maraichers de Paris se gardent bien d'administrer aux vaches, dans la persuasion que cette plante fait tourner le lait. Nous en avons mêlé jusqu'à trente livres par jour avec le fourrage ordinaire, pendant une décade, sans avoir remarqué que le lait fût plus disposé à se coaguler que celui d'une autre vache qui ne mangeait pas de plantes acidules.

*Troisième expérience.* Plusieurs plantes aromatiques de la famille des labiées, employées vertes ou sèches, telles que la lavande, la sauge et le thym, ont été mêlées, en différentes proportions, avec la nourriture ordinaire des vaches pendant un mois : le lait n'a pas, pour cela, acquis d'odeur particulière ; il était seulement plus gras et plus savoureux.

C'est donc un préjugé de croire que toutes les plantes amères, acidules ou aromatiques, puissent indistinctement communiquer leur amertume, leur acidité ou leur arome au lait des animaux qui en sont nourris. Cependant on a remarqué que les vaches qui broutaient des feuilles d'artichaux, de chardons, d'absinthe, de tanaisie, donnaient aussitôt à leur lait une amertume sensible. Ce phénomène n'a vraisemblablement lieu, par rapport à ces dernières plantes, que parce que leur principe amer semble être combiné avec un corps particulier qui est charié et conservé pendant la digestion, tandis que l'amertume des chicoracées dépend d'une matière extractive qui se décompose dans l'estomac, et ne fournit plus, à l'organe qui fabrique le lait, que les matériaux de sa décomposition.

Nous voyons encore certains principes des plantes se manifester dans le lait; tel est, par exemple, celui qui appartient aux crucifères : on sait que l'alliaire lui donne une odeur d'ail, et la roquette ce montant qu'on remarque si sensiblement dans la moutarde et dans le raifort.

*Quatrième expérience.* Nous avons fait prendre, pendant huit jours, une tête d'ail, divisée et mêlée avec du son, à une vache nourrie d'ailleurs à l'ordinaire : l'odeur de cette racine bulbeuse ne s'est manifestée dans le lait qu'à la sixième traite, et dès le lendemain du jour que le régime a cessé, l'odeur d'ail n'existait plus.

*Cinquième expérience.* Après avoir rassemblé la crème d'un lait qui avait l'odeur d'ail, nous l'avons soumise à la percussion ; le beurre qui en est résulté a conservé une odeur d'ail assez forte pour la communiquer à tous les mets auxquels ce beurre servait d'assaisonnement.

*Sixième expérience.* Une poignée de poireaux, administrée aux vaches, autant de fois et de la même manière que l'ail, a présenté des résultats entièrement semblables, pour le lait et pour le beurre.

*Septième expérience.* Il en a été des oignons rouges et blancs, comme de l'ail et des poireaux : le lait et le beurre avaient parfaitement l'odeur et le goût de ces deux premières plantes.

Un fait qui paraît bien étonnant, c'est que le lait ait besoin du contact de l'air pour manifester l'odeur des plantes dont il vient d'être question ; car au sortir du pis de l'animal à peine est-elle sensible ; mais on la reconnaît un instant après, et elle ne fait qu'augmenter à mesure qu'on s'éloigne de cette époque.

*Huitième expérience.* Parmi les végétaux qui contiennent beaucoup de matière colorante, plusieurs ont été soumis à l'expérience. On a commencé par la betterave rouge et jaune. Une vache, nourrie en partie avec ces racines pendant un mois, n'a donné aucune nuance de couleur particulière au lait et au beurre.

*Neuvième expérience.* Nous avons ajouté au fourage ordinaire d'une vache, de la garance séchée et pulvérisée, depuis deux gros jusqu'à une once : le sixième jour de ce régime, le lait a contracté une teinte rougeâtre ; mais la crème qui en a été séparée et battue aussitôt, a donné un beurre qui ne participait en aucune manière à cette couleur.

Un phénomène qui n'a point échappé à nos observations, c'est que, pendant que la vache faisait usage de la garance, et avant que son lait fût teint, l'urine qu'elle rendait était déjà fortement colorée en rouge.

En donnant avec précaution de la garance à plusieurs vaches, *Young* a remarqué qu'il fallait plus ou moins de temps pour que le lait fût teint, suivant qu'on faisait observer préalablement une abstinence plus ou moins soutenue à l'animal soumis à l'expérience. Ainsi la couleur rouge paraissait vingt-quatre heures après, si la vache, au moment où on lui avait donné la garance mêlée à du son, avait resté vingt-quatre heures sans prendre d'autre subsistance ; il fallait, au contraire, trente-six heures pour que le lait fût coloré, si auparavant la vache n'avait été que douze heures sans manger.

Mais une observation constante, c'est que, quand on donnait de la garance cinq à six jours de suite, le lait conservait encore la couleur rouge sept à huit jours après qu'on avait supprimé la garance.

*Dixième expérience.* Parmi les plantes cultivées encore dans quelques départemens de la république à cause des matériaux qu'elles offrent à la teinture, nous en avons employé deux dont les propriétés sont aussi bien connues que celles de la garance : l'une est la gaude ou l'herbe à jaunir, l'autre est le pastel ou vouède. Ces deux plantes, séchées, divisées et mêlées avec du petit son, ont été administrées successivement à une vache pendant le cours d'une décade, dans une proportion suffisante pour manifester leur action sur le lait; cependant la couleur ordinaire de ce fluide n'a pas paru être changée sensiblement.

*Onzième expérience.* Nous avons cherché ensuite à appliquer séparément ces deux plantes à la crème dans la butirisation; mais le beurre n'a pris aucune nuance capable de caractériser leur action: d'où il suit que le jaune de la gaude, et le bleu du pastel ou vouède, ne passent pas dans le lait, mais que ces deux couleurs sont détruites entièrement par la digestion.

Nous ne terminerons pas cet article sans faire mention d'un phénomène assez singulier, relatif à la couleur bleue que le lait acquiert quelquefois préopinément, et c'est principalement dans les départemens du Calvados et de la Seine inférieure que les vaches en fournissent de cette espèce à certaines époques de l'année.

La couleur bleue que ce fluide contracte

alors, est souvent si foncée qu'on n'a pas balancé de la comparer à celle du bleu de Prusse. La crème, en se rassemblant, emporte avec elle une partie de cette couleur; la teinte bleue diminue, et s'affaiblit d'autant plus que le lait est mieux écrémé. Quelle peut être la cause d'un semblable phénomène?

D'abord nous l'avions attribué à l'existence d'un principe colorant de nature résineuse, que nous supposions avoir été extrait par le travail de la digestion de quelques-unes des plantes dont les vaches avaient fait usage pour leur nourriture. D'après cette supposition il nous paraissait facile d'expliquer comment la crème, en qualité de corps gras, s'emparait facilement de ce principe et l'enlevait au lait; mais, lorsque nous vîmes que le beurre fourni par la crème bleue était jaune, comme celui d'une crème ordinaire, et que le lait de beurre était à peine coloré en bleu, nous fûmes obligés de renoncer à cette explication. Nous présumâmes ensuite que le phénomène en question pouvait avoir pour cause une maladie particulière, dont, sans doute, étaient affectées les vaches à l'époque où elles commençaient à donner du lait bleu : mais il fallut encore renoncer à cette idée, lorsque nous apprîmes qu'à cette époque ces animaux jouissaient de la meilleure santé.

On voit, d'après ce qui précéde, qu'il reste encore beaucoup de recherches à faire pour connaître la véritable cause de la couleur bleue qu'on remarque quelquefois au lait; nous pensons qu'elle ne pourra être découverte que par des observateurs qui, placés sur les lieux où les vaches fournissent un lait semblable, voudront prendre la peine de mieux étudier qu'on ne l'a fait jusqu'à présent l'état de ces animaux, l'espèce, la nature et la quantité de plantes qui servent à leur nourriture, et généralement, enfin, toutes les circonstances qui précèdent, accompagnent et suivent l'apparition, presque subite, d'une couleur qui, peut-être, est moins due à l'existence d'un principe colorant, qu'à la manière dont le lait réfléchit les rayons lumineux.

Au reste, quel que soit le résultat qu'on obtienne, il passera toujours pour constant que l'usage du lait coloré en bleu ne saurait être préjudiciable à la santé, puisque nous savons que, dans les départemens où on le trouve le plus communément, quelques personnes l'emploient dans la préparation de leurs alimens comme le lait ordinaire.

D'ailleurs, nous avons la preuve que le beurre qu'on retire de la crème la plus bleue, est parfaitement semblable, tant pour la couleur que pour la saveur et la consistance, à celui obtenu de la meilleure crème connue, ensorte qu'on ne peut attribuer qu'à des craintes mal fondées ou à des préjugés, l'habitude où on est encore, dans quelques endroits, de regarder comme nuisible un lait de l'espèce de celui dont il s'agit.

*Douzième expérience.* Nous avons mêlé une pincée de poudre de safran avec du son, et nous avons fait prendre un mélange semblable à la vache pendant plusieurs jours : le lait qu'elle a fourni ne paraissait pas plus jaune; mais le beurre qui est résulté de sa crème avait une belle couleur jaune, sans cependant participer à l'odeur et à la saveur du safran.

Ces expériences, qu'il aurait été possible de multiplier, suffisent pour confirmer ce que nous avons déjà avancé, que toutes les plantes amères ne communiquent point leur amertume au lait : il en est de même de leur odeur et de leur couleur, lorsqu'elles échappent au travail de la digestion et passent ainsi dans le système animal. Mais il paraît que, suivant leur nature, elles se portent sur les divers principes qui composent les humeurs. Si donc l'odeur et la couleur sont de nature huileuse, c'est le beurre qui se trouvera coloré; ce sera, au contraire, le caillé et le sérum quand la partie odorante et colorante sera de nature extractive.

On n'est pas plus fondé à regarder les alimens dont les animaux se nourrissent comme la source de tous les produits retirés, non-seulement du lait, mais encore des autres humeurs animales. Ces produits n'existent pas plus dans les alimens que ceux qui constituent la lymphe, la bile, le sang et l'urine; c'est dans des organes particuliers qu'ils se fabriquent; les alimens n'offrent que les matériaux propres à leur décomposition. *Scheele* n'a-t-il pas rencontré dans l'urine des enfans une quantité remarquable d'acide benzoïque, quoiqu'ils ne fissent aucun usage de matières aromatiques ou herbacées, et qu'ils n'eussent pris encore que du lait?

Les alimens n'influent pas seulement sur la nature des parties constituantes du lait, ils concourent encore à augmenter ou à diminuer leur cohérence entr'elles : on remarque, par exemple, que, dans la saison où les vaches mangent abondamment des cosses de pois, il est plus difficile d'opérer la coagulation artificielle de leur lait; le sérum paraît infiniment plus gras et d'une clarification moins aisée.

Il est donc hors de doute que les alimens ont une influence décidée sur la qualité du lait; mais c'est à tort qu'on a cru qu'ils conservaient tous leurs caractères particuliers dans ce fluide. Ils exercent une action plus ou moins vive sur l'estomac et les autres organes, pour augmenter ou diminuer leur vertu secrétive. C'est ainsi que souvent du sel, ajouté à des fourrages fades et détériorés, concourt à rendre le lait plus crèmeux. Il n'y a assurément point dans cet assaisonnement les élémens propres à fabriquer du beurre, du fromage et du sucre de lait. Ce n'est donc qu'en donnant du ton

et de l'énergie à toutes les parties organiques,
ou en augmentant les forces vitales, que le sel
peut améliorer le lait.

Mais si la qualité du lait, indépendamment
du cachet particulier de l'animal, est due à la
réunion des différens principes qui constituent
ce fluide, il n'en est pas moins vrai que ces
principes reçoivent, de la part des végétaux,
certains caractères en quelque sorte indélébiles.

Si les fourrages dont les femelles se nourrissent sont aqueux et insipides, le lait qui en
proviendra sera abondant, séreux et fade ; si,
au contraire, ils sont coriaces, durs et fibreux,
le lait sera moins abondant et moins agreable.
Enfin, tous les produits de ce fluide seront
plus ténus et plus parfaits quand les herbages
auront de la finesse et du parfum.

Ces observations générales, relatives à l'influence des alimens sur la qualité du lait, nous
paraissent suffisantes pour expliquer pourquoi
le meilleur beurre et les fromages les plus esti-
més proviennent du lait de troupeaux nourris
dans les prairies composées de beaucoup de
plantes fines et aromatiques ; pourquoi, lorsque ces mêmes plantes ont perdu, par la dessication, leur humidité surabondante et une partie de leur odeur, elles n'en donnent pas moins
aux femelles qui en sont nourries un lait
aussi abondant en principes, pour le moins,
que si ces animaux étaient au vert ; pourquoi, enfin, les vaches qui paissent dans des

lieux aquatiques et ombragés, fournissent communément un lait moins bon que celles qui vivent sur des pâturages gras, mais élevés et découverts.

Un fait qui nous est bien connu, c'est que des vaches nourries dans un terrain fort aquatique ne rendaient qu'un beurre blanc très-mou. Au bout de peu de jours que ces mêmes animaux furent conduits au bois, le beurre devint jaune et ferme, sans que la température eût changé.

En général, le lait des animaux est meilleur quand ils paissent les plantes qu'ils préfèrent, et sur des terrains qui leur sont propres : ainsi la vache se trouve bien des pâturages succulens des plaines; la brebis se plaît sur les endroits secs, la chèvre dans les pays montueux, etc.

*Linneus* a publié dans une dissertation quelques observations intéressantes sur les diverses plantes que chaque animal préfère pour sa nourriture, et cette considération peut être utile au médecin qui prescrit l'usage du lait de tel ou tel animal dans différentes saisons; mais elle est encore plus importante pour l'agriculture. C'est d'après ce principe que le fermier remarquera si des pâturages, pouvant nourrir une quantité donnée de moutons, par exemple, ne peuvent pas encore fournir la nourriture à un certain nombre de chèvres, etc., à raison des plantes négligées par les uns et préférées par les autres.

On ne doit former aucun doute sur les avantages qu'il y aurait pour la prospérité des différens cantons où le beurre et le fromage sont une branche considérable de commerce, à n'admettre dans leurs pâturages que les plantes les plus propres, non-seulement à augmenter dans le lait l'un ou l'autre de ces deux produits, mais encore à les fournir toujours bien élaborés et dans le plus grand degré de perfection. Il n'y a point en France de température, de terrain ni d'aspect qui ne réunissent des plantes aromatiques, sucrées et mucilagineuses; ne serait-il pas possible de les choisir, de les multiplier, et d'en régler les espèces en considération de l'usage auquel on destinerait les laitages?

## ARTICLE II.

### *Influence des médicamens sur le lait.*

LA possibilité d'accroître les propriétés médicinales du lait par celles des plantes associées avec le fourrage ordinaire dont les femelles se nourrissent, est incontestablement reconnue; mais il nous manque une série d'expériences et d'observations exactes, pour tirer de cet aperçu la plénitude des avantages qu'on peut en espérer.

On sait bien que certaines plantes, telles que la gratiole et le thytimale, que les vaches rencontrent disséminées souvent dans les prairies, communiquent à leur lait la vertu purgative; les médecins ont même profité de cette observation pour chercher à modifier le lait qu'ils administrent à leurs malades : *Clerc*, entr'autres, dans sa lettre à *Pringle*, a très-bien observé qu'on parviendrait ainsi à rendre ce fluide médicamenteux et propre à combattre certaines maladies, si l'on avait toujours la précaution de nourrir les femelles avec une plante plutôt qu'avec une autre.

Mais tout en cherchant à rendre le lait plus efficace dans les maladies, il faut bien prendre garde, pour atteindre ce but, d'administrer aux animaux des plantes qui, par leur nature ou leur quantité, pourraient préjudicier à leur santé, et les exposer à ne fournir que du lait de mauvaise qualité : un seul exemple suffira pour le prouver.

Un médecin ayant conseillé à un malade de se mettre à l'usage du lait d'une vache nourrie avec un fourrage dont la ciguë formerait la plus grande partie, bientôt l'animal maigrit, perdit son lait et mourut. Sans doute, on aurait pu éviter un pareil accident, en donnant à la vache, pour base de sa nourriture, des herbages qui, sans contrarier l'influence de la ciguë sur le lait, auraient empêché cette plante de préjudicier à sa santé.

Il ne peut donc être indifférent d'administrer tels ou tels alimens aux animaux dont le lait est destiné à servir de médicament ; mais on ne doit pas perdre de vue non plus que ces alimens, avant de fournir les premiers matériaux de ce fluide, exercent une action plus ou moins puissante sur l'estomac et successivement sur les autres organes, et que, s'ils affaiblissent l'état physique, le lait qui en proviendra, loin d'acquérir des propriétés médicinales, deviendra susceptible d'occasioner des désordres dans l'économie animale.

Ce n'est pas qu'on ne puisse transmettre au lait quelques propriétés médicamenteuses; mais il faut choisir, parmi les plantes médicinales, celles dans la composition desquelles le principe médicamenteux n'est pas destructeur du principe nutritif, par exemple, le cresson, le bécabunga, le cochléaria, dont l'usage communique au lait un montant auquel on attribue ordinairement la vertu anti-scorbutique, sans apporter d'altération dans l'économie animale.

Le lait a donc la faculté d'acquérir des propriétés médicamenteuses par l'usage de quelques végétaux mêlés à ceux dont les femelles se nourrissent; mais il peut encore conserver celles des remèdes qu'on leur administre dans certains cas pour prévenir une plus grave indisposition. On a observé depuis long-temps qu'une médecine donnée à une nourrice purgeait aussi l'enfant, que même la vertu de l'émétique se communiquait à son lait.

De ces observations, plus ou moins fondées, on a voulu faire des applications utiles au traitement de la maladie vénérienne des enfans nouveau-nés; on a essayé, par exemple, de les nourrir avec du lait d'une chèvre à laquelle on avait donné des frictions mercurielles. On a même été plus loin dans ces derniers temps, en consacrant à cet objet un hospice où les mères, ainsi que les enfans, affectés de cette maladie, subissaient le traitement ordinaire pendant l'allaitement.

Nous savons que cette tentative, si honorable pour l'humanité, a été couronnée de quelques succès, et nous désirons qu'elle soit suivie de nouveau pour dérober à la mort tant de victimes du libertinage.

Ces vérités, que tant d'expériences confirment journellement, ont été cependant mises en doute par quelques médecins, sur tout par *Young*, dans sa *dissertation sur la nature et l'usage du lait*. Ce médecin prétend avoir examiné le lait de beaucoup de nourrices malades, sans avoir reconnu aucun changement dans ce fluide. Il croit qu'une nourrice affectée de maladie vénérienne, n'infecte pas toujours son nourrisson; il doute que les purgatifs donnés à une nourrice agissent sur l'enfant. Enfin, il dit avoir examiné le lait de deux nourrices qui avaient fait usage pendant huit jours de pillules mercurielles de la pharmacopée d'Edimbourg, au point que leur bouche était très-affectée, sans que leur lait ait noirci l'argent ni blanchi l'or; il assure en conséquence n'y avoir trouvé aucune trace de mercure. Mais l'inexactitude de cette dernière

conséquence est trop évidente pour qu'il soit
nécessaire de s'y arrêter. En effet, la manière
d'agir du mercure dans l'économie animale est
si peu connue, il est si difficile souvent de
retrouver les sels mercuriels, même dans les
préparations où on les a combinés soi-même
à petites doses, qu'on ne peut conclure à la
non-existence du mercure, de ce qu'on n'en
trouve pas de traces par les procédés chimiques
ordinaires.

Outre toutes ces assertions vagues, il suffit
d'appeler le témoignage de l'expérience journalière des praticiens et même celui des nourrices : elles savent très-bien que tel ou tel
aliment influe sur leur lait ; elles savent aussi
que, si elles font usage de purgatifs, leur enfant
éprouve des coliques, et rend des selles plus
abondantes, plus séreuses, etc.

Maintenant, si on se rappelle ce que nous
avons dit non-seulement sur la structure des
organes sécrétoires, mais encore relativement
à la manière dont ils exercent leurs fonctions,
on saura quel est le jugement qu'on doit porter
sur une classe de médicamens qu'on trouve
dans les ouvrages de matière médicale sous le
nom de *galactopoïétiques*, ou remèdes propres
à faire venir le lait.

Les anciens, qui croyaient beaucoup aux
analogies, se persuadaient que toutes les
plantes qui fournissent une matière laiteuse
quand on blesse leur parenchyme, possédaient

une pareille vertu. Dans cette opinion ils pres-
crivaient l'usage de la laitue et de toutes les
plantes de cette famille aux nourrices qui
avaient peu de lait ; mais on sait que ce prétendu lait n'est autre chose qu'un véritable
suc résineux, comparable à celui que donnent l'ésule, les feuilles de figuier et les autres
plantes de ce genre.

Loin donc de reconnaître à ces plantes,
ainsi qu'au cerfeuil, à l'aneth, au fenouil, au
sureau, au poligala, et à beaucoup d'autres
végétaux, la faculté d'augmenter le lait ; loin
de croire pareillement que la bourache et le
persil aient une vertu diamétralement opposée ; nous ne considérerons, comme véritablement *galactopoïétiques*, que les substances qui
abondent en sucs alimentaires, et desquelles
les forces digestives peuvent tirer le parti le
plus avantageux, afin de fournir à l'organe
mammaire tous les matériaux nécessaires à la
composition du fluide lacté. Mais, lorsque la
nourriture est abondante et de bonne qualité,
on ne peut nier l'utilité de l'emploi des substances légèrement excitantes et dites *apéritives*
comme auxiliaires, pour donner du ton aux
organes, et faciliter la sécrétion des humeurs,
qu'ils sont destinés à séparer.

## ARTICLE III.

### *Influence des affections morales et physiques sur le lait.*

Si le lait prend facilement l'odeur, la couleur et la saveur de certains végétaux, et que par conséquent il soit susceptible d'acquérir des propriétés médicamenteuses; on ne peut disconvenir non plus que les affections physiques et morales n'aient quelque influence sur sa qualité.

Un effroi considérable occasionne l'engorgement subit des mammelles, et un violent chagrin produit leur affaissement; cet organe, en apparence isolé, participe tellement au désordre qui est la suite de ces affections vives, qu'il n'élabore plus qu'une liqueur séreuse, jaunâtre et fade, au lieu d'une humeur blanche, douce et sucrée. *Bordeu* dit avoir vu le lait *s'épaissir* dans une nourrice qui vit tomber son enfant; le lait reprit son cours et sa consistance dès que l'enfant put teter, et la mère, agitée par deux ou trois passions différentes, sentait la chaleur, la souplesse et le *remontage* du lait, à proportion que l'enfant donnait des signes de force et de santé.

Il n'est pas douteux que la colère et les autres passions de l'ame ne détériorent la qualité du lait, au point de le rendre mal-sain pour

l'enfant auquel ce fluide sert de nourriture.
*Petit-Radel*, dans son *essai sur le lait*, ouvrage écrit avec ordre et rempli d'observations
judicieuses, dit avoir vu dans les Indes une
femme faire fouetter inhumainement la nourrice de son enfant, pour une faute très-légère :
la nourrice peu à peu donna un mauvais lait
à son nourrisson, qui ne tarda point à être
tourmenté d'énormes convulsions. Les mêmes
dangers menacent cependant les pauvres enfans
confiés à des femmes mercénaires.

Ces phénomènes se remarquent également
chez les animaux. Souvent le lait est altéré à
la suite des mauvais traitemens qu'une vache
reçoit par la brusquerie et la mal-adresse de
la traïeuse. On a vu aussi une chèvre donner
un lait de mauvaise qualité lorqu'on gourman-
dait le nourrisson qu'elle affectionnait.

Indépendamment de toutes les causes qui
apportent des changemens notables à la composition du lait, nous observerons que les
femelles qui le fournissent sont encore exposées
à des spasmes, qui, sans rien déranger dans leur
économie, peuvent néanmoins suspendre l'é-
mission de ce fluide, ou en tarir tout-à-coup
la source, comme des affections agréables
peuvent en faciliter le cours.

L'immortel *Bordeu* a développé, avec ce
génie qui lui était propre, l'influence de l'action nerveuse sur l'organe mammaire : il a ex-
pliqué l'effet des chatouillemens que le nour-

risson exerce sur la mère, et dont il paraît sentir la valeur, comme la mère sent l'activité vitale de son nourrisson; il ne doute pas que le *commerce* de *sensibilité*, établi par la nature entre l'enfant qui tete et la mère qui donne a téter, n'entre pour beaucoup dans la formation et le mouvement du lait.

Le digne ami de *Bordeu, Bayen* que la mort vient de nous ravir, nous a appris qu'un jour, se trouvant dans les Pyrenées, il avait remarqué qu'une vache retenait son lait précisément parce qu'elle se trouvait entourée de beaucoup de personnes qu'elle n'était pas dans l'habitude de voir. Mais sa surprise fut extrème en voyant un jeune pâtre lui souffler aussitôt de l'air chaud dans la vulve, au moyen d'une espèce de chalumeau ; alors les mamelles laissèrent échapper le lait avec profusion : nouvelle preuve de la correspondance qui existe entre ces deux organes. Mais, ce qui paraît singulier, c'est que cette pratique soit connue des Hottentots et, peut-être, de tous les peuples nomades. *Le Vaillant*, qui en a fait la remarque dans ses voyages en Afrique, rapporte en même temps que, s'il arrive que le veau périsse, on en conserve soigneusement la peau, dont on fait un mannequin qui sert à tromper la vache, laquelle, séduite par ce stratagème, continue de donner son lait comme auparavant.

Cette dernière observation n'a point échappé

à *Olivier De Serres*. Voici comme il s'exprime dans son théâtre d'agriculture :

» Et l'usage de certains endroits de Lan-
« guedoc et d'ailleurs, manifeste que, plus
« de lait rendent les vaches nourrissant leurs
« veaux, que celles qui en sont délivrées, d'au-
« tant que la vache est tant amoureuse de son
« veau, que libéralement elle lui donne le
« lait dont la quantité s'en augmente ; n'ayant
« le veau sitôt mis dans la bouche le trayon
« de sa mère, que le lait n'en sorte, comme
« le vin d'un tonneau qu'on perce : puis en
« gardant le veau de continuer, on l'arrache
« de la tétine, et le reste du lait est aisément
« tiré jusqu'à une goutte. Même il y a des
« vaches si faciles qu'à la seule vue du veau
« satisfont à leur devoir. Pour laquelle cause
« attache-t-on le veau à une jambe de la vache,
« d'où par elle avec plaisir il est vu et flairé,
« pendant qu'on la trait. Il y a de plus; sou-
« ventes fois trompe-t-on la sottise de cet
« animal avec une feinte composée de la peau
« d'un veau remplie de paille; au seul approche
« de laquelle, cuidant la vache que ce soit
« son veau, se laisse volontairement traire. »

On sera, peut-être, étonné qu'après avoir dit deux mots de l'influence des affections morales sur le lait, nous ne fassions pas également mention de l'état où ce fluide doit se trouver lorsque l'animal est malade. Il y a tout lieu de présumer que les changemens qu'il subit dans

ce dernier cas sont frappans : mais il est difficile de faire des expériences très-variées sur
ces espèces de lait, parce que, dans les affections légères, ce fluide est peu altéré; si, au
contraire, les maladies sont graves, la secrétion de l'organe mammaire se fait mal, ou ne
se fait pas du tout, et il est rare que l'on puisse
alors se procurer une quantité de lait suffisante
pour avoir des résultats positifs. Cependant nous
avons observé que l'altération se portait principalement sur la matière caséeuse, qui, comme
nous l'avons dit et prouvé, est véritablement,
des parties qui constituent le lait, celle qui
paraît être la plus animalisée.

Nous pensons donc que ce qui arrive au lait
dans ce cas, a lieu également pour tous les
fluides animaux. La substance la plus voisine
de l'animalisation qu'ils contiennent, est presque la seule qui éprouve une altération sensible. Ainsi, que l'on examine le sang, la bile
et l'urine d'un individu affecté d'une maladie
qui n'a pas son siége dans l'organe où se
fabrique l'une ou l'autre de ces humeurs, on
verra que c'est toujours la partie lymphatique
ou muqueuse qui subit la première une sorte
de décomposition, tandis que la sérosité et les
matières salines, qui ne sont, pour ainsi dire,
que des excipiens ou des moyens de combinaison, se conservent avec toutes leurs propriétés.

Nous n'avons pas négligé, pour le complé-
ment de notre travail, d'examiner le lait pris

dans les différens états où se trouvent les
femelles, soit avant, soit après la gestation,
soit quand elles sont malades; mais alors, au
commencement sur tout de l'indisposition, le
lait que nous avons examiné semblait n'être
pas altéré, et l'altération n'a commencé à se
manifester, d'une manière marquée, que lorsque la maladie, faisant des progrès, a dû nécessairement agir d'une manière sensible sur
le système animal, affaiblir par conséquent la
puissance de l'organe mammaire, la suspendre,
et mettre un terme à l'émission du lait.

Nous pensons, d'après ces vues générales,
qu'au moyen d'expériences exactes et de bonnes
observations, on pourrait juger des altérations
des parties constituantes les plus essentielles
du lait par la simple inspection de ce fluide,
et obtenir des résultats de médecine pratique
qui serviraient, dans les maladies des nourrices,
à tirer un pronostic aussi sûr, peut-être, que
de l'état des autres secrétions et excrétions
dans une foule de circonstances cliniques.
C'est aux accoucheurs, c'est aux médecins qui
s'occupent spécialement des maladies des femmes, à réunir ce que l'on trouve épars sur cet
objet dans les auteurs, et à faire de nouvelles
recherches propres à agrandir cette sphère des
connaissances humaines.

· Avant que de passer à l'examen du lait employé comme remède, nous croyons devoir
nous arrêter à l'état où il se trouve au sortir des

mamelles, immédiatement après le part. Ce n'est pas alors un véritable lait; on ne peut et on ne doit le considérer que comme un fluide médicamenteux, que la nature a formé pour préparer le nouveau-né à recevoir une nourriture plus substantielle, que lui offrira ensuite l'usage d'un lait plus élaboré.

Peut-être aurait-on désiré que la première partie de notre ouvrage débutât par cet examen, puisqu'il s'agit précisément du fluide qui offre l'image de l'état primitif du lait; mais il nous fallait quelques points de comparaison pour mieux juger de la nature du lait pris à cette époque, et nous avons cru que son analyse serait mieux placée à la suite de nos considérations sur les qualités particulières et variées que peuvent donner aux parties constituantes du lait toutes les influences physiques et morales.

## ARTICLE IV.

### *Du colostrum.*

LES médecins ont donné le nom de colostrum à ce fluide qui se sépare des mamelles, dans les premiers instans qui précèdent et suivent le part.

Nous ne traiterons ici que de celui de vache, le seul que nous ayons pu nous procurer en assez grande quantité pour le soumettre aux expériences propres à déterminer sa nature et ses propriétés.

Cet objet, tout important qu'il soit, ne paraît cependant pas avoir mérité l'attention des chimistes, nous observerons même que, sans les expériences auxquelles deux médecins hollandais ont soumis le colostrum, à peine aurait-on de la composition de ce fluide la moindre notion. La dissertation qui contient ces expériences, est insérée dans les mémoires de la ci-devant société de médecine, années 1787 et 1788. Elle a pour auteurs *Abraham van Stipriann* et *Nicolas Bondt*. Nous nous félicitons d'avoir partagé avec eux le suffrage de cette savante compagnie.

Après avoir indiqué les propriétés physiques du colostrum, la manière dont il se comporte avec les réactifs, et les résultats qu'on en obtient, lorsqu'on le distille à feu nu, les auteurs passent à l'examen des différens produits qu'il fournit spontanément, tels que la crème, le beurre, la matière caséeuse et la sérosité; et ils terminent par considérer ce fluide dans un état de décomposition complète, c'est-à-dire, lorsqu'il est parvenu à l'époque où il commence à subir la fermentation putride.

Le travail dont il s'agit ne pouvait être étranger au nôtre; et, après l'avoir suffisamment médité, nous avons cru devoir répéter les expériences des médecins cités, et en ajouter d'autres qui nous ont paru indispensables pour atteindre le but que nous nous proposions, celui de bien établir la différence réelle qui existe entre le lait et le colostrum, et de rendre raison, s'il était possible, de la manière d'agir de ce dernier fluide dans l'économie animale.

C'est uniquement par ce motif que nous avons donné une certaine étendue à l'article du colostrum; ce fluide changeant d'état à mesure qu'il s'éloigne du moment où la femelle a mis bas, nous avons senti la nécessité d'en faire l'examen à quatre époques différentes, c'est-à-dire, jusqu'à ce qu'il réunisse toutes les qualités qui le constituent un véritable lait.

## *Examen du colostrum.*

La femelle qui a fourni le colostrum, objet de cette analyse, était d'une belle race, d'une constitution vigoureuse, n'ayant éprouvé, avant, pendant et après le vélage, aucun accident particulier, et étant à sa troisième portée; elle pouvait, en un mot, être considérée comme excellente vache laitière.

Nous avons été assez heureux pour avoir du colostrum, précisément la veille du jour que la vache a vêlé. Ce fluide alors était demi-transparent, visqueux, jaunâtre, filant, d'une saveur fade, ayant la consistance d'un véritable syrop.

Ce colostrum, au bout de deux heures de repos, s'est recouvert d'un autre fluide jaune, très-épais, d'une saveur assez douce, et d'une consistance onctueuse; ce fluide, séparé et agité dans un vaisseau convenable, a donné du beurre d'un jaune safrané, gras et ferme, ayant les propriétés générales du beurre ordinaire.

Le liquide dont on avait extrait du beurre, et celui dont on avait séparé de la crème, se ressemblaient parfaitement : ils étaient moins épais, moins colorés qu'au sortir des mamelles ; mais au moyen du repos ils se sont recouverts d'une autre matière crèmeuse, qui, battue, a donné une nouvelle portion de beurre, plus fade et moins jaune que le premier.

Ce colostrum, dont on avait séparé deux fois la crème, en a encore fourni vingt-quatre heures après, et le beurre qui en est résulté, également fade, n'était pas plus jaune que le beurre ordinaire de l'été.

Une portion de colostrum, pourvue de sa crème, ayant été exposée au feu immédiatement après la traite, s'est coagulée au premier bouillon, comme du blanc d'œuf; mais le coagulum n'a pas pris une grande consistance.

Les acides et l'alcohol coagulent ce fluide, qui, dans tous ces cas, se comporte comme une matière albumineuse.

Mêlé avec quelques grains de présure ordinaire, et exposé à une température de vingt-deux degrés, le colostrum ne s'est pas coagulé à la manière du lait; il n'en est résulté au bout de vingt-quatre heures qu'un magma lymphatique, très-adhérent à la sérosité, et dont la séparation était plutôt l'ouvrage de l'atmosphère que celui du ferment animal.

Le colostrum obtenu le premier jour du vêlage, différait sensiblement de celui de la veille. En inclinant le vaisseau qui le contenait, on apercevait des filets sanguins qui, au moyen du mouvement, se dissolvaient et imprimaient bientôt à tout le fluide une couleur rougeâtre : sa consistance était épaisse et comme visqueuse ; sa saveur ressemblait à celle du lait ordinaire.

Ce colostrum, mis sur le feu, se coagule avant d'arriver au degré de l'ébullition, et fournit une très-grande quantité de sérum blanchâtre.

La coagulation n'est pas non plus facile par l'action de la présure, et le mélange demeure long-temps sans offrir de véritable décomposition.

Deux livres de ce colostrum ont donné, en plusieurs fois, six onces de crème épaisse et visqueuse, qui, par la percussion, a fourni trois onces et demie de beurre d'un jaune foncé, presqu'orangé, plus spongieux, plus gras et moins agréable que le beurre ordinaire.

Par la séparation de la crème le colostrum devint plus fluide ; il prit une couleur et une consistance analogues à celles d'une eau surchargée de savon.

Abandonné à lui-même pendant vingt-quatre heures, à une température de quinze à seize degrés du thermomètre de Réaumur, il commença au bout de ce temps à se coaguler ; mais le coagulum, au lieu de se séparer comme dans le lait qui s'aigrit, resta adhérent au sérum, et on ne parvint à rompre sa cohérence qu'en plongeant le vase dans un bain-marie bouillant.

La matière coagulée, séparée et rassemblée par ce moyen, n'a plus présenté qu'une masse visqueuse, qui, à la faveur de la compression et de la dessication, est devenue dure et cassante, ayant la transparence d'une corne. Cette matière, soumise aux mêmes agens d'analyse employés à l'examen de la matière caséeuse du lait, a donné des produits semblables à cette dernière.

Le sérum, séparé du coagulum, était présqu'incolore ; il avait une demi-transparence ; sa saveur était aigre. Par la filtration, il est devenu d'abord fort clair ; ensuite il s'est troublé, et sa surface, au bout de quelques jours, a été recouverte d'une légère moisissure, parsemée de points verdâtres.

Cette moisissure enlevée, il s'en est formé une seconde, et ainsi successivement. Nous nous déterminâmes alors à filtrer la liqueur et à l'évaporer au bain-marie jusqu'à la consistance d'un syrop clair ; par le refroidissement, elle devint gélatineuse, et laissa précipiter des cristaux cubiques, qui furent reconnus pour être du muriate de soude.

Nous avons encore remarqué d'autres cristaux, empâtés d'une matière épaisse et visqueuse, ayant une couleur jaune tirant sur le brun. La petite quantité de ces derniers cristaux ne nous a point permis de les soumettre à beaucoup d'expériences; mais celles que nous avons faites ont suffi pour démontrer leur analogie avec le sel de lait : en effet, ils avaient une saveur légèrement sucrée, et, lorsqu'on les mettait sur un charbon ardent, ils brûlaient en répandant une odeur pareille à celle du caramel.

Le colostrum du second jour n'avait pas autant de couleur que le précédent; on y voyait encore flotter quelques filets sanguins, mais en moindre quantité : exposé au feu, il lui a fallu le degré de l'ébullition pour se coaguler.

Vingt-quatre onces de ce colostrum ont donné cinq onces et demie d'une crème épaisse, qui, battue, n'a fourni que deux onces de beurre, aussi fade que le précédent, mais avec une couleur moins foncée.

Le fluide, dépouillé de sa crème, n'a pas tardé à s'aigrir; la matière coagulée nous a paru alors abandonner le sérum plus aisément que celle du colostrum du premier jour: mais elle n'avait pas encore acquis cet état gélatineux et tremblant, qui caractérise la matière caséeuse, spécialement celle du lait de vache.

Le colostrum du troisième jour différait essentiellement des deux premiers par ses qualités extérieures; il ne présentait plus de filets sanguins, et sa couleur se rapprochait de celle du lait.

Ce fluide, placé sur le feu, a soutenu quelques bouillons avant que de se coaguler, et le coagulum a présenté tous les caractères de la matière caséeuse séparée du sérum.

La crème qui s'est élevée à la surface des vingt-quatre onces de ce colostrum du troisième jour, avait la consistance et la couleur de la crème ordinaire; séparée à diverses reprises, elle pesoit trois onces, qui ont donné par la percussion quatre gros douze grains de beurre d'une bonne consistance, mais moins jaune et meilleur que les précédens.

La matière caséeuse et le sérum se sont comportés dans l'analyse comme ces deux produits du lait de la meilleure qualité.

Le colostrum du quatrième jour après le vêlage réunissait tous les conditions du lait, car, examiné à cette époque, il ne se coagulait plus au feu, et il n'en différait absolument que par la moindre abondance du beurre, et par la très-grande quantité de sérum.

On ne doit donc regarder comme véritable colostrum que le produit des traites des trois premiers jours qui suivent le part, car le fluide que fournissent ensuite les mamelles, est pourvu de toutes les qualités qui appartiennent au fluide.

Nous regrettons, au surplus, que les difficultés sans nombre que nous avons éprouvées lorsque nous avons cherché à nous procurer le premier colostrum de vaches à différentes heures de la journée, nous aient privés de satisfaire au désir que nous avions d'étudier et de suivre pas à pas la marche de la nature dans cette importante opération ; mais les expériences dont nous venons de présenter le résultat, doivent suffire pour démontrer qu'il en est de ce fluide comme du lait, c'est-à-dire, qu'en conservant toujours les caractères spécifiques qui lui appartiennent essentiellement, le colostrum doit cependant offrir quelques nuances particulières, subordonnées, sans doute, à l'espèce de la femelle, au nombre de ses portées, à sa constitution physique, à son âge, à son régime, et à une foule d'autres circonstances faciles à soupçonner.

Avouons-le, une grande partie de nos expériences ne sont que la confirmation de celles que les deux médecins hollandais ont faites sur le colostrum. Ils ont bien prouvé qu'il existait une grande différence entre ce fluide et le lait ; que cette différence se remarquait principalement dans l'état particulier de la matière caséeuse, qui avait beaucoup d'analogie avec l'albumen. Ils ont également observé que le colostrum du premier jour ne ressemblait point à celui du second, et que l'un donnait plus de crème et de beurre que l'autre ; en un mot, que le sérum ne se séparait qu'incomplétement par tous les corps coagulans, et qu'il conservait toujours une sorte de viscosité.

Mais on aurait désiré que les auteurs de la dissertation dont nous faisons mention fussent entrés dans quelques détails sur la véritable nature du colostrum, et sur les effets qu'il est destiné à opérer dans l'économie animale. Sans doute, occupés alors de traiter le même sujet que nous, ils n'ont regardé cet objet que comme accessoire à la question proposée; et c'est ce qui nous détermine à suppléer à leur silence par les observations suivantes.

### *Nature du colostrum.*

Il est facile de juger, d'après ce qui précède, que la crème, le beurre, la matière caséeuse, qui constituent le colostrum, présentent des caractères qu'on ne retrouve point dans les mêmes produits obtenus du véritable lait.

1.° *La crème.* C'est une chose véritablement digne de remarque que l'état de la crème contenue dans le colostrum du premier jour du vélage. Elle est, comme nous l'avons démontré, trois fois plus abondante que dans le meilleur lait. On ne saurait révoquer en doute que ce ne soit à la quantité du beurre qui s'y trouve qu'elle doit sa consistance et sa couleur, car le fluide qui lui sert de véhicule, étant séparé par la percussion, perd sensiblement de sa viscosité et est plutôt rougeâtre que jaune. Du reste, la saveur de cette crème n'est pas désagréable, et on pourrait l'employer à tous les usages de la crème ordinaire, si, d'ailleurs, son aspect n'inspirait une sorte de répugnance difficile à vaincre.

Pour savoir si l'état de la crème dans le colostrum n'appartenait pas plutôt à la constitution individuelle de la femelle qu'à la nature constante et essentielle de ce fluide, nous n'avons pas négligé l'occasion de nous procurer du colostrum de vaches qui, quoique dans la classe des bonnes laitières, avaient cependant la réputation de donner un lait séreux ; et toujours nous avons vu que la crème y existait avec les caractères particuliers que nous avons observés.

Il est donc plus que vraisemblable que, quand on a avancé que le colostrum contenait fort peu de crème, aucune expérience chimique n'avait éclairé cette opinion, puisque ce qui caractérise particulièrement ce fluide, c'est l'abondance de cette matière onctueuse et l'intensité de sa couleur jaune.

On ne saurait disconvenir encore que cette crème, qui paraît plus adhérente au colostrum qu'au lait, ne donne à la totalité du fluide qui la contient un état onctueux ; en recouvrant de toutes parts les molécules des autres parties constituantes, elle les rend plus aptes, par conséquent, à former pour le jeune animal une nourriture, peut-être moins substancielle, mais appropriée à la faiblesse et à l'irritabilité de ses organes.

2.° *Le beurre*. Indépendamment de la quantité considérable qu'en fournit le colostrum, et qu'il est possible d'évaluer à une once et demie par livre de ce fluide, on est encore frappé de sa couleur jaune. Elle est si remarquable qu'on serait tenté de croire qu'elle lui a été communiquée artificiellement : mais, ce qui a principalement droit de surprendre, c'est de voir cette couleur diminuer d'un jour à l'autre, jusqu'à ce qu'elle soit arrivée au ton de celle que la crème a le plus ordinairement; et c'est à peu près l'affaire de douze à quinze jours.

Tous nos efforts pour séparer cette couleur du beurre ont été inutiles. Il paraît qu'elle lui est tellement inhérente qu'aucun dissolvant ne peut la lui enlever. Au reste, ce produit se comporte, dans cette circonstance, par rapport à la matière qui le colore, comme tous les corps gras, qui, lorsqu'ils sont une fois combinés avec un principe colorant, le retiennent obstinément.

Nous ne sommes pas encore assez avancés pour prononcer sur la nature du principe colorant du beurre provenant du colostrum, puisqu'on ne saurait l'avoir à part; mais nous croyons ne pas devoir passer sous silence l'expérience suivante, dont le résultat conduira, peut-être, à la solution de la difficulté qui nous arrête dans ce moment.

Ainsi qu'on l'a vu plus haut, nous avions

observé que les filets sanguins étaient en plus grande quantité dans le colostrum du premier jour que dans celui du second ; que le beurrre s'y trouvait aussi plus abondant et plus foncé en couleur ; que le colostrum du troisième jour, dans lequel on n'apercevait plus de sang, avait donné un beurre dont la nuance jaune était égale à celle du beurre extrait de la crème du lait ordinaire.

Toutes ces observations firent naître en nous l'idée que le sang, ainsi mêlé avec le colostrum, pouvait bien influer sur sa couleur ; et, dans l'espoir d'acquérir quelque certitude à cet égard, nous essayâmes de colorer artificiellement le beurre, en ajoutant du sang à de la crème.

Mais, présumant bien que l'effet que nous cherchions à obtenir n'aurait lieu qu'autant que nous mettrions en contact le lait et le sang dans un état presque vivant, nous avons fait tomber le sang d'une saignée faite à un animal dans un vase où on recevait en même temps le lait qu'on exprimait du pis d'une vache.

Ces deux fluides furent bientôt mêlés, et, comme la quantité du sang pouvait être dans la proportion de deux onces sur seize onces de lait, il résulta du mélange un liquide couleur de rose.

Ce mélange, abandonné à lui-même pendant quinze heures, se couvrit d'une crème très-épaisse, que nous nous hâtâmes de séparer et de battre, pour avoir le beurre qu'elle contenait.

Nous séparâmes aussi le beurre de la crème d'une certaine quantité de lait non mélangé, mais fourni par la même vache, afin de pouvoir comparer les deux beurres.

Le beurre obtenu du lait mêlé avec du sang avait une couleur bien différente de celle du beurre extrait du lait : ce dernier avait cette teinte jaune qui appartient au beurre ordinaire; le premier, au contraire, était d'un jaune sale, tirant un peu sur le rouge.

Malgré les lotions réitérées que nous lui fîmes subir, il nous fut impossible d'enlever cette couleur et de la rappeler à celle du beurre que nous avions extrait du lait non mélangé, pour en faire un objet de comparaison.

Quoique ce résultat ne soit pas, à beaucoup près, assez satisfaisant pour pouvoir en tirer une conséquence applicable à la couleur jaune du colostrum, au moins semble-t-il annoncer que le sang mêlé au lait peut fournir à ce dernier une matière colorante. Qui sait si le mélange de ces deux fluides, opéré plus exactement et d'une autre manière que par notre procédé, n'aurait pas produit une teinte différente de celle que nous avons obtenue ?

Qui sait encore, si la matière colorante jaune de la bile, qui existe quelquefois en assez grande quantité dans le sang, et qui peut colorer en jaune très-foncé sa sérosité, ainsi que cela est prouvé par les expériences; qui sait, disons-nous, si ce n'est pas cette partie colorante de la bile qui imprègne aussi le beurre du colostrum?

Cette matière colorante jaune, que, dans quelques circonstances, la sérosité du sang paraît contenir, ne pourrait-elle pas y être plus abondante à l'époque du vêlage que dans tout autre temps?

Qui sait, enfin, si le mélange d'une certaine quantité de sang avec le colostrum n'influe pas snr les proportions des principes que nous a présentés ce fluide à l'analyse, et n'est pas la cause principale de l'état particulier du colostrum, qui sans cette portion de sang ne serait, peut-être, que du lait altéré par un plus long séjour dans les mamelles?

Cependant, ce que nous ne devons pas taire ici, c'est que nous avons vu souvent du colostrum qui ne contenait aucuns filets sanguins, et n'en donnait pas moins une crème et du beurre extrêmement jaunes et abondans : preuve que ces filets ne sont pas essentiels à ce fluide, et que leur présence pourrait être attribuée à la rupture de quelques vaisseaux, lorsque des traïeuses mal-adroites compriment brusquement le pis de l'animal.

On le répète, nous ne présentons nos idées à cet égard que comme des doutes qui méritent d'être pris en considération ; peut-être, un jour pourront-ils trouver leur application,

M

lorsqu'on aura multiplié les expériences et les observations.

3.° *La matière caséeuse.* Quoiqu'elle se comporte à peu près, à l'analyse, de la même manière que celle qui résulte du lait ordinaire, on se tromperait en concluant qu'il n'y a aucune différence entre ces deux matières. Il suffit de comparer l'état où elles se trouvent au moment de leur séparation du sérum, avec lequel elles sont combinées dans ces deux espèces de lait, pour être convaincu qu'elles ne se ressemblent pas.

Dans le colostrum, sur tout du premier jour, la matière caséeuse, au lieu de prendre la consistance ferme, tremblante, conserve une sorte de viscosité analogue à celle du blanc d'œuf; elle retient tellement le sérum, que, pour la forcer à le quitter, il faut employer la chaleur et la compression : alors même ses parties, qui se trouvent réunies, n'ont pas cette ténacité que la matière caséeuse a toujours lorsqu'on lui fait subir les mêmes opérations; au contraire, elle devient cassante, à peu près comme du blanc d'œuf desséché.

Cet état de la matière caséeuse tient, il n'en faut pas douter, à la disposition particulière de ses parties constituantes, qui ne peut pas être saisie par les agens chimiques, mais que l'esprit conçoit aisément.

C'est aussi à cette disposition, sans doute, qu'il faut attribuer la manière d'être du colostrum, qui, dans ce cas, présente un fluide plus convenable à la situation du nouveau-né, que ne le serait un lait dans lequel toutes les parties constituantes se trouveraient entièrement élaborées ou différemment modifiées. Cela doit être ainsi, car le jeune animal, avant sa naissance, recevait de sa mère, par l'artère ombilicale, un sang, plus ou moins élaboré, qu'il s'appropriait ensuite, et qui servait à sa nutrition et à son développement, etc.

Dès qu'il a respiré, un nouveau système de nutrition commence pour lui; mais le premier aliment que la nature lui destine retient encore des caractères de celui que lui fournissait la mère. C'est pour cela que, les deux premiers jours du vélage, le colostrum semble avoir subi une espèce d'animalisation plus complète que le lait ordinaire qui se prépare les jours suivans, lorsque le jeune animal est plus en état d'approprier à sa substance la nourriture qui lui est présentée.

Ce n'est pas qu'on puisse établir, comme règle générale, que le colostrum recueilli à cette époque contienne toujours de la matière caséeuse dans le même état. Nous en avons examiné quelques-uns, dans lesquels la matière caséeuse était si peu abondante qu'à peine devenait-elle sensible par les corps coagulans : ils avaient beaucoup de viscosité et, en quelque sorte, l'apparence d'un blanc d'œuf, lorsqu'on les faisait chauffer.

Nous ajouterons que cet état lymphatique du colostrum n'est cependant pas tellement analogue à l'albumen, qu'il soit possible de le lui comparer entièrement. D'abord ce fluide ne paraît pas contenir de soufre ; aussi ne noircit-il pas les vaisseaux d'argent dans lesquels il séjourne : ensuite, quand il s'altère, l'aigreur qu'il répand est précisément celle qui appartient au lait parfaitement conditionné : enfin, lorsque son altération est portée à un certain degré, il contracte l'odeur et le goût de fromage.

Quant à la matière caséeuse, il paraît hors de doute qu'elle subit des modifications à mesure que le terme du part s'éloigne. D'abord elle ne présente qu'une matière visqueuse ; mais ensuite elle acquiert insensiblement de la consistance, et finit par arriver à ce point de perfection qu'elle possède dans le lait plusieurs jours après le part. Il est même vraisemblable que, si on examinait, à différentes époques de la journée, le colostrum qui se forme dans les premières vingt-quatre heures, on pourrait, en quelque sorte, suivre la production de la matière caséeuse, et avoir la preuve qu'à mesure qu'elle augmente, l'état visqueux et lymphatique diminue.

Il en est donc de tout ce qu'on a dit de la matière caséeuse du colostrum, comme du beurre ; elle reprend son véritable caractère tremblant et gélatineux quelques jours après le part, et elle ne change plus que dans ses proportions à mesure que le lait s'améliore.

Mais l'examen des parties dont le colostrum est formé, ne présenterait encore que des connaissances stériles, si nous ne cherchions à indiquer les usages de ce fluide dans l'économie animale ; c'est, d'ailleurs, une suite de la tâche que nous nous sommes imposée de considérer le lait sous le point de vue médical.

### *Réflexions sur les effets du colostrum.*

Il est vraisemblable que l'action de l'organe mammaire, qui prépare le colostrum du premier jour, change à mesure que l'époque du part s'éloigne, puisqu'il est démontré que ce fluide, dès le second jour, ne ressemble nullement à celui du premier, et que le colostrum du troisième diffère d'une manière encore plus marquée des deux précédens, pour se rapprocher de l'état du lait pourvu de toutes ses parties constituantes.

On conçoit que les choses se passent ainsi, car, d'après le but de la nature, le nouveau-né ne pouvant et ne devant trouver que dans le lait de sa mère sa première subsistance, il est nécessaire que ce fluide ait d'abord le caractère de celui qui servait à la nutrition du fœtus dans la matrice, et qu'ensuite il se modifie à chaque instant jusqu'à ce que le nourrisson soit accoutumé à ce nouvel aliment.

Mais lorsqu'on considére combien est grande la quantité de crème que contient le colostrum, et combien plus grande encore est celle du beurre que cette crème fournit, comparativement à la quantité qu'en donne le meilleur lait, on ne peut se dispenser de demander quelle a donc été l'intention de la nature en admettant autant de matière grasse dans la composition du premier aliment qu'elle destine au nouveau-né.

Quoique la réponse à cette question semble appartenir plus spécialement aux médecins qu'aux chimistes, nous allons cependant, sinon essayer de la résoudre, du moins présenter à ce sujet des idées générales, en les étayant de l'autorité d'un savant qui a honoré par ses ouvrages son siècle et sa patrie.

« Le fœtus, dans le sein de la mère, dit
« *Bordeu,* n'a pas encore respiré; il n'a rien
« goûté ni rien avalé. Moitié plante et moitié
« poisson, ses fonctions animales ont à peine
« eu le temps d'éclore. Cependant la fonction
« principale des intestins a lieu; ils travaillent
« à la production d'une matière stercorale, qui
« est comme le premier essai de ce travail : on
« connaît cette matière sous le nom de *méco-*
« *nium animal.* On sait que les nouveau-nés le
« rendent peu d'heures après leur naissance : on
« connaît sa couleur noire, jaune et verdâtre;
« sa consistance semblable à celle du miel. »

C'est, sans doute, pour faciliter l'expulsion

de cette matière colorée et poisseuse, que le colostrum est en partie destiné; et nous pensons que le beurre qu'il contient en abondance, joue dans cette circonstance un des principaux rôles.

On sait, en effet, qu'une des propriétés essentielles de tout corps gras, pris intérieurement, est d'occasioner un relâchement général, sur tout quand il se trouve, comme dans le colostrum, disséminé, associé et combiné avec un mucilage. On sait encore que les corps gras, d'après les expériences de *Bayen*, ont une grande affinité avec le *méconium animal;* qu'ils le dissolvent, le liquéfient, le mettent en état d'être expulsé au dehors, et empêchent que, par son trop long séjour dans les intestins, cet excrément n'occasionne des désordres qui deviendraient tôt ou tard préjudiciables au nouveau-né. On sait que les enfans, dès les premiers jours de leur naissance, deviennent quelquefois très-jaunes, et même noirâtres, parce qu'alors le méconium n'est pas évacué. *Bordeu* dit avoir vu un enfant qui, n'ayant pas rendu cette secrétion par les voies ordinaires, la rendit par la bouche, et mourut de ce vomissement.

Mais ce qui semble confirmer en quelque sorte l'effet de la matière grasse contenue dans le colostrum, c'est ce qui arrive lorsque l'évacuation du méconium ne se fait pas naturellement et aussi promptement qu'on pourrait le

désirer : l'expérience a alors appris qu'il suffisait d'administrer à l'enfant un corps gras, tel
que du beurre ou de l'huile d'amandes douces,
pour obtenir bientôt après l'effet salutaire que
le colostrum seul produit le plus ordinairement.

Au surplus, quelle que soit la manière d'agir
du colostrum, il paraît tellement destiné à favoriser l'évacuation du méconium, que, quand
cette matière ne se trouve plus dans les intestins, il change d'état, prend celui d'un fluide
moins abondant en beurre, mais plus riche en
matière caséeuse, et devient plus apte, par
cela même, à former un véritable aliment,
lequel, après avoir subi dans l'estomac l'élabo-
ration convenable, suffit, si rien ne s'y oppose,
pour concourir à tous les développemens du
nouveau-né.

Le colostrum ne saurait donc être considéré
comme un fluide indifférent dans le cas dont
il s'agit ; il est destiné par la nature et les proportions de ses parties constituantes à exercer
précisément les fonctions d'un véritable médicament, dont l'effet, en contribuant à l'expulsion du corps étranger à la vie de l'animal, dispose, pour ainsi dire, ses organes à recevoir et à
préparer les nouveaux alimens dont il a besoin
pour son accroissement et sa conservation.

C'est, sans doute, à cette qualité dissolvante
et relâchante du colostrum, et non aux matières
âcres et aux sels ammoniacaux, qu'il ne contient
pas, qu'on doit attribuer l'espèce de dévoiement

auquel sont exposés les nouveau-nés qui le prennent; ces évacuations, loin d'être nuisibles à l'enfant, le purgent de matières qui lui occasionnent des tranchées, et le syrop de chicorée, qu'on prescrit souvent pour provoquer la sortie de ces matières, n'a jamais le succès du colostrum, comme l'a très-bien remarqué le citoyen *Moore,* ami et élève du célèbre *Sigault.*

Si c'est un malheur pour le nouveau-né de ne pouvoir prendre le teton de sa mère dès qu'il respire, puisqu'il y trouverait la faculté de se débarrasser sur-le-champ et sans douleur de la secrétion dont nous parlons, c'en est un bien plus grand encore de passer dans les bras d'une mère empruntée, qui, à la place du colostrum, lui donne un lait plus ou moins façonné, et rarement conforme à sa constitution, malgré toutes les combinaisons des accoucheurs dans ces circonstances toujours critiques pour le sort futur de l'enfant.

Loin donc de refuser le colostrum au nouveau-né, d'après l'opinion des anciens qui regardaient ce fluide comme vénéneux, on doit, au contraire, le lui administrer en totalité, pour qu'il puisse remplir les indications que la nature a en vue en le formant; et c'est contrarier absolument son vœu que d'en frustrer l'enfant sous quelque prétexte que ce soit, puisque sa propriété légèrement purgative est précisément une des qualités essentielles pour la destination qu'il est chargé de remplir.

Les nourrisseurs des environs de Paris ont coutume de traire les vaches dès l'instant qu'elles ont mis bas, et de leur faire boire la première traite, persuadés qu'elles ont besoin d'être purgées. La seconde traite est pour les veaux, auxquels on ne permet jamais de prendre le trayon, dans la crainte qu'ensuite la mère ne refuse son lait à la traïeuse, et ne contracte pour son nourrisson de l'attachement qui opère toujours en elle une sorte de révolution lorsqu'il s'agit de les séparer l'un de l'autre. Mais dans ce cas peu importe le succès de ces veaux : ils ne sont pas destinés à former des élèves : leur sort, en naissant, les condamne à la boucherie.

Ainsi l'homme a toujours la manie de changer l'ordre établi par la nature : on prive les nouveau-nés d'un fluide exclusivement préparé pour eux, destiné à se combiner à une certaine espèce de matière résineuse qui enduit les intestins, capable enfin de mettre cette matière en état d'être expulsée audehors sans effort et sans réaction sur l'individu, tandis que l'on fait avaler à la mère un breuvage qui lui est absolument inutile, puisqu'elle n'a point de méconium à rendre.

Ce n'est pas seulement la quantité de beurre contenue dans le colostrum qui semble annoncer la prévoyance de la nature dans la composition de ce fluide : la faculté qu'il a de se coa-

guler à la moindre chaleur, et de pouvoir être
facilement décomposé, 'est encore une autre
preuve de cette prévoyance pour des êtres
frêles, dont l'estomac n'a pas l'énergie ni les
sucs gastriques si nécessaires à l'œuvre de la
digestion. Mais ce serait excéder les bornes de
cet ouvrage, que d'insister davantage sur ce
point.

Nous invitons les chimistes à s'en occuper
spécialement : ils seront amplement dédom-
magés de leurs soins par les résultats qu'ils
obtiendront, sur tout s'ils ne se bornent pas
seulement à l'examen du colostrum des vaches,
mais s'ils soumettent à leurs recherches celui
des femelles des autres animaux non ruminans,
pour les comparer ensuite, et savoir si, dans
le colostrum comme dans le lait, il n'existe pas
un cachet particulier auquel on puisse reconnaître l'une et l'autre classes. Nous engágeons
aussi les hommes qui pratiquent l'art si utile
des accouchemens, à réfléchir sur l'efficacité
du colostrum pour les nouveau-nés, et sur
l'espèce de fluide qu'on doit lui substituer
quand, par malheur, la mère ne peut ou ne
veut pas remplir ce devoir sacré. Un pareil examen est digne de la plus sérieuse attention :
nous formons des vœux bien sincères pour qu'il
soit un jour l'objet d'un travail particulier.

Il résulte de tout ce qui précède, que le
colostrum fourni la veille du vêlage présente
les caractères d'un fluide lymphatique tellement

visqueux que les fermiers le comparent à du pus ; que ce fluide, facilement coagulable, donne par la percussion un beurre gras, assez abondant et coloré ; que dès le deuxième jour du vélage il change d'état pour se rapprocher insensiblement de celui du lait, et que ce n'est que vers le quatrième jour que ce fluide a acquis toute la perfection d'un véritable lait, plus séreux que crèmeux, mais propre à être employé à tous les usages domestiques sans aucun inconvénient.

## ARTICLE IV.

### *De l'usage du lait comme médicament.*

Il faut convenir que la médecine ne paraît pas avoir à sa disposition un moyen plus agréable et souvent plus efficace que le lait. Quelquefois ce fluide devient le remède principal, s'il n'est pas toujours le seul agent de la guérison.

Sans vouloir étendre ou circonscrire les avantages du lait ; sans l'admettre uniquement et indistinctement pour les hommes de tous les pays, de tous les âges et de tous les tempéramens ; nous ferons observer que la raison et l'expérience indiquent d'y avoir recours dans une infinité de circonstances, qu'en supposant qu'il ne soit pas essentiel de se renfermer dans son seul usage, il convient du moins d'en former la base du régime. Combien de fois les malades ne réclament-ils pas, comme par instinct, en faveur de cette boisson, contre l'ignorance ou l'esprit de système, qui s'obstinent à leur en prescrire une autre pour laquelle ils ont une aversion décidée? Bornons-nous à rapporter quelques exemples.

Nous avons connu une femme qui avait la jaunisse, et qui vomissait tout ce qu'elle prenait, excepté le lait, dont elle avait tenté l'usage, malgré l'avis de son médecin; elle n'a fait aucun doute ensuite que ce ne fût là l'unique moyen de sa parfaite guérison.

Un autre particulier, tourmenté d'aigreurs, n'est parvenu à arrêter cette mauvaise disposition de l'estomac, que par l'usage du lait.

Dans cette foule d'ouvrages publiés en faveur de l'usage du lait, nous citerons la dissertation d'*Young*. Selon ce médecin, le lait jouit d'un si grand avantage contre les poisons, même les plus corrosifs, qu'il doute que dans la nature il existe un antidote aussi puissant; il ajoute encore, qu'une femme qui ressentait souvent une douleur très-aiguë vers la région de l'estomac, et qui vomissait fréquemment après le repas, a été guérie radicalement par l'usage du lait seul et des alimens auxquels il servait d'excipient. Les avantages du lait pour détruire le scorbut, sont incontestables. *Hoffmann* et *Moore* citent également une foule d'observations, qui attestent combien son usage est utile dans les maladies vénériennes, pour réparer le désordre que leur traitement varié occasionne nécessairement dans l'économie animale. Nous avons un exemple surprenant de l'efficacité du lait dans la goutte. *Eissenbach* rapporte, dans sa dissertation, qu'un homme sexagénaire, né de parens goutteux, avait eu, dès sa première jeunesse, des accès de goutte. Fatigué du peu de succès qu'il avait obtenu des remèdes qui lui avaient été conseillés, il résolut de prendre quatre livres de lait chaque jour. Il eut d'abord beaucoup de peine à supporter cette dose, à cause de son épuisement ; mais, ferme dans sa résolution, il continua à user de ce fluide pendant environ neuf mois. Au bout de ce temps il ne fut plus exposé à aucun accès de sa maladie, et fut en état de vaquer à ses affaires domestiques.

Mais il serait superflu d'exposer ici les maladies auxquelles l'usage du lait convient ou ne convient pas ; cet objet, tout important qu'il soit, est étranger à notre travail ; il est d'ailleurs développé dans une multitude de matières médicales : mais ce qui n'a pas été traité avec le même intérêt, ce sont les précautions qu'il faut employer pour tirer le parti le plus avantageux d'un remède aussi efficace que le lait, dans beaucoup de circonstances.

Si, parmi les médicamens, il y en a plusieurs dont l'usage n'exige aucune préparation préliminaire, il en est beaucoup d'autres qui n'opèrent d'effet salutaire qu'autant qu'on a, pour ainsi dire, disposé l'individu à les recevoir ;

le lait se trouve précisément dans le nombre de ces derniers.

Pour l'homme jouissant d'une bonne santé, ce fluide ne présente qu'un aliment qui, comme tous les autres, peut être administré indifféremment ; mais, dans les cas de maladie, il devient un véritable médicament : c'est alors que son usage exige des précautions, soit avant, soit pendant, soit après le traitement.

On n'attend pas de nous, sans doute, que nous fassions un exposé de toutes les précautions que l'usage du lait nécessite; car, toutes étant subordonnées à l'espèce de maladie qu'il s'agit de traiter, à l'âge et au tempérament du sujet, à ses habitudes et au climat sous lequel il vit, on conçoit que, pour ne rien omettre de ce qui est relatif à cet objet, il faudrait entrer dans des détails qui nous écarteraient du plan que nous nous sommes tracé. Nous nous contenterons donc de parler des précautions les plus générales qu'on peut ou qu'on doit employer, sans toutefois prétendre qu'elles ne soient, dans aucun cas, susceptibles d'exception.

### *Précautions avant l'usage du lait.*

C'est au médecin à prononcer sur les avantages ou les inconvéniens qui peuvent résulter de l'emploi du lait ; lui seul peut décider si l'état du malade ne présente aucune contre-indication qui doive faire renoncer à son usage; enfin, il doit déterminer les précautions préliminaires indispensables pour assurer les effets salutaires de cet aliment médicamenteux. Le premier objet qui doit fixer l'attention, est l'état de l'estomac.

Si cet organe fait mal ses fonctions, il convient de chercher à reconnaître quelles peuvent en être les causes. Leur nombre est considérable.

Est-ce par défaut de ton ? On doit s'occuper à remédier à cet inconvénient, en administrant des toniques, mais en choisissant, dans la classe des médicamens de cette espèce, ceux qui sont le plus analogues à la constitution du malade, et sur tout au genre de maladie qu'il s'agit de combattre.

Est-ce parce que l'estomac est rempli de sabures, qui, s'opposant à l'action des sucs digestifs, empêchent que les alimens subissent les décompositions et les nouvelles combinaisons qui servent à former ce fluide appelé *chyle*? Alors il n'y a pas de doute qu'on ne soit contraint de le débarrasser de cette sabure, soit par de légers vomitifs, si l'état du malade le permet, soit par des purgatifs appropriés, ou par des délayans et des toniques combinés, qui diminuent les mauvais effets des sucs altérés.

Il est vrai que beaucoup de médecins sont dans l'habitude de conseiller toujours la purgation avant l'emploi du lait; mais cette pratique n'est pas fondée en principe : les cas où ces sortes d'évacuations préliminaires ne sont pas indispensables, se présentent assez fréquemment, et les praticiens éclairés savent bien saisir les exceptions nombreuses qui réduisent à très-peu de cas l'application des prétendues règles générales que la routine a voulu introduire dans l'art de guérir.

Combien de fois la santé n'a-t-elle pas été dérangée, pendant long-temps, par l'unique cause d'une médecine de précaution, qui a mis ensuite le sujet dans l'impuissance de retirer du lait les avantages certains qu'il pouvait en obtenir?

Est-ce, enfin, parce que le principe acide qui constitue le suc gastrique, suc si nécessaire à l'acte de la digestion, se trouve en surabondance? Alors il faut recourir aux moyens propres à en diminuer la quantité, soit en présentant à ce suc des corps qu'on sait avoir de l'affinité avec lui, et, dès-lors, capables de s'en emparer, soit en usant d'alimens qui puissent contribuer à atténuer son action, ou mettre des entraves à sa trop prompte production.

Il est nécessaire encore d'accoutumer peu à peu le malade à l'espèce de régime dont il devra faire usage lorsqu'il prendra le lait. Par exemple, si ses alimens ordinaires sont pris dans le règne végétal et dans le règne animal, et qu'on ait intention, lorsqu'il sera au lait, de ne lui permettre qu'une nourriture végétale; il faut quelques jours d'avance lui faire essayer

ce nouveau régime, afin d'acquérir la preuve
que l'estomac peut s'en accommoder, et, dans
le cas contraire, en prescrire un autre qui
puisse mieux convenir.

Cette précaution, à laquelle on ne fait pas
ordinairement assez attention, est cependant
absolument nécessaire si on veut éviter aux
malades ces dégoûts, ces pesanteurs d'estomac,
ces nausées, ces mal-aises, ces affections tristes,
ces coliques suivies de diarrhée, et une foule
d'autres indispositions de cette espèce, qu'on
est toujours porté à attribuer au lait, tandis
que, si on ne se déterminait pas trop promptement à en suspendre l'usage, on serait convaincu que le plus souvent elles ne sont dues
qu'au changement trop subit des alimens dont
on faisait précédemment usage.

Le choix de la saison, pour prendre le lait,
mérite encore une attention toute particulière.
En effet, s'il est bien certain que dans tous
les temps le lait n'a pas la même qualité, on
jugera aisément qu'il ne doit pas être également avantageux de faire usage de ce fluide
en hiver ou au printemps, en été ou dans
l'automne.

Le printemps et l'automne sont les deux
époques qui semblent, pour ainsi dire, être
préférables aux deux autres saisons, parce que
les femelles font usage alors d'alimens de meilleure qualité, et que leur santé éprouve une
sorte d'amélioration qui influe nécessairement

sur tous leurs organes, lesquels, plus vivans, s'il est permis de s'exprimer ainsi, fabriquent et élaborent plus complètement les humeurs animales; aussi le lait est-il alors toujours plus riche en principes que dans les deux autres saisons.

Le choix du lait doit être mis au nombre des précautions qu'il faut prendre avant de se mettre à l'usage de ce fluide; on sait qu'il varie en propriétés suivant l'espèce de femelle qui le fournit.

Tel lait contiendra beaucoup de matière caséeuse et peu de crème, tandis que pour tel autre ces principes sont dans des proportions inverses. Enfin, on sait que l'âge de l'animal, sa constitution, l'état physique où il se trouve, l'espèce de nourriture dont il fait habituellement usage, les soins qu'on lui donne, les lieux qu'il habite, influent singulièrement sur la plus ou moins grande production du lait, ainsi que sur sa nature et ses propriétés.

C'est ainsi que le lait de chèvre réussit, tandis que celui de vache fatigue l'estomac; plus souvent encore le lait d'ânesse est préférable, comme plus séreux et présentant des principes moins grossiers.

La quantité, les proportions et la qualité des principes contenus dans les diverses espèces de lait, doivent donc décider le médecin à conseiller le lait d'une espèce plutôt que celui d'une autre. Quelquefois on peut faciliter la digestion du lait de vache, en changeant la proportion de ses principes. C'est ainsi que le lait écrémé ou le lait de beurre réussit très-bien, pendant que le lait entier indispose. D'autres fois on coupe le lait avec des infusions mucilagineuses, ou aromatiques, ou toniques, pour en faciliter la digestion.

*Précautions à prendre pendant l'usage du lait.*

Les précautions qu'on est obligé d'employer avant de se mettre au lait, font aisément pressentir qu'il en est d'autres qui deviennent indispensables lorsqu'une fois on est à l'usage de ce remède.

Les époques de la journée où il convient d'en user, la quantité qu'il en faut prendre à la fois, le degré de chaleur qu'il doit avoir, le genre de vie qu'il est à propos de suivre, sont autant de considérations particulières, sur lesquelles nous allons présenter quelques réflexions.

1.º L'époque de la journée où il faut prendre le lait.

Cette époque est susceptible de varier, si l'on emploie ce fluide pour toute nourriture, ou si l'on n'en prend qu'une certaine quantité qui, insuffisante pour se nourrir, nécessite en même temps l'association de quelques autres alimens.

Dans le premier cas, il s'agit de mettre entre chaque prise de lait assez de distance pour que la digestion de la première soit achevée avant d'en présenter une seconde, et ainsi de suite. On a vu des personnes qui ne pouvaient supporter le lait le matin, le digérer très-bien le soir, et *vice versâ*.

L'action plus ou moins énergique de l'estomac doit servir de règle pour régler les distances qu'il convient d'observer : mais ordinairement la première dose doit être prise le matin à jeun, peu de temps après le réveil; trois heures après on peut en donner une autre, et continuer ainsi pendant le reste de la journée.

Dans le second cas on se contente d'en donner une dose le matin peu de temps après le réveil, et une seconde le soir, deux heures, ou environ, avant le souper.

Mais, dans l'un et l'autre cas, si le malade, à son reveil, se trouve avoir la langue épaisse et chargée de limon; s'il ressent des pesanteurs d'estomac; s'il éprouve, en un mot, comme cela n'arrive que trop souvent, une espèce de répugnance à prendre le lait qu'on lui présente, il faut qu'il attende une heure ou deux; à mesure qu'il respirera un air plus frais et plus pur, ces indispositions se dissiperont : il prendra alors avec plaisir le lait pour lequel il avait auparavant de la répugnance, et il ne sera pas exposé aux effets d'une digestion laborieuse, comme cela arriverait en négligeant la précaution qui vient d'être indiquée.

Cette observation, relative au lait pris après le réveil, doit également trouver place dans le courant de la journée ; autrement le lait, au lieu de produire l'effet salutaire sur lequel on pourrait en quelque sorte compter, ne manquerait pas d'augmenter la maladie à laquelle on cherchait à apporter remède.

2.° La quantité de lait qu'il faut prendre.

Il serait difficile d'indiquer précisément la quantité de lait qu'un malade doit prendre à la fois ; ce fluide étant un médicament alimenteux, il ressemble à toutes les substances de cette espèce, dont la dose est toujours réglée sur l'état de l'individu auquel on en prescrit l'usage.

Mais ce qu'on peut dire en général, c'est qu'il est toujours plus prudent de commencer par une petite dose, sauf à l'augmenter ensuite par degrés, si on le juge nécessaire.

Quatre ou six onces de lait, prises à la fois, forment la dose à laquelle on peut se fixer les deux ou trois premiers jours, et il est rare qu'on se permette d'excéder dix à douze onces.

Cette quantité cependant doit être encore réglée sur l'espèce de lait. *Young* reproche aux jeunes médecins qui mettent leurs malades au lait des animaux non ruminans, du lait d'ânesse, par exemple, de le prescrire en trop petite dose, parce qu'il contient beaucoup moins de crème et de fromage que celui des animaux ruminans.

3.° La chaleur que doit avoir le lait.

Les opinions sont partagées à cet égard. Les uns veulent que le lait qu'on administre aux malades soit donné à froid ; les autres, qu'à l'aide du bain-marie on lui procure une douce chaleur : plusieurs assurent qu'il faut lui faire éprouver un mouvement d'ébullition : il y en a, enfin, qui croient préférable de le prendre lorsqu'il est encore pourvu de sa chaleur naturelle, et dans ce cas ils exigent qu'il soit donné immédiatement après la sortie des mamelles.

Quand on réfléchit qu'on ne saurait extraire le principe d'un corps sans opérer quelque dérangement dans ses parties, on a tout lieu de présumer que du lait chauffé à différens degrés jusqu'à l'ébullition, doit avoir des propriétés absolument distinctes du même lait qu'on vient de traire. Pénétré de cette vérité, *Boerhaave* recommande de ne jamais faire bouillir le lait lorsqu'il s'agit de l'administrer comme médicament, parce que, suivant l'observation de ce grand homme, il perd ses parties les plus saines et les plus balsamiques.

Pour avoir la preuve que, de toutes les opinions énoncées, ce n'est qu'à la dernière qu'il faut donner la préférence, il suffira de faire attention à la différence étonnante de l'impression que font sur nos organes le lait doué encore de sa chaleur naturelle, et celui auquel on a communiqué artificiellement la même température.

Le lait pourvu de sa chaleur naturelle doit être considéré, ainsi que nous l'avons déjà dit ailleurs, comme jouissant d'une sorte de vitalité. Cette expression peut paraître d'abord un peu exagérée; mais, en y réfléchissant, il y a lieu de présumer qu'on conviendra qu'elle n'est pas sans fondement.

En effet, le lait encore chaud est, à peu de chose près, semblable à ce qu'il était dans l'organe qui l'a préparé, c'est-à-dire, que les molécules qui le composent, en vertu de leurs affinités d'aggrégation et de composition, restent les unes à côté des autres, et forment un fluide homogène; mais, à mesure que la chaleur naturelle disparaît tout-à-fait, cet état change, et c'est précisément alors que la décomposition du fluide s'annonce par un changement notable dans l'odeur, la saveur et la consistance. Il est aisé de s'en convaincre; si on examine avec attention le lait qu'on vient de traire, on s'apercevra que la crème ne commence à se séparer et à s'élever à la surface, que lorsque le fluide a perdu son calorique et son mouvement.

La séparation une fois commencée, il est impossible de l'arrêter sans soumettre le lait à des opérations qui, à la vérité, retiennent la crème disséminée pendant quelque temps, mais qui la forcent aussi de former avec les parties constituantes du lait des combinaisons différentes de celles qui existaient dans ce fluide lorsqu'il avait son état naturel.

On pourrait, peut-être, croire qu'il serait facile de mettre obstacle à la séparation de la chaleur naturelle du lait, en plaçant ce fluide, immédiatement après la traite, dans une atmosphère dont la température serait égale à celle présumée dans l'organe mammaire ; mais toute espèce de tentatives à cet égard seraient inutiles, car cette chaleur même, privée de mouvement, facilite l'action de l'air, qui tend à décomposer le lait dès qu'il est trait. D'ailleurs on a la preuve que la chaleur naturelle ne saurait jamais être suppléée qu'imparfaitement par la chaleur artificielle. Enfin, celle-ci semble, pour ainsi dire, exclure ou anéantir le principe vital qui accompagne toujours la première.

Il ne reste plus maintenant qu'une difficulté, c'est de savoir si ce principe vital, dans le lait pourvu de sa chaleur naturelle, doit être considéré comme médicamenteux.

Pour y répondre, il suffira de dire que, puisqu'il est, à peu près, certain que le principe vital est identique dans tous les animaux, il est raisonnable de croire que, quand on introduit dans un animal une partie de la substance d'un autre animal, cette substance introduite a d'autant plus de disposition à s'unir à l'être vivant qui la reçoit, qu'elle jouit elle-même d'une sorte de vitalité.

Mais on est encore bien plus disposé à croire que les choses se passent ainsi, lorsqu'on fait attention au but et aux moyens de la nature dans la nutrition des animaux qui viennent de naître, et qu'on voit le lait produire des effets salutaires plus prompts, toutes les fois que le malade consent à teter la femelle, plutôt que de faire usage de son lait après qu'il est trait.

S'il est vrai qu'il résulte du mélange des liqueurs vineuses, par exemple, un tout meilleur qu'elles n'étaient avant leur association, pourquoi le médecin ne pourrait-il pas encore tirer un parti avantageux de cet exemple, en prescrivant ensemble un lait séreux uni à un lait gras, un lait jeune à un lait ancien? ce qui présenterait, peut-être, un moyen de rendre supportable aux enfans nouveau-nés, à ceux sur tout qui sont frêles et délicats, la transition du lait de la mère à celui des animaux immédiatement après qu'il est trait.

Concluons de tout ce qui précède, qu'il serait à désirer que les malades pour lesquels l'usage du lait est jugé nécessaire, pussent puiser eux-mêmes le fluide dans le réservoir où il a pris naissance; mais que, vu les difficultés sans nombre qui s'opposent souvent à l'exécution de cette pratique, il faut, autant qu'il est possible, administrer, dans beaucoup de cas, le lait presqu'aussitôt après qu'il a été trait, c'est-à-dire, jouissant encore de sa chaleur naturelle.

Quant à la température qu'on doit lui donner lorsqu'il a perdu celle qu'il avait au sortir des mamelles, il nous semble qu'elle ne doit jamais excéder quinze à vingt degrés du thermomètre de Réaumur; car, à une température plus élevée, le lait s'altère et se recouvre à sa surface de pellicules, qui, ainsi que nous l'avons démontré, sont déjà des preuves évidentes d'une décomposition de la matière caséeuse.

4.° Le régime et le genre de vie que doit suivre le malade qui fait usage du lait.

Ces deux conditions doivent être subordonnées à l'état de ses forces digestives, au genre d'affection qu'on veut combattre, à l'habitude du malade, à la saison, au pays qu'il habite, ainsi qu'aux circonstances où il se trouve. On a coutume d'interdire à ceux qui observent la diète mixte toutes les substances qui peuvent cailler le lait; mais, si l'on interroge l'expérience, on trouve que cette interdiction, trop sévère, est entièrement contraire à l'observation et aux pratiques de quelques cantons. Les auteurs qui ont sacrifié des animaux saturés de lait à la recherche des voies du chile, ont trouvé le lait caillé dans l'estomac, avant qu'il ne fût passé dans les intestins pour y subir une digestion parfaite.

Les acides ne sauraient donc nuire quelquefois pendant l'usage du lait, à cause de la coagulation qu'ils pourraient occasioner, puisque cette coagulation a lieu dans toutes les circonstances. *Venel* rapporte qu'il connaissait une femme qui ne supportait aucune espèce de lait, sans l'associer en même temps à un acide végétal. Dans l'Inde et en Italie, on le mêle avec parties égales de vin ou de suc de limon, pour aider à le faire passer. *Galien* vante beaucoup l'usage de l'*oxigala*, c'est-à-dire, du lait mêlé avec du vinaigre, et bu avant que la matière caséeuse en soit séparée. Mais tous ces faits sont trop connus pour en multiplier les citations.

Ainsi les alimens seront toniques ou relâchans, choisis dans le règne végétal, ou dans le règne animal; on pourra faire une heureuse combinaison des uns et des autres, selon l'indication que le médecin voudra remplir, et d'après la connaissance des forces de l'estomac.

Il en est de même de l'exercice convenable à un malade. Il doit être pris modérément et en plein air; mais on évitera avec soin le froid et l'humidité, parce que, l'usage du lait tenant dans un état de faiblesse celui qui se nourrit de ce fluide, facilitant ordinairement la transpiration et disposant à la sueur, on ne doit pas s'exposer à une répercussion funeste.

### Précautions après l'usage du lait.

Ce serait en vain qu'on aurait pris des précautions avant et pendant l'usage du lait, si on négligeait, lorsqu'on le cesse, de suivre un régime basé sur les effets produits par ce fluide.

L'estomac, n'ayant reçu long-temgs que des alimens doux et facilement digestifs, supporterait difficilement tout-à-coup des alimens d'un genre opposé.

Le corps, accoutumé, pour ainsi dire, à un exercice modéré, ne supporterait pas non plus sans souffrir un exercice violent.

Des habitudes nouvelles et contraires à celles qu'on avait adoptées, exposeraient à des impressions tout-à-fait différentes de celles qu'on avait éprouvées.

Enfin, la réunion de tous ces inconvéniens occasionnerait bientôt de nouveaux désordres, d'autant plus fâcheux que l'art ne pourrait plus les arrêter.

Le moyen de prévenir de semblables dangers, est de ne changer que graduellement le régime qu'on avait adopté pendant l'usage du lait. La nature alors, n'étant pas contrariée dans sa marche, restitue insensiblement à chaque organe son énergie, et finit par établir dans tout le système animal cette harmonie, cet équilibre, absolument nécessaires à la conservation de la santé.

Un préjugé, trop accrédité malheureusement dans certaines contrées, établit encore comme un besoin indispensable l'emploi d'un purgatif après l'usage du lait, pour enlever, suivant cette expression triviale, la *crasse* que laisse ordinairement ce fluide dans les organes digestifs.

Nous pourrions répéter ici ce que nous avons déjà observé relativement à la purgation préliminaire à l'usage du lait. De semblables pratiques ne comportent point de règles générales; c'est la constitution physique, c'est l'état de l'estomac, qui seuls doivent les déterminer en pareil cas.

Si donc le lait a été bien indiqué, et qu'il ait été suivi de bonnes digestions, la purgation sera plus nuisible qu'utile : si, au contraire, l'usage de ce fluide a fatigué le malade, s'il a donné lieu à ces accidens qui annoncent le dérangement des premières voies et forcent quelquefois à abandonner le lait, la prudence exige qu'on administre un léger purgatif ; mais on ne doit jamais perdre de vue que l'on a beaucoup abusé de la doctrine des *sabures* et de l'emploi des évacuans, qui en est la conséquence.

Nous pourrions nous étendre davantage sur les inconvéniens qui résultent du défaut ou de l'excès des précautions employées avant, pendant et après l'usage du lait; mais ce que nous venons de rapporter doit faire sentir suffisamsamment combien la prudence et les soins doivent influer avantageusement sur l'efficacité d'un semblable médicament.

Voici encore de grandes considérations, qu'il ne faut pas négliger ; elles sont trop liées avec l'intérêt général pour oublier de les présenter à la fin de cet article.

D'après l'observation que nous avons faite relativement à la différence notable qui existe entre la première et la dernière portions de lait d'une même traite, on doit facilement concevoir combien est vicieux l'usage dans lequel on est, sur tout dans les grandes communes, de destiner le lait d'une même femelle au service de plusieurs individus.

Supposons, en effet, trois malades auxquels le médecin aura prescrit le lait d'ânesse, par exemple, à la dose de huit onces le matin, quantité que cette femelle peut fournir à chaque traite. On conduit l'ânesse chez le premier malade, et on tire la mesure de lait dont il a besoin ; on va ensuite chez le second, et enfin chez le troisième, auxquels on donne, comme au premier, la dose de lait prescrite. Dans ce cas il est aisé de voir que le premier malade aura le lait le plus séreux, tandis que le dernier n'a, pour ainsi dire, que de la crème.

Si on admet actuellement que le lait le plus gras et le plus crèmeux est le plus salutaire, il en résulte que le malade qui a eu la première portion de la traite a été moins favorisé que le dernier, qui, au lieu de huit onces de lait, en aura eu réellement plus du double, relativement aux proportions des parties constituantes.

Mais si, au contraire, un lait pris comme médicament a d'autant plus de qualité qu'il ne contient ni trop de beurre ni trop de fromage, on concluera facilement avec nous, qu'aucun des trois malades dont nous venons de parler n'a pris le lait qui convenait à son état, et que, pour éviter cet inconvénient, il aurait fallu avoir la précaution de traire l'ânesse une seule fois le matin, et de partager ensuite la traite encore chaude en trois doses égales ; car, dans ce cas, il serait démontré que les trois malades auraient du lait de même qualité et dans les mêmes doses. On répartirait de la même manière la traite du soir.

C'est, peut-être, à défaut de cette précaution qu'on entend les malades se plaindre de ce que le lait ne passe pas toujours également, et qu'il leur occasionne souvent des pesanteurs d'estomac et d'autres indispositions, qui les forcent de renoncer à l'usage d'un médicament dont cependant ils auraient pu tirer un parti avantageux s'il leur avait été administré d'une manière convenable.

Les expériences qui prouvent que le lait, en séjournant un certain temps dans les mamelles, augmente de qualité, et que, plus on répète les traites dans le cercle de vingt-quatre heures, plus le lait est séreux et abondant, avertissent assez les nourrices d'être circonspectes sur la distribution des heures de la journée où elles doivent donner le teton à l'enfant. Nous croyons qu'on pourrait d'après ces principes établir quelques règles sur cet objet essentiel.

Ainsi, puisque le lait est plus séreux et plus abondant pendant les deux mois qui suivent l'accouchement, il semble que les nourrices doivent pendant ce temps présenter souvent le sein à l'enfant, pour que celui-ci, qui ne prend pas encore d'autre aliment, puisse être suffisamment nourri; et cette fréquence d'allaitement, proportionnée à l'abondance du lait,

n'est pas alors trop fatigante pour elles ; mais
à mesure que l'époque de l'accouchement
s'éloigne, que le lait diminue de quantité et
augmente de consistance, elles doivent moins
rapprocher les heures où elles allaitent, afin
que le lait acquierre plus de corps et soit plus
approprié aux forces digestives de l'enfant, qui a
déjà besoin d'une nourriture plus substancielle.

Cette méthode aura donc le double avantage
de donner à l'enfant dans le premier temps
un lait plus séreux et de plus facile digestion; dans le deuxième temps, au contraire,
l'enfant sera plus nourri et la mère moins
fatiguée.

Il nous reste une troisième considération,
c'est celle relative au changement que le lait
éprouve dans l'estomac quand on l'a pris comme
aliment ou comme médicament.

Quelques médecins ont cru autrefois que le
lait, pour se bien digérer, ne devait pas subir la
coagulation : mais, puisque la liqueur contenue
dans ce viscère et sa membrane interne, chez la
plupart des animaux, soit qu'ils vivent dans l'air,
dans l'eau ou sur la terre, possèdent à un très-
haut degré, long-temps même après que l'extraction en a été faite, la faculté de faire cailler le
lait; comment concevoir que ce fluide puisse
échapper à un commencement de décomposition, lorsqu'il séjourne dans l'estomac pendant
la vie et l'état de santé de l'animal, c'est-à-
dire, quand le suc gastrique jouit de toute son

énergie, et quand souvent la chaleur naturelle de l'estomac. suffirait pour produire cette coagulation?

Il est d'ailleurs bien prouvé aujourd'hui qu'un aliment ne saurait être digéré sans éprouver l'action des agens physiques et chimiques qui se trouvent réunis dans l'estomac et les intestins : c'est de la composition des substances alimentaires, de la séparation des véritables sucs nutritifs et des combinaisons nouvelles qui en résultent, que se trouve formé le chyle.

Le lait ne peut donc, non plus qu'aucun autre aliment, contribuer à la nourriture, sans éprouver une décomposition, et, sans doute, la coagulation du lait et la séparation des parties caséeuses de la sérosité, sont indispensables pour remplir le but de la nature dans la digestion de ce fluide, destiné à la nourriture du jeune animal.

Tout ce qu'on a dit de contraire à cette opinion, n'est fondé sur aucun fait positif; l'examen des animaux ouverts peu de temps après leur avoir fait boire du lait, prouve évidemment ce que nous avançons. Cependant, en répétant cette expérience, quelques physiciens, d'après la fausse supposition de ceux qui comparent le lait au chyle, ont pris pour du lait du chyle déjà formé, et en ont conclu que le lait ne se coagule pas dans l'estomac. Mais on est revenu de cette ancienne erreur depuis les nouvelles découvertes sur le suc gastrique, et sur tout depuis que la chimie moderne a porté son flambeau dans l'analyse des diverses fonctions de l'économie animale, et qu'elle a prouvé que l'estomac et les intestins réunissaient des moyens mécaniques et des moyens chimiques pour extraire des alimens les sucs réparateurs.

Ne pourrait-on pas conclure de ces observations, que, si ce n'est point aux chimistes qu'on est redevable de la découverte des propriétés alimentaires et médicinales du lait, on a eu tort d'établir qu'il ne pouvait rien résulter d'utile de leurs recherches ni de leurs travaux dirigés vers l'étude et l'application de ce fluide à nos principaux besoins ?

## ARTICLE VI.

### *De l'usage des parties constituantes du lait, comme médicament.*

APRÈS avoir indiqué les précautions qu'exige l'usage du lait considéré comme remède, il nous reste à jeter quelque jour sur un autre point de ce même objet, c'est-à-dire, à indiquer sommairement les qualités médicinales de chacune des parties de ce fluide qu'on peut employer séparément.

Une opinion contre laquelle nous croyons devoir d'abord réclamer, c'est celle qui n'attribue la propriété médicinale du lait qu'à une ou deux de ses parties constituantes; qui la fait résider, par exemple, dans la crème ou dans le sel essentiel, et qui ne considère la matière caséeuse, ainsi que le sérum, que comme des accessoires, sinon inutiles, au moins de peu de valeur.

Sans doute, toutes ces parties constituantes du lait, prises isolément, ne sont pas douées de la même vertu médicinale; mais ce n'est pas ainsi qu'il faut les envisager, c'est plutôt dans leur réunion, lorsqu'elles composent le lait. Or, dans cet état, il est bien certain que la propriété de chacune d'elles se trouve, pour ainsi dire, confondue. Le lait peut donc avoir des propriétés qui participent, si l'on veut, de quelques-unes de celles des parties qui ont servi à le former; mais il en a d'autres encore qui lui appartiennent essentiellement, et qu'il ne conserve qu'autant que les différentes substances qui entrent dans sa composition restent combinées.

Si la propriété médicinale du lait ne réside pas seulement dans la crème, ou dans le sel essentiel, comme quelques personnes l'ont pensé, il est ridicule de croire qu'il doit suffire de recourir à l'une de ces deux parties pour obtenir les mêmes avantages que ceux qui résultent de l'usage du lait ordinaire.

Or, c'est précisément parce que nous sommes convaincus que le lait a des propriétés différentes de celles des parties qui le composent, que nous croyons devoir insister un instant sur les ressources que ces mêmes parties peuvent offrir à la médecine dans bien des circonstances.

### 1.º *La crème.*

L'efficacité du lait contre l'action des poisons corrosifs sur l'estomac, est suffisamment connue ; mais on n'a pas fait la même attention relativement à la crème, dont l'effet, dans ce cas, doit être encore plus marqué, non-seulement d'après la connaissance qu'on a de la nature des substances qui la composent, mais même aussi d'après la manière dont elle se comporte avec les acides et les alkalis.

S'il est vrai que, dans le cas dont il s'agit, un corps quelconque ne peut opérer, comme médicament, qu'autant qu'il a de l'aptitude à absorber, ou plutôt à décomposer, le principe qui cause la maladie ; il est clair que, plus ce corps jouira de cette aptitude, plus aussi l'effet salutaire qu'on en attend se manifestera promptement.

Or, lorsqu'on compare ce qui arrive au lait et à la crème toutes les fois qu'on mêle séparément ces deux fluides avec des poisons salins, on voit qu'aussitôt après le mélange la crème subit une décomposition, tandis que le même effet est beaucoup plus lent à se manifester quand on se sert de lait écrémé.

En se rappelant ensuite qu'un corps ne peut être décomposé sans qu'il se forme en même temps de nouvelles combinaisons, dont les propriétés sont absolument différentes de celles qui lui appartenaient avant sa décomposition; on sera disposé à conclure que la crème, qui est décomposée plus promptement que le lait par les poisons salins, doit nécessairement présenter un remède plus efficace.

C'est aussi ce que l'expérience a prouvé, car on sait que, dans tous les cas d'empoisonnement par les sels, les acides ou les alkalis, la crème fait disparaître, presque sur-le-champ, les grands accidens, tandis que le lait dépourvu de crème ne produit le même avantage qu'à la longue, et sur tout lorsqu'on avale une grande quantité de ce fluide.

Nous pourrions sans doute multiplier les exemples qui serviraient à prouver la préférence que, dans certains cas, la crème mérite sur le lait; mais ceux que nous venons de citer paraissent assez frappans pour nous dispenser d'insister davantage sur cet objet.

2.° Le beurre.

En ne considérant le beurre que sous certains rapports, on voit qu'il a beaucoup d'analogie avec les matières grasses ou huileuses extraites des végétaux; mais, lorsqu'on l'examine ensuite avec plus d'attention, on est forcé de convenir qu'il y a des circonstances où son usage doit être préférable à celui de tous les autres corps gras.

Indépendamment de la supériorité du beurre sur tous les autres corps gras pour la préparation des mets qu'on a l'habitude de manger dans l'état chaud, on sait que sa consistance habituelle le rend propre à former certains médicamens qu'on ne se procurerait pas également avec d'autres matières huileuses. On sait encore qu'appliqué extérieurement, il devient un adoucissant efficace pour prévenir et arrêter les inflammations, et qu'on peut le combiner facilement avec l'arome, la partie colorante, la résine et les huiles essentielles des végétaux, sans qu'on soit obligé de le faire chauffer.

C'est principalement lorsqu'il est ainsi combiné qu'il doit présenter des médicamens qui, peut-être, deviendront un jour très-précieux, dès qu'on aura mieux étudié et apprécié les vertus médicinales de ces principes essentiels des plantes, soit seuls, soit lorsqu'ils seront tenus en dissolution par les agens qui ont de l'affinité avec eux.

Enfin, cette espèce de *caractère animal* que le beurre conserve toujours, ne semblerait-il pas indiquer qu'il devrait être choisi, de préférence à toute autre matière huileuse, pour préparer ces savons médicinaux employés si souvent avec succès dans le traitement de quelques maladies chroniques?

### 3.° *La matière caséeuse.*

De toutes les parties constituantes du lait
la plus alimentaire est la matière caséeuse; elle
seule, à défaut de toute autre nourriture, suffirait pour soutenir, pendant quelque temps, en
bon état l'individu qui en ferait usage : mais
elle prend, comme on sait, assez promptement
une saveur aigrelette, et alors elle acquiert
une propriété véritablement médicamenteuse.

Plusieurs médecins, *Cullen* entr'autres, assurent avoir fait prendre le caillé ou la matière
caséeuse acidule, dans l'état frais, à des phty-
siques, sans jamais avoir observé qu'il en fût
résulté la moindre impression défavorable. On
l'a donné encore avec avantage dans certaines
cachexies, dans le scorbut, et dans quelques
affections de l'estomac accompagnées de vomissement. Enfin, il paraît vraisemblable que cette
substance pourrait servir efficacement dans
toutes les circonstances où l'usage des acides
doux, associés avec les alimens, est jugé nécessaire; mais jusqu'ici l'emploi de cette matière
n'a pas été assez étendu dans le traitement des
maladies, soit internes, soit externes.

L'usage le plus commun du caillé consiste
à le manger seul : on l'emploie assez habituellement à Rouen et à Amiens, sous le nom de
*matte :* souvent on le mêle avec du sucre ou
des aromates; alors il présente un mets agréable, rafraîchissant et ordinairement de facile

digestion. Mais il faut avouer que la matière caséeuse ne se trouve jamais seule dans les fromages frais, qui sont servis sur nos tables : elle y est souvent confondue ; elle flotte toujours au milieu de la crème ou du lait.

### 4.º *Le sérum ou petit lait.*

On sait que la sérosité du lait est employée seule comme boisson rafraîchissante, et qu'elle est aussi l'excipient de beaucoup de remèdes que l'on donne intérieurement dans différentes vues.

Il y a plusieurs méthodes adoptées pour préparer le petit lait; l'une par la coagulation spontanée, l'autre par l'addition de quelques substances acides ou astringentes.

Le premier est connu dans les campagnes sous le nom de *lait maigre.* Il est peu usité en médecine, sur tout parmi nous. On n'en conçoit guères la raison : les habitans de la Grèce n'avaient cependant pas d'autres boissons pour tempérer l'ardeur de la soif que la chaleur de leur climat occasionait.

Le second petit lait, connu dans les pharmacies sous le nom de *petit lait clarifié*, se prépare avec le lait de beurre ou, mieux encore, avec le lait dépourvu de sa crème. C'est une des boissons qu'on prescrit le plus souvent dans certaines maladies.

Lorsque le petit lait clarifié est de bonne qualité, les malades le prennent sans répugnance.

A grande dose il devient souvent laxatif et diurétique. Il s'altère facilement, sur tout pendant l'été, et cette altération se manifeste par
une saveur aigre bien sensible; alors il convient dans les maladies putrides. *Cartheuser*
assure que dans cet état il faut l'administrer
aux malades attaqués de maladies inflamma-
toires et malignes; mais il est nécessaire que
son acidité ne soit pas portée trop loin, car
son usage exposerait à quelques inconvéniens.

On connaît une troisième espèce de petit
lait, désignée dans les laboratoires sous le nom
de *petit lait d'Hoffmann* : il est préparé avec
le résidu du lait distillé au bain-marie (franchipane). Si l'on verse de l'eau bouillante sur
cette matière, une partie s'y dissout et l'autre
se précipite; en filtrant la dissolution on obtient
cette espèce de *petit lait.*

On devine aisément que ce petit lait doit
différer essentiellement du petit lait ordinaire :
s'il possède quelques propriétés, il ne les doit
qu'au sel ou sucre de lait qu'il contient toujours en petite quantité. Mais il est tombé
en désuétude depuis qu'on a reconnu que ses
effets étaient presque nuls; sa préparation rappelle au moins l'état où se trouvaient alors nos
connaissances chimiques.

5.° *Le sucre* ou *sel essentiel de lait.*

Lorsqu'on croyait que le petit lait ne devait
ses propriétés médicinales qu'au· sel essentiel

qu'il contenait, il était bien permis de penser qu'on pouvait suppléer à ce fluide en faisant prendre aux malades des solutions de ce sel dans suffisante quantité d'eau ; mais aujour-d'hui qu'on a bien établi la différence qui existe entre une solution semblable et le petit lait, il n'est plus possible d'assimiler ces deux liqueurs, soit relativement à leur nature, soit par rapport à leurs propriétés médicinales.

Nous dirons cependant, en faveur de ceux qui ont confiance encore dans les propriétés du sel essentiel en question, que, le lait ayant la faculté d'en dissoudre une quantité plus considérable que celle qu'il contient naturel-lement, on peut à volonté en augmenter les proportions, pourvu qu'on emploie toutes les précautions nécessaires pour que la dissolution soit faite convenablement.

Il est vraisemblable que du lait dans lequel on aurait fait fondre du sel de lait, acquer-rait des propriétés un peu différentes de celles du lait ordinaire ; mais nous ignorons dans quel cas une pareille addition pourrait devenir avantageuse : il serait nécessaire encore d'en constater l'efficacité.

### 6.° *Lait distillé.*

On donne le nom de lait distillé au fluide retiré par la distillation au bain-marie d'une quantité de lait nouvellement trait.

Ce fluide est incolore : il a d'abord une

légère saveur et odeur de lait; mais, pendant l'été, il ne tarde pas à les perdre et à se putréfier. On conçoit qu'alors il ne peut plus être employé comme médicament.

On a, sans doute, exagéré les propriétés du lait distillé; mais on aurait tort aussi de le regarder comme de l'eau distillée simple. L'odeur et la saveur qu'on lui remarque prouvent de reste qu'il doit tenir en dissolution un ou plusieurs principes, qui, pour n'avoir pas été séparés et examinés, ne doivent pas moins avoir une action particulière sur l'économie animale.

Peut-être que, si on prenait la peine de distiller le lait avec beaucoup de soins, et si, sur tout, on choisissait de bon lait pour cette opération, l'on obtiendrait un produit qui ne mériterait pas d'être placé au nombre de ceux dont l'effet est décidément nul.

Qu'il nous soit permis de terminer cet article de l'usage médicinal des différentes parties constituantes du lait par quelques observations générales.

Si le principe volatil odorant, l'arome, enfin, du lait distillé, doit être compté au nombre de ses parties constituantes, il n'est pas, sans doute, dénué de propriétés : de là la nécessité, dans quelques circonstances, de mettre obstacle à sa dissipation, en évitant de faire éprouver au lait une chaleur capable de la favoriser.

Quelques auteurs qui avaient attribué à ce principe volatil des vertus particulières, se flattaient, avec raison, de le conserver en prescrivant l'usage du lait tel qu'on vient de le traire. D'autres, au contraire, trop indifférens dans cette circonstance, ont regardé ces mêmes vertus comme dénuées de toute espèce de fondement. On sait cependant que les médicamens les plus actifs n'agissent point toujours par leur masse, et que la partie véritablement opérante dépend le plus souvent d'un infiniment petit. Que d'exemples s'offrent en foule pour justifier cette opinion ! Il n'y a point jusqu'aux substances métalliques, qui, distillées avec de l'eau, ne lui communiquent des propriétés, et ne prouvent, en même temps, que la manière d'agir des remèdes est encore un problème en médecine.

Nous le répétons, c'est aux médecins qu'il appartient spécialement de juger quelles sont les circonstances où il convient d'administrer le lait pouvu de sa chaleur naturelle, ou bien chauffé légèrement, plutôt que celui qui a bouilli, et dans quel cas les parties constituantes de ce fluide peuvent devenir plus utiles que le fluide lui-même.

Il nous manque une suite d'expériences et d'observations sur cet objet intéressant; sans doute qu'un jour il fixera l'attention de quelques savans. En attendant, il nous suffit d'avertir que le lait ne saurait éprouver la plus légère action du feu sans déperdition d'un principe volatil, et, en même temps, sans une combinaison de ses parties fixes; d'où résultent nécessairement des propriétés diététiques et chimiques absolument différentes.

## ARTICLE VII.

### *Des différentes espèces de lait dont l'usage est le plus généralement adopté.*

On a attribué, depuis long-temps, aux différentes espèces de lait des propriétés médicinales particulières : l'un a été regardé comme balsamique, l'autre comme rafraîchissant. Nous sommes encore éloignés non-seulement de pouvoir déterminer d'une manière positive dans quelles parties du lait résident ces propriétés, mais même de présenter un seul fait capable de garantir qu'elles existent réellement.

N'en serait-il donc pas du lait comme des alimens qui forment la base de la nourriture, et à chacun desquels on a donné des vertus particulières ?

Sans doute on conçoit que les premiers jours qu'on fait usage d'un nouvel aliment, même de l'espèce de ceux qui ne sont pas médicamenteux, il doit s'opérer dans l'économie animale des changemens sensibles; mais lorsqu'on continue cet aliment, les changemens disparaissent. C'est ainsi que le pain ne conserve plus, au bout d'un certain temps, que l'effet alimentaire, comme le lait la vertu adoucissante et nutritive.

Si quelques personnes ont exagéré les vertus qui appartiennent à chaque espèce de lait, d'autres ont aussi donné dans un excès contraire, en voulant que toutes les espèces produisissent les mêmes effets, à cause de l'identité de leurs parties constituantes. D'abord ces parties ne s'y trouvent pas dans des proportions semblables; de plus elles sont modifiées, arrangées et combinées d'une manière différente; enfin, elles ont une contexture qui imprime sur les organes des sensations particulières, et elles offrent dans la butirisation, la coagulation et la clarification, des phénomènes propres à les caractériser : c'est ce que nous allons développer dans cet article, après avoir exposé quelques réflexions générales sur la constitution physique des animaux qui fournissent le lait le plus communément employé.

Il n'est pas douteux que les difficultés qu'on rencontre pour se procurer, autant qu'on en voudrait, le lait de beaucoup de mammifères très-connus, n'aient forcé de se contenter, jusqu'à ce moment, de l'examen de celui des animaux que nous avons le plus à notre disposition.

Il n'en serait pas moins curieux de constater si les principes qui entrent dans la composition du lait de toutes les femelles, sont analogues à ceux des différens laits que nous connaissons déjà.

Un travail entrepris d'après ces vues ne pourrait manquer de devenir intéressant, car il y a tout lieu de croire qu'il offrirait de nouveaux résultats, dont il serait possible de tirer parti pour la médecine et le commerce.

Par exemple, il est plus que vraisemblable que la faculté de ruminer que possèdent la vache, la chèvre, la brebis, la daine, etc., leur permet de se nourrir avec un tiers d'alimens de moins qu'il n'en faut à tout autre animal d'un autre ordre; et comme ces femelles sont pourvues d'organes digestifs en plus grand nombre et plus énergiques, tout ce qui peut être converti en chyle l'est effectivement : d'où résultent en particulier, et une production plus abondante de lait, et un lait supérieur en qualité.

L'estomac d'une jument, d'une ânesse, etc., au contraire, n'est pas organisé de la même manière : il faut à ces animaux une plus grande quantité de végétaux pour en extraire la même proportion de matière nutritive ; l'organe qui prépare et fournit le lait, est d'une moindre capacité; ensorte que ce fluide est plus séreux et en moindre quantité, quand bien même la nourriture serait égale en volume et en propriété.

Il est vraisemblable encore que le lait des

carnivores diffère aussi de celui des herbivores ; c'est du moins ce qu'on peut déjà pressentir d'après quelques expériences faites sur
le lait de la femelle des porcs, des lapins, des
chiens, des chats et des autres animaux domestiques. La saveur et l'odeur particulières qu'on
y a remarquées, ne seraient pas les seuls points
sur lesquels il faudrait s'arrêter ; la matière
caséeuse et le sérum en présenteraient, peut-
être, d'autres, qui mériteraient d'autant plus
de fixer l'attention, qu'ils contribueraient en
même temps à augmenter nos connaissances
relativement aux effets de l'organisation animale sur ce fluide, et au perfectionnement de
la science qui s'occupe de cet objet.

Privés des moyens d'embrasser ce travail
dans toute son étendue, et de lui donner ce
degré de précision et d'exactitude qui seul peut
le rendre utile, nous avons cru, d'après quelques données, et sur tout d'après les réflexions
d'*Young*, devoir réduire toutes les espèces de
lait les plus connues parmi nous, à deux classes
distinctes ; savoir, le lait des animaux ruminans, et le lait des animaux non ruminans. Le
premier sert spécialement aux usages économiques, et le second est plus généralement
employé en médecine. Ainsi le lait de vache,
de brebis et de chèvre, formera la première
classe ; celui de femme, d'ânesse et de jument,
comprendra la seconde.

## *Du lait de vache.*

Nous nous sommes arrétés assez long-temps sur le lait de vache et sur les qualités spécifiques des parties qui constituent ce fluide. Il nous fallait ces connaissances, en quelque sorte préliminaires, pour pénétrer plus surement dans la composition des autres espèces de lait, dont les propriétés physiques et chimiques sont communes entr'elles, à quelques nuances près, dépendantes, sans doute, de l'organisation individuelle; il ne nous reste donc plus qu'à en présenter les caractères spécifiques les plus généraux.

Le lait dont on parle dans tous les ouvrages diététiques ou d'économie rurale, sans déterminer en même temps l'espèce d'animal qui le fournit, provient de la vache, parce que c'est celui qu'on a le plus abondamment et le plus facilement; c'est pour cela, sans doute, aussi, qu'on le choisit toujours pour servir de comparaison lorsqu'il s'agit d'examiner le lait des autres femelles.

Il est d'autres motifs encore qui semblent justifier cette préférence; c'est qu'il réunit des caractères de perfection qu'on ne retrouve pas dans les laits dont l'usage est le plus généralement adopté; et nous ne doutons point que, s'il était possible d'avoir ceux-ci sous la main, dans les mêmes circonstances, ce ne fût encore au lait de vache qu'on donnât la préférence : il est, selon l'expression de *Venel*, plus lait que les autres laits connus.

Dans les pays où la nature du sol et les aspects permettent seulement d'élever des chèvres et des brebis , plus communes que les vaches, leur lait a la préférence sur celui de ces dernières ; on sait même que plusieurs espèces de lait, quoique manifestement moins bonnes , comme celui de la femelle du chameau et du buffle, n'en sont pas moins recherchées dans l'Inde où leur usage est très-commun; mais on connaît la force de l'habitude, et c'est là le cas de dire qu'on ne peut décider des goûts.

Si le lait de vache possède en plus grand nombre les qualités génériques du lait , elles dépendent de l'organisation de cette femelle , qui, suivant la remarque très-judicieuse du chevalier *White*, diffère à quelques égards de celle de plusieurs autres animaux de ce genre. Indépendamment du volume de ses mamelles et de la dimension de ses trayons, elle fournit son lait à la première compression de la main, tandis que la plupart des animaux, de la classe de ceux du moins qui ne ruminent pas comme elle, ne le donnent qu'à leurs petits ou à ceux qui trompent leur instinct maternel.

On sait encore que le nombre des mamelons dans beaucoup d'animaux est en raison de celui des nourrissons d'une portée ordinaire; mais la vache ne met bas qu'un nombre de petits analogue à celui que donnent les femelles qui n'ont que deux trayons, et cependant elle en a quatre, dont la forme, la proportion et le tissu donnent au réservoir lactifère un grand diamètre qui favorise l'émission du lait. Mais ces observations nous conduiraient trop loin; revenons à l'analyse du lait de vache.

Comme dans les précédens articles nous avons fait connaître les différentes parties constituantes de ce fluide, ainsi que les propriétés qui servent à les distinguer, il nous suffira de rappeler ici leurs caractères généraux.

Quelle que soit l'espèce de plantes destinées à la nourriture des vaches, la crème qui résulte de leur lait est toujours ou blanche pendant l'hiver, ou d'un jaune plus ou moins foncé quand elles sont au vert.

Cette crème a une odeur douce et une saveur très-agréable ; elle est plus ou moins abondante et colorée, suivant l'âge, le tempérament de l'animal, et aussi suivant la nourriture qu'on lui donne.

La lintescence qu'on y remarque, est due en grande partie à une substance particulière qu'elle tient dans une espèce de dissolution; cette substance est le beurre. Pour le séparer il suffit d'agiter vivement la crème.

Le beurre est, ou blanc, ou jaune. Sa consistance est, à peu près, la même dans toutes les saisons; il se comporte comme toutes les matières huileuses; et c'est celui qu'on emploie le plus fréquemment. Il a beaucoup d'analogie avec les huiles concrètes végétales, sans avoir aucun des caractères des graisses animales, et il n'est fourni absolument que par le lait que les femelles fabriquent dans des organes particuliers.

Le beurre, en se séparant de la crème, laisse un liquide auquel on a donné le nom de *lait de beurre.*

Cette espèce de lait est très-fluide; il s'altère facilement : en général, il diffère peu du lait parfaitement écrémé, c'est-à-dire qu'il tient en dissolution les mêmes substances que lui.

Le lait dont on a séparé la crème a une couleur blanche, tirant un peu sur le bleu; sa saveur est douce et agréable; il s'aigrit facilement : alors il devient apte à former différentes substances salines, en se combinant à des bases, soit alkalines, soit terreuses.

On peut aisément séparer l'acide formé dans le lait aigre; il suffit pour cela de lui présenter des corps avec lesquels il ait de l'affinité : en détruisant ensuite, par des moyens convenables, les combinaisons dans lesquelles cet acide est entré, on parvient à l'avoir pur; il porte alors le nom d'*acide galactique.* .

En s'aigrissant, le lait laisse séparer une matière blanche, appelée *substance caséeuse.* Elle est ordinairement épaisse, tremblante et comme gélatineuse : lorsqu'elle est nouvellement séparée, sa saveur est agréable; avec le temps elle s'aigrit et finit par se putréfier. Elle a plusieurs des propriétés de la matière glutineuse du froment.

Il n'est pas absolument nécessaire de laisser aigrir le lait pour avoir la matière caséeuse ; on connaît différens autres moyens qui en opèrent la séparation surement et facilement : ce sont aussi ces moyens qu'on emploie dans les usages économiques.

Le lait, séparé de la matière caséeuse, porte le nom de *sérum* ou *petit-lait* ; il n'est pas d'abord très-clair ; mais on peut lui donner la plus grande transparence, en le clarifiant et le filtrant. Ce petit lait présente une boisson rafraîchisante et diurétique, fréquemment employée en médecine.

Si on l'évapore jusqu'à consistance syrupeuse, et qu'ensuite on le place dans un lieu frais, on obtient un sel auquel on a donné le nom de *sucre* ou *sel essentiel* de lait.

Lorsque, par des cristallisations bien suivies, on a retiré cette espèce de sel, on en obtient d'autres, tels que le muriate de soude, le sulphate calcaire, etc.

Le premier sel appartient exclusivement au lait, car on ne connaît pas d'autres fluides qui le fournissent. Il a beaucoup de propriétés qui semblent annoncer qu'il contient le corps muqueux sucré ; mais il paraît que ce corps y est dans un état particulier et différent de celui où on le trouve dans le sucre ordinaire. En effet, le sucre de lait est peu soluble dans l'eau, tandis que le sucre ordinaire s'y dissout avec la plus grande facilité. D'ailleurs, le sucre de lait donne dans sa décomposition, lorsqu'on le traite à feu nu, un acide qui diffère de celui du sucre ordinaire, traité par le même moyen.

Quant aux autres sels qu'on retire du petit-lait, tout semble prouver qu'ils sont étrangers à ce fluide, ou, au moins, qu'ils ne sont pas essentiels à sa composition; on présume qu'ils lui sont apportés, pour la plus grande partie, par les boissons et par les alimens dont l'animal a fait usage.

Enfin, le lait, pourvu de toutes ses parties constituantes, est susceptible de passer à la fermentation vineuse, et de fournir une liqueur potable, analogue à celle qu'on obtient de toutes les substances qui renferment le corps muqueux sucré. Cette liqueur, par la distillation, donne aussi un véritable alcohol, qui, par des rectifications réitérées, peut être amené au point de souffrir la comparaison avec celui du vin de raisin.

Nous venons de tracer rapidement le tableau des différentes parties constituantes du lait de vache. Passons maintenant à l'examen du lait de brebis et de celui de chèvre, qui forment la classe des animaux ruminans dont on obtient le lait le plus universellement employé, du moins en France.

## Du lait de brebis.

De tous les animaux domestiques que l'homme a conquis sur la nature, celui qui lui procure la ressource la plus immédiatement utile et la plus étendue, c'est la brebis, symbole de la douceur et de la timidité.

La quantité du lait de brebis et sa consistance dépendent, comme nous l'avons déjà dit pour le lait de vache, de l'époque où elle a agnelé et de la nourriture qu'on lui donne. On sait que, pour faire venir le lait à celles qui n'en ont pas assez, il suffit de les changer de pâturage, pourvu, toutefois, qu'on ne les fasse pas sortir d'un bon pour les conduire dans un moindre. L'expérience a prouvé encore que les brebis qui font usage de sel produisent plus de lait.

Il est facile, à la simple inspection, de saisir la différence qui existe entre le lait de brebis et celui de vache : l'état gras du beurre, ainsi que de la matière caséeuse, et la manière dont l'un et l'autre affectent séparément l'organe du goût, ne permettent point de les confondre.

Le lait qui fait le sujet de cette analyse provenait de plusieurs brebis, deux mois environ après qu'elles avaient agnelé. En le distillant au bain-marie, il fournit, comme les autres, une liqueur qui perd promptement sa légère odeur, et devient insensiblement putride; alors elle se trouble et présente tous les phénomènes de l'eau distillée du lait de vache.

Le résidu de la distillation au bain-marie

donne aussi de la franchipane; mais elle est plus·grasse et plus visqueuse que celle du lait de vache.

Abandonné à lui-même, le lait de brebis, nouvellement tiré, se couvre bientôt d'une crème épaisse en assez grande quantité, ayant une couleur jaunâtre, une saveur douce, agréable, et un toucher onctueux.

Cette crème fournit, par la percussion, une assez grande quantité de beurre, qui ne prend jamais une consistance bien solide. Sa couleur, en été, est d'un jaune pâle; il se fond aisément dans la bouche, et y laisse l'impression des huiles. Le lait, après l'extraction du beurre, n'offre rien de particulier.

Le beurre du lait de brebis paraît se rancir aisément, sur tout si on n'a pas la précaution de le laver à diverses reprises jusqu'à ce que l'eau en sorte claire. Les produits de son analyse à feu nu sont les mêmes que ceux que fournit le beurre du lait de vache.

Ecrémé ou non écrémé, le lait de brebis, lorsqu'il est chauffé, se couvre de pellicules qui se succèdent à mesure qu'on les enlève, et n'offrent plus, en suivant le procédé indiqué, que du sérum, qui, filtré, devient transparent et sans couleur.

L'eau de chaux, les alkalis, et sur tout l'alkali caustique, bouillis avec le lait de brebis dépourvu de sa crème, altèrent sa couleur d'une manière plus ou moins marquée.

Tous les acides, les sulphates et la gomme, coagulent ce lait, et en séparent la matière caséeuse.

L'alcohol opère le même effet. Nous avons eu recours à ce dernier moyen, ainsi qu'à la coagulation spontanée, pour nous procurer la matière caséeuse et le petit-lait dont nous allons parler.

La matière caséeuse, obtenue à l'aide de l'un et de l'autre agens, conserve toujours un état gras et visqueux, qui s'oppose à ce qu'on puisse la rapprocher aisément sous la forme du caillé du lait de vache ; sa saveur est douce et agréable.

Traitée avec l'alkali fixe caustique, étendu dans de l'eau, cette matière perd sa consistance pour prendre un caractère savonneux, et, si on fait bouillir ce mélange, il devient d'un rouge noir.

Les acides sulphurique et muriatique affaiblis, mêlés avec cette matière, et chauffés ensuite jusqu'à l'ébullition, la raccornissent. L'acide nitrique produit le même effet, à moins qu'il ne soit concentré, car dans cet état il la jaunit d'abord, et finit par la dissoudre.

Après avoir été soumise à l'action d'une forte presse, et distillée à feu nu, la matière caséeuse nous a founi les mêmes produits que celle du lait de vache, examinée jusqu'à présent par ce moyen.

Le sérum, ou petit-lait, résultant des deux procédés déjà décrits, filtré et évaporé spontanément, en multipliant les surfaces, s’est troublé plusieurs fois et a donné du sel de lait assez blanc, dès la première cristallisation; par une seconde, nous avons obtenu une nouvelle quantité, moins blanche que la précédente. A la troisième cristallisation, la liqueur est devenue épaisse et avait une saveur salée; elle a fourni quelques cristaux de muriate de potasse, et le résidu était une eau mère, qui contenait du muriate calcaire.

Ce qu’il y a de plus remarquable dans les produits du lait de brebis, c’est l’abondance du beurre qu’il contient, et la nature de la matière caséeuse : le premier, comme on l’a vu, n’a pas une consistance bien solide; il paraît même plus disposé à se fondre que le beurre de vache. Sa matière caséeuse a aussi un caractère gras, qu’elle conserve, et qui l’empêche de former un corps tremblant et comme gelatineux, quand on l’obtient spontanément ou au moyen de la présure.

A quoi tiennent ces différences? qui peut les occasioner? Ce serait en vain qu’on attendrait des expériences chimiques la solution de ces questions. Il est vraisemblable, comme nous l’avons déjà fait remarquer, que la manière d’être de ces deux corps dépend principalement de l’organisation de l’animal, puisque des vaches et des brebis, choisies dans les mêmes circonstances, nourries exprès concurremment avec le même fourrage, et pendant le même espace de temps et aux mêmes époques de gestation, nous ont donné des laits composés également, mais qui différaient par la proportion, la qualité et la cohérence de leurs principes.

La quantité de lait que donne la brebis, quoique variable suivant les années et les saisons, est estimée à trois quarts de livre par jour dans les deux traites, depuis Floréal jusqu'à la fin de Messidor; après la tonte on éprouve une diminution sensible.

Les profits étonnans qu'on obtient du lait de brebis, dans un canton fort circonscrit, font regretter à quelques écrivains que, dans beaucoup de départemens où se trouvent de nombreux troupeaux de bêtes à laine, les propriétaires négligent d'en tirer parti sous ce rapport; leurs observations à cet égard ne nous paraissent pas fondées. Essayons de le prouver par quelques réflexions qui peuvent s'appliquer également aux femelles des autres animaux dont le lait est employé à nos besoins, et que nous n'entretenons que pour ce produit.

Quand d'un cas particulier en économie rurale on veut tirer des résultats généraux, on s'expose à commettre des erreurs; ce qui peut être trouvé bon dans le pays où les fromages de brebis sont devenus d'un grand rapport, entraînerait la ruine des cultivateurs des cantons où les spéculations agricoles sont et doivent être différentes.

Les troupeaux offrent trois points de spéculation : l'éducation pour la propagation de l'espèce et pour la perfection en tout genre ; ensuite la hauteur de la taille pour l'engrais, sans considérer la finesse de la laine ; enfin , sacrifiant tout ce qui précède, on spécule sur le produit du lait pour faire des fromages..

On conçoit que, lorsqu'un cultivateur veut faire de beaux élèves, il doit se garder de troubler ou de diminuer la nourriture des agneaux ; il doit, au contraire, chercher à en augmenter le lait, parce que les brebis sont du nombre des femelles qui en général en ont très-peu. Pour réussir dans cette éducation, on augmente la nourriture des mères ; on ne les fait agneler qu'à la pointe de l'herbe ; on ne sèvre pas trop tôt les agneaux : il est même des cultivateurs qui ont l'habitude de les laisser teter aussi long-temps que dure la portée des mères, c'est-à-dire, environ cinq mois. Dans les départemens où cette éducation a lieu, on va jusqu'à défendre aux métayers de traire les brebis, et il existe encore des propriétaires qui en font un des premiers articles de leurs baux.

Quand on s'occupe des troupeaux pour avoir une forte race destinée à l'engrais, les mêmes soins doivent exister, car il faut soigner l'enfance, sans quoi le développement de l'individu laisse toujours quelque chose à désirer.

Mais si l'on habite une contrée où la race des bêtes à laine, peu estimée, ne soit un objet de revenu que relativement au fumier et à l'engrais des brebis, alors on vend les agneaux très-jeunes au boucher, ou on les sèvre de très-bonne heure ; alors il est dans l'ordre de l'économie rurale de traire les brebis, et, pour peu que cette contrée ait une fois acquis de la célébrité par ses fromages, comme celui de Roquefort, tout doit être subordonné, dans la conduite des troupeaux, à ce genre de commerce, et l'on ne donne le bélier aux brebis que pour avoir du lait.

Mais, de ces trois spéculations, celle qui est relative à l'éducation des bêtes à laine sera toujours beaucoup plus productive que les deux autres : il y a le profit de l'agneau, la laine ; la vente des mères pour l'engrais, quand elles commencent à s'éloigner de l'âge de la fécondité ; enfin, comme par tout, le profit du fumier.

### Du lait de chèvre.

Facile à nourrir, la chèvre est encore moins exposée aux maladies que la brebis ; elle ne craint pas, comme celle - ci, une trop vive chaleur : elle dort au soleil, sans être incommodée ; ne s'effraie pas des orages, ne s'impatiente point à la pluie ; le froid seul lui est nuisible.

Mais c'est bien mal entendre ses intérêts que de laisser les chèvres aller aux champs, quand on en élève un certain nombre pour leur produit en lait ; car l'expérience a démontré que celles qui ne sortent pas de l'étable, comme les vaches, fournissent plus que celles qui courent. D'ailleurs, les dégats que la chèvre peut faire dans les vergers et dans les bois, sont considérables, car il est prouvé que les arbres dont elle broute les jeunes pousses et les écorces tendres, périssent presque tous. Il existe heureusement une espèce de harnais au moyen duquel il est possible de concilier la conservation des chèvres avec celle des bois, sans se priver du pâturage qu'elles y trouvent. Au reste, on ne devrait les laisser sortir qu'en troupeaux, avec de bons gardiens.

Les chèvres à l'étable exigent des soins, il est vrai, comme les autres femelles privées de leur liberté ; à l'étable, elles sont aussi exposées à quelques accidens, dont on peut les préserver en tenant leur demeure propre, en renouvelant souvent leur litière, particulièrement l'hiver. Une propreté soutenue influe sur leur santé, sur leur appétit et sur la quantité de lait qu'elles donnent.

Ce n'est que quelques mois après avoir mis bas que la chèvre donne la plus grande quantité de lait. Au moment où elle vient de chevroter, ce fluide se rapproche beaucoup de l'état du colostrum de la vache ; mais, dans tous les temps, il a une densité plus considérable que celle du lait de vache. Du reste, il en réunit toutes les propriétés physiques et économiques.

Le lait de chèvre a une odeur et une saveur particulières, qui ne sont pas toujours très-agréables, sur tout pour les personnes qui en font usage pour la première fois; mais peu à peu on s'y accoutume, et on finit par le trouver excellent.

Pendant long-temps nous avions cru que l'odeur et la saveur dont il s'agit appartenaient essentiellement au lait de chèvre; mais nous avons depuis acquis la preuve qu'elles devenaient plus particulièrement sensibles lorsque la chèvre entrait en chaleur, et que le bouc s'était approché d'elle.

Nous avons vu aussi que cette odeur et cette saveur étaient infiniment moins remarquables quand on soignait les chèvres, et qu'on avait attention de les tenir propres et, sur tout, de les laver.

Enfin, nous avons observé que l'espèce de chèvre qui porte des cornes, toutes choses égales d'ailleurs, donnait toujours un lait plus odorant que celui des chèvres sans cornes, et que l'odeur de ce dernier différait souvent très-peu de celui de vache.

On peut conclure de ces observations générales, qu'il ne doit pas toujours être indifférent de faire usage de tel ou tel lait de chèvre; car, si, comme il paraît démontré, le principe odorant des corps jouit souvent de propriétés qui lui sont particulières, on conçoit aisément que le lait de chèvre, doué de l'odeur dont nous avons parlé, devra nécessairement agir tout autrement que celui qui serait privé de cette qualité.

C'est aux médecins à réfléchir sur cet objet important; nous ne doutons pas que, s'ils veulent le méditer, ils ne parviennent bientôt à déterminer les cas où telle espèce de lait de chèvre convient plutôt que telle autre, et qu'ainsi ils ne tirent de ce fluide un parti plus avantageux pour les malades que celui qu'ils ont obtenu jusqu'à ce jour.

La crème que fournit le lait de chèvre est toujours fort épaisse, et, pour en favoriser la séparation, il est nécessaire de ne pas exposer le vaisseau qui la contient dans un endroit trop frais; sans quoi il faudrait plusieurs jours pour qu'elle pût s'élever en totalité à la surface du liquide, ou bien une grande partie demeurerait confondue avec le lait : on peut en dire autant de toutes les espèces de lait connues.

Si on laisse pendant un certain temps le lait de chèvre à l'air, sa surface se recouvre d'une pellicule crèmeuse, qui, séparée du lait par les moyens ordinaires, a une saveur douce et agréable; elle est d'un blanc mat et se conserve long-temps sans s'altérer : mais, exposée dans des vaisseaux à large ouverture, elle se transforme bientôt en une espèce de fromage gras, dont on prolonge la durée en y ajoutant un peu de sel.

Au lieu de laisser la crème s'épaissir à l'air, si on la baratte aussitôt qu'elle est séparée du lait, on parvient à en retirer un beurre ferme, que nous avons obtenu blanc dans toutes les saisons.

On se tromperait si l'on croyait que la blancheur constante du beurre de lait de chèvre dépend de l'interposition ou de la combinaison d'une certaine quantité de matière caséeuse ; sa manière d'être et sa consistance suffisent pour annoncer que ce beurre ne renferme pas de corps étranger à sa nature : d'ailleurs, quand on le tient long-temps en fonte sur le feu, on ne voit pas qu'il fournisse de dépôt, comme cela arrive toutes les fois que du beurre admet entre ses parties une certaine quantité de matière caséeuse. C'est sans doute à cet état de perfection que le beurre de lait de chèvre doit la propriété qu'il a de se conserver plus long-temps que les autres.

Le lait de beurre qui se sépare de la crème, est encore blanc ; il a une certaine consistance, à cause de la matière caséeuse qu'il renferme en grande quantité ; sa saveur est douce et agréable ; l'esprit de vin et tous les acides le coagulent promptement.

Dès qu'on fait chauffer du lait de chèvre écrémé, sa surface se recouvre de pellicules, et il faut un certain temps avant de pouvoir épuiser ce qu'il peut en fournir ; au surplus, ces pellicules ressemblent parfaitement à celles des autres espèces de lait.

Le lait de chèvre, abandonné à lui-même dans un endroit où il règne une température un peu chaude, ne tarde pas à se coaguler comme tous les autres laits; mais on observe que le coagulum qu'il produit conserve un état en quelque sorte gélatineux, et qu'il est toujours plus consistant que celui du lait de vache et de brebis.

On observe encore que le sérum se sépare très-difficilement, et que, pour l'avoir à part, il faut le faire chauffer légèrement et long-temps.

Les alkalis non caustiques colorent un peu en jaune la matière caséeuse, lorsqu'on les fait bouillir avec elle ; mais l'alkali fixe caustique lui donne une couleur foncée, qui approche beaucoup du rouge noir.

Le sérum et la matière caséeuse que nous avons examinés, ont été obtenus par la coagulation spontanée et par l'esprit de vin. Ces deux moyens n'ont pas les inconvéniens des autres matières coagulables ; c'est pourquoi nous ne saurions trop en recommander l'usage à ceux qui voudraient travailler sur le lait.

La matière caséeuse que nous avons obtenue du lait de chèvre, était en grande quantité : séparée avec soin du sérum par le moyen de la presse, et soumise à toutes les expériences détaillées à l'article de la matière caséeuse du lait de vache, elle a donné des produits parfaitement semblables.

Quant au sérum, clarifié seulement par la

filtration à travers d'un papier gris, abandonné ensuite à l'évaporation spontanée dans plusieurs capsules, il s'est troublé vers la fin de l'opération, et a laissé déposer une matière blanche, que nous avons reconnue pour être de la matière caséeuse. Le sérum préparé par l'esprit de vin s'est troublé moins promptement que celui dont il vient d'être question.

L'un et l'autre sérum, évaporés, avaient une saveur sucrée; ils ont donné un sucre de lait très-blanc. Il est resté à la fin de l'évaporation une eau mère, qui, malgré toutes nos précautions, a toujours refusé de cristalliser. Elle a été desséchée au bain-marie, et ensuite dissoute dans de l'eau distillée, pour savoir si, étant rapprochée de nouveau, elle cristalliserait mieux: mais, voyant qu'elle gardait son premier état, nous avons cru devoir la mêler avec une solution de soude cristallisée; aussitôt il s'est fait un précipité blanc, auquel nous avons reconnu les propriétés qui appartiennent à la terre calcaire.

Il paraît que le sérum n'est pas dans le lait de chèvre en proportion de la matière caséeuse, qu'il en contient infiniment moins que le lait des femelles dont il sera question bientôt, et que le muriate calcaire s'y trouve en très-petite quantité.

C'est du moins le seul sel étranger dont la présence se soit manifestée dans l'eau mère, restée après la cristallisation du sel de lait.

Le lait de chèvre, distillé au bain-marie, donne un fluide incolore et transparent, dont l'odeur et la saveur approchent beaucoup de celles qu'a ce lait au moment où il vient de sortir du pis de l'animal. Cette saveur et cette odeur varient, suivant l'espèce de chèvre; mais, dans tous les cas, le fluide qu'on obtient ne conserve pas long-temps sa limpidité. Souvent au bout de quelques jours il se trouble et laisse séparer une matière blanche et filamenteuse, qui tantôt vient s'arrêter à la surface, et tantôt se précipite au fond du vase. La liqueur alors prend ordinairement une odeur putride.

Nous passerons sous silence le détail des expériences auxquelles nous avons soumis le résidu de la distillation du lait qui a donné la liqueur dont on vient de parler; il nous suffira de dire que les produits se sont trouvés semblables à ceux obtenus du lait de vache traité de la même manière.

En réunissant maintenant tout ce que nous avons dit sur le lait de chèvre, on voit qu'indépendamment de l'odeur particulière à ce lait, odeur qui quelquefois est très-sensible, on voit, disons-nous, que dans le nombre des parties constituantes de ce fluide, il en est plusieurs qui ont des caractères particuliers, assez faciles à saisir.

Par exemple, on ne peut s'empêcher de remarquer combien est plus grande la quantité de matière caséeuse que ce lait fournit comparativement à celle du lait des autres animaux, excepté de la brebis.

Ce qui a mérité encore d'être observé, c'est la couleur blanche du beurre qu'on sépare de la crème; couleur qui ne change jamais, du moins d'après ce que nous avons vu, quels que soient l'âge, le tempérament et la nourriture de la chèvre; tandis que la couleur la plus ordinaire du beurre de lait de vache est jaune, et qu'il ne devient blanc qu'à certaines époques de l'année, et sur tout quand l'animal ne fait usage que de végétaux secs.

Si, enfin, on ajoute à ces observations celles qu'on peut faire sur la nature de la matière caséeuse du lait de chèvre, qui, plus que celle de beaucoup d'autres laits, a un état visqueux, on sera bientôt disposé à croire ce que nous avons déjà dit ailleurs sur l'organe mammaire, dont l'action uniforme, sous certains rapports, dans toutes les femelles, présente cependant, suivant les espèces, des différences bien sensibles dans l'état particulier des produits qu'il fournit.

Le lait de chèvre contient moins de beurre que celui de brebis et de vache; il abonde davantage en matière caséeuse : aussi devient-elle la base d'un objet de commerce assez intéressant. On connaît la bonté des fromages du Mont-d'or, et combien leur goût délicat les fait rechercher à Lyon, d'où on les envoie à Paris en boîtes de sapin rondes et plates.

Les fromages cylindriques, appelés *cabriloux*

dans le département du Cantal, sont aussi fabriqués avec du lait de chèvre, et le caillé en est si délicat qu'il peut, par son association avec celui des autres animaux ruminans, en améliorer la qualité. C'est pour cela qu'on le fait entrer dans la composition des fromages de Sassenage.

### Du lait de femme.

Il n'est pas d'espèces de lait dont les produits varient autant que ceux du lait de femme : à chaque instant du jour ce fluide change d'état, et les changemens qu'il subit sont quelquefois si marqués qu'ils étonnent même les observateurs les plus exercés.

Frappés, les premières fois que nous examinâmes ce lait, des variations continuelles que nous trouvions dans nos résultats, et voulant prévenir toute fraude de la part de la personne chargée de nous fournir chaque matin le lait dont nous avions besoin, nous prîmes le parti de n'opérer que sur celui obtenu en notre présence ; mais bientôt nous eûmes la preuve que, malgré cette précaution, tout ce que nous avions déjà aperçu se reproduisait. Dès-lors nous en conclûmes qu'il ne serait jamais au pouvoir de l'art de déterminer les proportions de chacune des parties constituantes de ce fluide, d'une manière assez précise pour établir un terme de comparaison constant, puisqu'il était impossible, toutes choses égales d'ailleurs, de rencontrer deux laits de femme parfaitement semblables entr'eux.

Le lait dont l'analyse va nous occuper, a été procuré par une femme d'une excellente constitution, quatre mois après son accouchement.

Ce lait avait une saveur douce et sucrée : exposé à une température de douze degrés, sa surface s'est recouverte, en moins de douze heures, d'une matière épaisse, onctueuse, analogue à de la crème. Le lait sous cette matière était infiniment moins blanc qu'auparavant ; en le regardant à contre-jour il avait un coup-d'œil bleuâtre.

Il nous a d'ailleurs présenté les mêmes propriétés physiques que celles qui appartiennent au lait de vache, à quelques nuances près, qui dépendent de la quantité des substances suspendues ou en dissolution dans ce fluide.

Huit onces de ce lait récent ont été distillées au bain-marie ; la distillation n'a été interrompue que lorsqu'il y a eu dans le récipient quatre onces de liqueur.

Ce produit ressemblait à de l'eau distillée ordinaire ; il avait une odeur et une saveur à peine sensibles ; son mélange avec plusieurs réactifs n'a produit aucun changement : cependant la liqueur, conservée dans une phiole bouchée d'un simple papier percé de trous d'épingles, a paru au bout d'un mois perdre sa transparence.

L'origine de cette altération est sans doute

la même que celle indiquée à l'article du lait distillé de vache ; mais il y a lieu de croire, par la lenteur avec laquelle elle s'opère, que les corps qu'on peut supposer en être la cause y sont en moindre quantité, et par conséquent doivent produire un effet moins sensible. Il est très-vraisemblable aussi qu'il existe des femmes dont le lait, plus riche en principes volatiles, peut donner une eau distillée qui s'approche davantage du lait de vache ; mais il ne nous a pas été possible d'en avoir de cette espèce, malgré toutes nos recherches.

Le lait resté dans la cucurbite avait une couleur jaune ; sa saveur était plus sucrée qu'avant la distillation.

En continuant l'évaporation jusqu'à siccité, on a obtenu une véritable franchipane, laquelle, distillée à feu nu, a donné les produits ordinaires de cette matière.

Après ces premières expériences nous avons passé à l'examen de la crème, qui, ainsi que nous l'avons dit, s'était rassemblée facilement à la surface du lait.

Soumise à la percussion pendant plusieurs heures, la partie butyreuse ne s'est point manifestée.

La même expérience, répétée sur une crème plus ancienne, n'ayant pas offert un autre résultat, nous avons placé le vase qui contenait ce fluide dans un endroit tempéré.

Dès le second jour nous aperçûmes au fond

du vaisseau une liqueur très-claire et sans couleur, à la surface de laquelle était un autre fluide beaucoup plus épais, très-blanc, et ayant la saveur douce et onctueuse.

Pour séparer le beurre qu'on présumait devoir être contenu dans ce fluide, nous l'avons agité long-temps avec de l'eau; mais par le repos il venait se réunir dans le même état où il était avant l'expérience.

Nous avons aussi placé au bain-marie une phiole qui contenait une certaine quantité de ce fluide, afin de voir si la matière vraiment butyreuse se séparerait : le succès de l'expérience n'a pas encore répondu à notre attente.

Alors ce fluide a été introduit dans une cornue, et ensuite distillé à feu nu : il en est résulté du phlegme, de l'huile d'une odeur forte et pénétrante, de l'ammoniaque ou alkali volatil, un acide, du gaz inflammable; tels sont les produits que nous avons obtenus, et qu'on peut comparer à ceux de la crème du lait de vache traitée ainsi. On a trouvé dans la cornue un charbon très-noir et très-raréfié.

La liqueur sur laquelle nageait le fluide dont nous venons de donner l'analyse, pouvait être regardée comme une espèce de sérum ; sa transparence n'a point été altérée par le mélange des acides et de l'alcohol. Soumise à l'évaporation insensible, elle a donné un résidu salin, que nous avons reconnu pour être du sucre de lait, mêlé avec de la matière caséeuse.

Nous avons aussi abandonné huit onces de lait de femme écrémé dans un endroit un peu chaud, pour savoir s'il se coagulerait spontanément ; mais comme il n'avait pas, au bout de trois jours, changé d'état, nous avons pris le parti de le filtrer.

Une portion de la liqueur, qui était devenue très-limpide, abandonnée à l'évaporation spontanée, s'est troublée assez promptement. Par une nouvelle filtration elle ne tarda pas à reprendre sa limpidité. Cependant, deux jours après, nous fûmes encore obligés de la filtrer ; elle avait alors une saveur aigre. L'évaporation continuant toujours, on vit des cristaux de sel de lait se former d'une manière beaucoup plus régulière que ceux manifestés dans le lait qui n'avait pas été clarifié par la filtration.

Une seconde cristallisation a encore donné du sel de lait, mais moins blanc que le précédent. Enfin, il est resté une eau mère fort épaisse, qui, évaporée à siccité, a laissé une matière brune, à laquelle on a fait éprouver un degré de chaleur assez considérable. A peine le creuset qui la contenait a-t-il commencé à rougir, que la matière s'est enflammée en répandant beaucoup de vapeurs. Enfin, le résidu trouvé au fond du creuset a donné, par la lixiviation, du sel marin ou muriate de soude.

On a fait chauffer quatre onces de lait de femme, pour savoir s'il paraîtrait des pellicules à sa surface : bientôt nous les vîmes se former

et se succéder, à peu près comme celles dont
il a été question à l'examen du lait de vache.
A force de les enlever nous sommes parvenus
à convertir tout le lait en sérum.

Nous avons aussi employé, pour décomposer
le lait de femme, les différens moyens indiqués
à l'article de la coagulation; tous nous ont
réussi, excepté le vinaigre et les acides minéraux très-étendus d'eau.

Les expériences dont on vient de rendre
compte, répétées sur le lait de vingt nourrices
accouchées à différentes époques, nous ont
fourni l'occasion d'acquérir la preuve, 1.º que,
toutes choses égales d'ailleurs, la matière
caséeuse du lait de femme étoit peu adhérente
au sérum, puisque dans une température de
seize degrés, et au moyen du repos, elle se
sépare, en grande partie, sous la forme de
molécules extrémement ténues, adhérentes aux
parois du vaisseau qui contient le lait; 2.º que,
plus ce lait s'éloignait du temps de l'accouchement, plus il contenait de matière caséeuse;
3.º enfin, que, dans ce dernier cas, le lait
devenait coagulable par les acides, mais que le
coagulum était toujours visqueux, et n'acquérait jamais cette consistance gélatineuse qu'on
remarque à la matière caséeuse du lait de vache.

Soupçonnant que la difficulté qu'on éprouve
quelquefois pour coaguler le lait de femme avec
les acides peu concentrés, dépendait essentiellement de ce que sa matière caséeuse se

trouvait délayée dans une trop grande masse de fluide ; et ce soupçon, d'ailleurs, étant fondé sur une expérience de *Scheele*, d'après laquelle ce savant a trouvé que le lait de vache, étendu dans dix parties d'eau, perd la faculté d'être coagulable ; nous essayâmes de rapprocher la matière caséeuse, en évaporant le lait sur lequel nous opérions, à l'aide d'une douce chaleur : mais bientôt nous eûmes lieu d'observer que cette expérience devait être sans succès, en voyant la surface du lait se recouvrir de pellicules, qui, formées aux dépens de la matière caséeuse, devaient nécessairement diminuer cette matière, que nous désirions rapprocher. Aussi huit onces de lait de femme, réduites à quatre onces, ne devinrent-elles pas plus sensiblement coagulables par les acides qu'avant l'opération.

D'après les produits de l'analyse que nous venons de rapporter, il semblerait qu'on devrait en conclure que le lait de femme diffère essentiellement de celui de vache et des autres femelles dont il a déjà été question,

1.º Par la propriété qu'a sa crème de ne pas fournir de beurre ;

2.º Par la matière caséeuse, qui, au lieu d'être tremblante et comme gélatineuse, a toujours une sorte de viscosité ;

3.º Par l'impossibilité de coaguler cette matière, lorsqu'on n'emploie que des acides peu concentrés.

Telles furent aussi les conséquences que nous tirâmes lors de notre premier travail sur ce lait ; mais des expériences faites depuis nous ont fourni la preuve que ces conséquences n'étaient pas justes.

En effet, nous avons vu que, s'il y avait des laits de femmes dont la crème ne donnait pas de beurre, il y en avait aussi qui en fournissaient facilement, et que celui qu'on obtenait ne différait presque pas, pour la consistance et la couleur, du beurre de lait de vache.

Il était naturel, d'après cette observation, de chercher à découvrir les causes qui, dans certains cas, déterminaient la présence du beurre dans la crème du lait de femme, et quelles étaient celles qui s'opposaient à sa séparation. Voici ce qu'un travail additionnel nous a présenté de plus vraisemblable à cet égard.

En général, il paraît démontré que le lait est un de ces fluides dont la perfection est subordonnée à une foule de circonstances, si difficiles, souvent, à réunir, qu'il n'est pas aussi commun qu'on pourrait d'abord le penser de trouver des animaux qui donnent du lait toujours également bon. Tantôt c'est la matière caséeuse qui est moins abondante, quelquefois la crème est peu épaisse ; souvent le beurre est plus ou moins solide, coloré et adhérent à la matière caséeuse ; souvent aussi on trouve une différence dans la quantité du sel essentiel.

Enfin, on remarque une variété si grande dans les produits des laits fournis par les mêmes femelles, qu'il est facile de reconnaître que les principes destinés à former ce fluide, ou ne sont pas dans les mêmes proportions, ou, au moins, n'ont pas toujours le même degré d'appropriation.

La moindre altération que les animaux éprouvent dans leur santé, le changement de nourriture, la quantité et la qualité de celle qu'on leur administre, les intempéries de l'air auxquelles ils sont exposés, la situation des lieux qu'ils habitent, et mille autres causes de cette espèce, dont on a déjà parlé, peuvent être regardées comme capables d'apporter des variations infinies dans les différentes parties constituantes de leur lait, et expliquent pourquoi elles sont rarement dans le même état.

Mais si à toutes ces causes, communes aux nourrices, on ajoute encore les affections morales auxquelles elles sont si sujettes, on reconnaîtra bientôt que le lait de femme doit présenter dans sa composition des différences plus variées encore que celles qu'on remarque dans le lait des animaux.

La crème étant, à ce qu'il paraît, cette partie du lait formée une des dernières, et sa formation ne pouvant avoir lieu qu'autant que la composition des autres parties du lait est complétement achevé, il doit nécessairement en résulter que, lorsqu'une ou plusieurs de ces parties n'ont pas acquis leur degré de perfection, il n'y a pas de crème formée, ou que celle qui s'y trouve ne ressemble pas à ce qu'elle aurait été si les principes destinés à la produire avaient pu se réunir et se combiner.

Il n'est donc pas étonnant de rencontrer si souvent des laits de femme qui donnent peu de crème, et sur tout des crèmes dont on ne peut pas extraire de beurre.

Les expériences dont nous allons rendre compte pourront servir à confirmer l'opinion que nous venons d'émettre.

Des circonstances favorables nous ayant procuré une occasion unique, celle d'avoir dans le même temps du lait de plusieurs nourrices à peu près de même âge, au même terme d'accouchement, soumises au même régime et jouissant de la meilleure santé, nous crûmes devoir en profiter pour compléter notre travail.

Voici, en général, ce que nous avons remarqué. Aucun de ces laits ne ressemblait aux autres, ni pour la saveur, ni pour la couleur, ni pour la consistance, ni pour la quantité de crème qu'ils donnaient.

Les uns étaient extrêmement séreux, d'autres paraissaient pourvus davantage de matière caséeuse ; aussi étaient-ils d'un blanc plus mat : quelques-uns, à la vérité le plus petit nombre, avaient l'apparence d'un lait de bonne qualité.

Ces trois espèces de lait, abandonnées à elles-mêmes, donnèrent toutes de la crème ; mais celle de la première espèce n'avait ni couleur ni consistance : lorsqu'on l'agitait, elle se partageait dans la sérosité qui l'accompagnait, et, telle précaution qu'on ait prise, jamais elle n'a pu fournir de beurre. Le lait sur lequel cette crème surnageait était devenu à demi transparent, et ressemblait assez bien à une légère eau de savon : les acides le coagulaient, mais en petits flocons extrêmement déliés, et si légers qu'ils venaient bientôt former une pellicule fort mince à la surface du liquide; le sérum alors était presque transparent et sans couleur.

Le lait de la deuxième espèce a présenté des phénomènes à peu près semblables, avec cette différence, cependant, que la crème a paru un peu plus abondante; mais elle n'a pas donné de beurre par la percusion.

Quant au lait de la troisième espèce, il s'est comporté tout autrement, c'est-à-dire, qu'il a donné une crème tenace, très-épaisse, qui, par la percussion, a fourni un beurre jaune, d'une bonne consistance; mais sa saveur était fade. A cela près, il paraissait réunir toutes les qualités qui caractérisent un beurre parfait.

Le lait sur lequel s'était formée la crème dont on avait extrait ce beurre, était très-blanc; mêlé avec des acides, même faibles, il a donné un coagulum assez abondant, tremblant, et absolument semblable à celui du lait de vache de bonne qualité.

Il est bon d'observer que les expériences

dont il vient d'être question, ayant été répétées plusieurs jours de suite sur le lait des mêmes femmes, à différentes époques de la journée, nous avons eu occasion de remarquer que les produits n'avaient jamais été semblables à ceux que nous avions d'abord obtenus.

Une seule femme, agée de vingt-trois ans, nourrie d'alimens succulens sans être recherchés, et accouchée depuis quatre mois, nous a donné pendant huit jours un lait qui nous a paru être, à peu de chose près, toujours le même. La quantité en était si abondante qu'indépendamment de celui que tetait son enfant, elle pouvait encore nous en fournir, dans l'espace de vingt-quatre heures, environ deux livres.

Nous terminerons nos réflexions sur les changemens presque continuels qu'éprouve le lait de femme, par une observation.

Une nourrice, âgée de trente-deux ans, d'un grand caractère, mais d'une constitution délicate et sujette à des affections nerveuses assez fréquentes, nous procurait souvent de son lait pour l'examiner. Surpris un jour de ce que celui du matin était sans couleur, presque transparent, et de ce qu'il était devenu, en moins de deux heures, visqueux, à peu près comme du blanc d'œuf; nous résolûmes de suivre la chose de plus près, et la nourrice voulut bien seconder nos vues, en nous promettant de son lait chaque fois que nous en demanderions. Celui dont nous venons de parler avait été tiré à huit heures du matin; le lait de onze heures était un peu plus blanc; mais celui du soir avait la couleur naturelle à ce fluide, et ne contractait plus de viscosité.

Nous avons continué ainsi à examiner, pendant quatre jours de suite, du lait de la même femme, à différentes époques de la journée, sans apercevoir des changemens aussi notables que ceux de la première fois. Le cinquième jour les mêmes changemens parurent de nouveau, et nous apprîmes que la nourrice avait eu la veille, et pendant la nuit, une attaque de nerfs assez considérable. Enfin, dans l'espace de deux mois nous avons eu l'occasion d'observer plusieurs fois les mêmes phénomènes, et d'être convaincu, en même temps, qu'ils n'avaient lieu que quand la nourrice éprouvait de l'altération dans sa santé.

Nous laissons aux médecins à tirer de cette observation les conséquences sans nombre qu'elle peut leur offrir ; mais elle sert à nous confirmer de plus en plus dans l'opinion où nous sommes, que le fluide dont il s'agit ne pourra jamais donner à ceux qui l'examineront avec l'attention la plus scrupuleuse des produits parfaitement semblables. De là l'insuffisance de toutes ces analyses comparatives du lait de femme et de celui des autres femelles.

### Du lait d'ânesse.

Après le lait de vache c'est le lait d'ânesse dont la médecine tire le meilleur parti; l'usage s'en est conservé depuis les Grecs jusqu'à nous, et son analogie avec le lait humain le rend infiniment recommandable, dans une foule de circonstances où on s'en est servi très-avantageusement.

En effet, si on s'en rapporte à la couleur, à la saveur et à la consistance, le lait d'ânesse semblerait peu différer de celui de femme. Cependant ces deux espèces de lait ont des propriétés particulières, qui peuvent servir à les faire distinguer. Ce n'est pas, il est vrai, en comparant leurs propriétés physiques qu'on parviendra à saisir ces différences; l'examen chimique seul peut les rendre palpables. Il sera facile d'en juger par les détails suivans.

L'eau du lait d'ânesse, distillée au bain-marie, a une odeur peu sensible; elle s'altère cependant, comme celle des autres laits, quoiqu'elle ne paraisse rien tenir en dissolution.

Le résidu de la distillation donne, par l'évaporation, une franchipane, dont les produits, lorsqu'on la distille à feu nu, sont les mêmes que ceux de la franchipane du lait de vache, mais dans une proportion infiniment moins abondante.

Les acides, ainsi que l'alcohol, coagulent le lait d'ânesse; mais la partie caséeuse se sépare

toujours, sous forme de molécules extrêmement ténues, qui se rassemblent au fond du
vaisseau, tandis que le coagulum du lait de
vache, de brebis et de chèvre, est en masse,
occupe tout le fluide, et s'en détache plus
ou moins difficilement.

Le lait d'ânesse donne, par le repos, une
crème qui n'est jamais épaisse ni abondante;
sa saveur n'a rien d'agréable. On parvient, avec
assez de difficulté, à la convertir en beurre,
et ce beurre est toujours mou, fade, d'une couleur blanche, et se rancit aisément.

Si on n'a pas soin de tirer promptement
le beurre du fluide dans lequel il flotte,
et qu'on le tienne dans un endroit un peu
chaud, il se liquéfie; et, pour l'obtenir de nouveau à part, il faut plonger le vaisseau dans
l'eau froide, et ensuite l'agiter pendant quelque temps.

Le lait de beurre, bien privé de la crème
nouvelle, a une saveur douce, très-agréable.
Les acides et l'alcohol en séparent la matière
caséeuse.

Ce lait, ainsi que la crème et le beurre qu'on
en retire, donnent, lorsqu'on les distille à feu
nu, les mêmes produits que le beurre et la
crème du lait de vache.

Autant les laits de vache, de chèvre et de
brebis abondent en matière caséeuse, autant
ceux de femme et d'ânesse en donnent peu;
c'est, sans doute, à l'existence d'une plus

grande quantité de cette matière que les premiers doivent leur densité marquée et les pellicules nombreuses qu'ils fournissent lorsqu'on les fait chauffer.

Le lait d'ânesse, en perdant sa crème, acquiert plus de fluidité, et en même temps il devient bleuâtre. Si on l'abandonne à l'air, il se coagule spontanément, mais avec assez de difficulté; et encore le coagulum n'est-il jamais bien ferme; le plus souvent il se précipite sous la forme de *magma*.

L'alcohol en opère aussi la coagulation. Le précipité qui se forme dans ce cas ressemble parfaitement à celui qui a lieu lors de la coagulation spontanée.

Le sérum obtenu par l'un des deux procédés ci-dessus indiqués, évaporé jusqu'à cristallisation, a donné un sel de lait très-blanc, mais non pas en aussi grande quantité que nous l'aurions cru, à raison de la saveur sucrée du lait qui le tenait en dissolution.

Au reste, nous serions assez embarrassés d'établir les quantités exactes de sucre de lait que le lait d'ânesse doit donner, puisque de trois portions égales de lait, fournies par trois ânesses différentes, il ne s'en est pas trouvé une seule qui n'ait offert des différences notables dans les proportions de sel qu'on en a retiré; ceci d'ailleurs s'accorde avec ce que nous avons dit dans le précédent article.

Le sucre de lait d'ânesse nous a paru tout-à-fait semblable à celui du lait de femme et de vache : il a donné les mêmes produits lorsqu'on l'a soumis aux épreuves détaillées ci-dessus.

Nous avons aussi préparé du sérum en séparant les pellicules de la surface d'une quantité de lait d'ânesse qu'on avait fait chauffer exprès. L'opération a été un peu plus longue que la même à laquelle nous avions soumis le lait de femme; mais le sérum obtenu s'est clarifié avec la plus grande facilité, en employant seulement la filtration. Par l'évaporation, il a donné la totalité de sel de lait et de muriate calcaire qu'il contenait.

Le lait d'ânesse est, parmi les différentes espèces de lait, un de ceux qui contiennent le moins de matière caséeuse. On observe même qu'elle est si peu adhérente au sérum, que souvent le simple repos suffit pour l'en séparer, sous la forme de molécules extrêmement fines, sans qu'il soit nécessaire d'attendre que le lait soit devenu aigre. Cette propriété que le lait d'ânesse a de se convertir promptement en sérum, appartient également au lait de femme; à mesure que la matière caséeuse se manifeste, la saveur sucrée devient plus sensible : effet que nous ne saurions attribuer à l'évaporation du fluide, puisque le lait était dans des bouteilles à étroite ouverture, mais bien au développement du sucre de lait, et, peut-être, aussi à ce que, ce sel étant en dissolution dans un fluide qui tient moins de matière caséeuse que beaucoup d'autres sérosités, sa saveur doit devenir plus sensible.

Une chose assez remarquable, et sur laquelle nous revenons, c'est le peu de consistance du beurre de lait d'ânesse dans toutes les saisons. En été il paraît impossible de l'avoir avec une sorte de fermeté. Pendant l'hiver il ressemble à de l'huile figée; son blanc mat, la facilité avec laquelle il se rancit, feraient soupçonner qu'il doit retenir dans sa formation une petite quantité de matière caséeuse, si, comme nous croyons l'avoir prouvé, cette matière, sans pouvoir être réputée une des principales causes de la rancidité, contribue au moins beaucoup à son développement.

Nous observerons encore que les sels moyens contenus dans le sérum du lait d'ânesse, ne sont pas toujours de la même nature; indépendamment du sucre de lait, nous avons vu qu'il fournissait du muriate calcaire, et quelquefois aussi du muriate de soude. Au reste, la quantité de ces deux sels y est si peu considérable, que ce serait s'abuser que de calculer les propriétés médicinales du lait d'ânesse d'après celles qui appartiennent à ces sels.

### *Du lait de jument.*

L'usage que les Tartares, dans leurs excursions, font du lait de jument, est connu; on sait également que ce fluide est le premier qu'on se soit avisé de soumettre à la fermentation spiritueuse, pour en retirer, par la distillation, de l'alcohol comparable, pour les propriétés générales, à celui que fournissent toutes les liqueurs vineuses.

Peu d'auteurs, cependant, ont donné une analyse détaillée de ce lait. Les principales causes de l'indifférence des chimistes à en rechercher la nature, sont vraisemblablement, d'une part, le peu d'usage qu'on en fait en France, et, de l'autre, la difficulté de s'en procurer la quantité nécessaire aux expériences, la jument étant dans la classe des femelles qui ne donnent leur lait qu'à la vue de leur nourrisson, et refusent de se laisser traire, dans la crainte, sans doute, qu'on ne dérobe au poulain ce qui lui appartient exclusivement.

Celui que nous avons examiné a été fourni par une jument dont on avait manié de bonne heure les pis, pour l'accoutumer à se laisser traire, et nous avons attendu qu'il y eût deux mois d'écoulés depuis qu'elle avait pouliné, afin d'être assurés qu'il avait les qualités requises, qualités que le lait en général ne possède jamais dans les premiers temps où les femelles ont mis bas.

L'état séreux du lait de jument le rend assez remarquable. Sa fluidité cependant est moindre que celle des laits de femme et d'ânesse; mais aussi sa saveur paraît moins sucrée.

Les propriétés physiques du lait de jument

sont les mêmes que celles des autres laits; nous avons observé seulement qu'il prend aisément le mouvement de l'ébullition , et qu'il se coagule assez vite.

L'eau de ce lait distillée au bain-marie, est presque inodore; elle se conserve long-temps sans s'altérer; cependant elle finit toujours par perdre de sa transparence, et acquiert en même temps une odeur désagréable.

Le résidu de la distillation du lait de jument au bain-marie, présente une franchipane moins onctueuse et moins abondante que celle du lait de vache; mais, distillée à feu nu, aux quantités près, les produits sont absolument semblables.

A peine le lait de jument éprouve-t-il la chaleur du bain-marie, qu'il se couvre de pellicules plus minces que celles du lait de brebis; les premières, sur tout, sont plus onctueuses que celles qui viennent ensuite : propriété dépendante, sans doute, de la petite quantité de crème que ce lait contient.

Le sérum qu'on obtient après avoir enlevé toutes les pellicules, passe aisément à travers le filtre, et est toujours fort clair et incolore.

Dès que le lait de jument est trait et qu'on l'expose à une température froide, il se recouvre, par le repos, d'une crème assez claire, de couleur jaunâtre; cette crème, agitée long-temps, ne donne point de beurre. Nous n'oserions cependant assurer que, dans aucun cas, elle ne pût en fournir; car il pourrait en être de cette crème comme de celle du lait de femme, qui, ainsi que nous l'avons observé, ne laisse échapper son beurre que lorsqu'elle est parvenue à un certain degré de perfection, qu'elle n'a pas toujours dans tous les individus.

Le lait de jument, écrémé, traité avec tous les réactifs dénommés dans nos précédentes analyses, offre les mêmes phénomènes que ceux dont on a parlé lorsqu'il a été question du lait de vache et de brebis.

Nous avons seulement remarqué que le vinaigre distillé, et le tartrite acidule de potasse, opéraient plus difficilement la séparation de la matière caséeuse, puisque ce n'est que quelque temps après leur mélange que cette matière paraît sous une forme analogue à celle du lait de femme, lorsqu'on le traite avec les mêmes acides, c'est-à-dire, en molécules toujours très-ténues.

Le petit lait, ou le sérum de lait de jument, sur lequel nous avons fait quelques expériences, a été préparé par l'intermède de l'esprit de vin; procédé auquel, cette fois-ci, nous nous sommes déterminés à accorder la préférence, parce que, d'une part, nos expériences nous avaient appris que le sérum obtenu par une autre méthode n'en différait point, et que, de l'autre, ayant l'avantage d'avoir ce sérum très-promptement, nous étions certains que ses parties constituantes n'avaient subi aucune altération.

Le sérum ainsi obtenu, après avoir été filtré

et évaporé spontanément dans plusieurs capsules, s'est troublé et a déposé de la matière caséeuse, que nous avons séparée par des filtrations réitérées; il nous a donné ensuite une concrétion saline blanche, adhérente aux parois des capsules. La surface s'est recouverte d'un sel cristallisé en petites aiguilles, qui tantôt étaient réunies sous la figure de grouppes, et tantôt se trouvaient isolées.

Ces deux matières salines, examinées chacune séparément, ont été reconnues, l'une pour être le sel essentiel du lait, et l'autre du sulphate calcaire.

Une seconde cristallisation nous a donné, après la décantation de la liqueur, du sel de lait un peu moins blanc que le précédent, et la troisième, un sel entièrement semblable : il nous est resté une liqueur qui a refusé de cristalliser; elle contenait du muriate calcaire.

Le lait de jument est, dans le nombre de ceux que nous avons examinés, le seul qui ait fourni du sulphate calcaire. Ce sel serait-il dû à la qualité de l'eau de puits dont les cavales s'abreuvent ordinairement, et l'état séreux de leur lait dépendrait-il de la quantité qu'elles en boivent ? C'est ce que nous n'entreprendrons point de décider.

La difficulté qu'on éprouve pour séparer le beurre de la crème du lait de jument, ainsi que la petite quantité de matière caséeuse que ce lait fournit, sont les deux principaux caractères que nous ayons recueillis de l'analyse de ce fluide.

Tout en convenant de l'extrême fluidité du lait de jument, on a prétendu néanmoins qu'il était plus nutritif que les autres laits. Nous ignorons jusqu'à quel point cette opinion est admissible : mais, en reconnaissant cette propriété, il faudrait l'attribuer moins à l'abondance des principes qui entrent dans sa composition, qu'à leur véritable manière d'être, ainsi que l'a très-judicieusement observé *Venel*, dans son précis de matière médicale, augmenté de notes par *Carrère*.

Les Scythes faisaient beaucoup d'usage du lait de jument et de ses produits. C'est ce lait, comme nous l'avons déjà observé, que les Tartares russes ont soumis à la fermentation vineuse. Sans doute que, dénués des ressources que nous avons en abondance pour nous procurer de l'esprit ardent, ces peuples ont été conduits par le besoin et, peut-être, par hasard à cette découverte; mais dès que leur procédé a été connu parmi nous, on l'a rectifié et ensuite appliqué au lait de vache et à celui de chèvre. Il nous suffisait de connaître la possibilité d'une semblable opération pour toutes les espèces de lait, et nous nous sommes dispensés de la répéter, bien convaincus que ce genre d'expériences n'apprendrait rien de plus que ce qu'on savait déjà sur cet objet.

# TROISIÈME PARTIE.

## *Du lait considéré relativement à l'économie rurale.*

Après le pain, l'article le plus essentiel des provisions d'une métairie, est le lait. Les produits de ce fluide forment dans tous les cantons une branche de commerce plus ou moins considérable; plusieurs sont même renommés par la qualité du beurre ou des fromages qu'ils fabriquent : qualité qu'ils ne doivent pas seulement aux alimens dont on nourrit les animaux, mais encore à la manière dont on gouverne les laiteries, ainsi qu'aux manipulations employées, car ici, comme en une infinité d'autres choses, c'est la façon d'opérer qui fait tout.

Mais ce n'est pas assez que les physiciens, pour lesquels ce traité est particulièrement destiné, soient pénétrés de ces vérités. Le but de notre travail serait manqué si nous ne nous empressions de les transmettre également aux habitans des campagnes, en leur assurant qu'ils pourraient tirer un parti plus avantageux de leurs laitages, si, pour leur propre intérêt, ils voulaient toujours prendre la peine de consulter, mieux qu'ils ne font, les localités.

## ARTICLE PREMIER.

### De la laiterie.

C'EST ainsi que se nomme le lieu où l'on dépose le lait au sortir de la vacherie, et dans lequel ce fluide séjourne jusqu'au moment où il s'agit de lui donner une destination.

Dans les départemens où les produits du lait, sous forme de beurre et de fromage, jouissent d'une certaine réputation, et sont, par conséquent, l'objet de fabriques considérables, on ne trouve point de laiterie montée en grand ; les plus fortes métairies n'ont pas même de local destiné uniquement à serrer le lait ainsi que les ustensiles qui servent à en conserver les résultats : on se contente d'un bas d'armoire ou d'un coffre, nommé *huche ;* voilà toute la laiterie.

Cette huche est ordinairement placée dans le lieu où se tient habituellement la famille, où se fait la cuisine, et où l'on couche : ailleurs elle occupe le centre du logement et sert aux métayers de table à manger. Comme ce meuble est mobile, on a coutume de le transporter en été dans l'endroit le plus frais de l'habitation, et dans le plus chaud pendant l'hiver. On peut même établir dans son intérieur une température égale dans tous les temps, au moyen d'un réchaud de braise allumée ou d'un peu de sel marin répandu sur le plancher de la huche ou du coffre.

Dans la fameuse vallée d'Auge, département du Calvados, les grandes fermes de huit à quinze mille francs de revenu ont pour laiterie une salle située communément sous un hangar, à proximité du centre du ménage et à l'abri des vents froids : cette pièce est ouverte sur ses quatre façades d'une petite porte et de trois croisées d'environ quatre pieds et demi. Ces croisées sont closes au moyen de lattes disposées de manière à intercepter les rayons du soleil, sans nuire au renouvellement continuel de l'air intérieur. En hiver ces sortes de jalousies sont remplacées par un chassis vitré : un fourneau ou des réchauds que l'on entretient allumés, et dont le premier but est de maintenir l'air de la salle à une température élevée, servent alors à renouveler l'air ; ce qu'on facilite encore de temps à autre, en ouvrant une des croisées. Les murs et le plafond sont recouverts d'une couche de mortier fait avec la chaux et le sable ou le ciment ; le plafond n'a guères que cinq pieds d'élévation, et la grandeur de la salle est toujours calculée sur la force de la vacherie. Des rayons supportés par des échelons, et disposés tout autour de la salle à des distances convenables, servent à recevoir les vases qui contiennent le lait, la crème, etc., ainsi que les pots vides et les ustensiles affectés à ce service.

Les voyageurs qui savent observer conviennent que cette partie des bâtimens qui constitue la ferme et qui forme les laiteries, est en Angleterre une des plus intéressantes, et qu'il s'en faut qu'elle soit aussi bien soignée en France. Cependant on a vu parmi nous de riches propriétaires en établir à grands frais, dans l'intérieur desquelles il régnait un luxe extrême; mais il y manquait précisément les conditions principales pour remplir efficacement le but qu'on se propose : nous voulons dire la forme et l'exposition, dont l'influence directe sur le lait et sur ses produits est hors de doute.

La fraîcheur et la propreté du local destiné à cet objet, étant les deux grands moyens de conservation du lait, il serait utile d'en rappeler souvent la nécessité, par forme d'adages, dans les endroits les plus fréquentés de l'habitation, et d'inscrire même ces adages en gros caractères sur la porte de chaque laiterie.

### *Emplacement d'une laiterie.*

Pour rendre une laiterie profitable, il faut, autant qu'on le peut, la placer au nord, et la disposer de manière qu'elle soit assez fraîche, en été, pour que la totalité de la crème ait le temps de monter à la surface du lait avant qu'il ne s'aigrisse, et suffisamment chaude, en hiver, pour opérer un semblable effet à peu près dans le même intervalle de temps. Il sera toujours possible, quelle que soit la demeure ordinaire du fermier, de construire une laiterie d'après ces principes.

Dans beaucoup de nos départemens, au nord et à l'ouest de la république, les laiteries sont des caves voûtées et fraîches, comme il convient qu'elles soient pour y conserver le vin : leur température, dans toutes les saisons, doit être de huit à dix degrés environ du thermomètre de Réaumur. On conçoit que ces souterrains seraient encore plus utiles dans les départemens méridionaux.

Souvent il est plus facile de construire une laiterie séparée du corps de la ferme ; mais alors il faut, autant qu'on le peut, la placer dans le voisinage d'un ruisseau d'eau courante, et la composer de petites pièces disposées les unes à côté des autres, de manière que la laiterie proprement dite se trouve située au centre.

Tout ce qui peut apporter la plus légère odeur et la moindre chaleur à la laiterie, doit en être sévèrement proscrit : il faut que les murs aient deux pieds d'épaisseur, et que la couverture soit au moins de trois pieds, en chaume ou en roseaux ; qu'elle déborde de chaque côté sur le mur : il faut de plus, ménager au dedans un tuyau de bois qui s'élève d'un ou de deux pieds au-dessus de la couverture, pour, dans certaines circonstances, opérer l'effet du ventilateur.

On doit pratiquer, à chacune des portes, des

ouvertures qui puissent se fermer au moyen d'un petit volet; on y adapte un pied de gaze et un grillage de fil de fer, très-léger, à mailles serrées, pour en interdire l'accès aux chats, aux rats, aux souris et même aux mouches; enfin ces ouvertures doivent être disposées de manière à pouvoir établir, lorsque le vent souffle, un courant d'air dans toute la laiterie, pour y conserver, autant qu'il est possible, une température uniforme dans toutes les saisons.

Autour de cette pièce, destinée à la laiterie, doivent être placées des banquettes en maçonnerie, recouvertes par des dalles de pierres bien jointes, pour éviter les cavités, et favoriser leur parfait nettoyement; le pavé sera élevé au-dessus du niveau du sol, avec de petites rigoles en pente, pour faciliter l'écoulement au dehors de l'eau des lavages, ou du lait répandu accidentellement.

Les pièces accessoires à la laiterie servent, les unes à recevoir une chaudière assez grande, destinée à laver les vaisseaux et ustensiles employés; les autres, à tenir en magasin le beurre et les autres produits du lait, et à serrer les outils inutiles pour le moment. L'intérieur des murs de ces pièces doit être enduit de chaux, ainsi que le plafond, quand elles ne sont pas voûtées.

### *Ustensiles de la laiterie.*

Après avoir fait choix d'un emplacement pour la laiterie, l'objet qui mérite le plus d'attention concerne les ustensiles : si leur propreté et leur forme sont extrêmement essentielles, leur nature ne l'est pas moins. Une fermière attentive peut bien tolérer l'usage des vases de métal pour recevoir le lait à la vacherie et pour son transport à la laiterie; mais elle ne doit jamais permettre que le lait y séjourne, sur tout quand ils sont de cuivre ou de plomb, parce que ce fluide les attaque, comme corps gras et fermentescible, et forme avec eux des combinaisons salines, lesquelles agissent ensuite à la manière des poisons.

Pour remédier à des inconvéniens de cette importance, les chimistes étaient parvenus à déterminer l'ancienne administration à proscrire les vaisseaux de cuivre pour la conservation et le transport du lait à Paris; mais les réglemens faits à ce sujet ont été éludés. Aujourd'hui l'intérêt général réclame pour qu'ils soient remis en vigueur : on attend avec grande impatience qu'une loi en ordonne l'exécution et mette fin à des abus qui subsistent depuis trop long-temps. Sans doute aussi que l'Institut national de France, occupé dans ce moment de diriger l'industrie vers les moyens de perfectionner nos poteries communes, viendra à bout de substituer au verre tendre et dissoluble qui les recouvre, une autre matière qui, n'ayant pas le plomb pour base, n'exposera plus à ces accidens dont les suites sont effrayantes.

On peut diviser en cinq classes les ustensiles nécessaires à une laiterie bien conditionnée; savoir, ceux servant,

1.º A traire les vaches;

2.º A couler, à contenir et à transporter le lait;

3.º A battre la crème et à délaiter le beurre;

4.º A saler et à fondre le beurre;

5.º A cailler le lait, et à faire les fromages.

Une description, même la plus succincte de tous ces instrumens, deviendrait ici assez inutile, parce qu'ils varient par leur nature, par leur forme et par leur nombre, à raison des habitudes et des ressources locales. Disons seulement un mot des principaux.

Les expériences que nous avons faites pour savoir jusqu'à quel point la forme et la nature des vases qui servent à contenir le lait, pouvaient influer sur la promptitude avec laquelle la crème monte à la surface et prend une consistance propre à être recueillie en totalité, nous ont appris que ceux de ces vases qui remplissent le plus complétement ce double objet, doivent être étroits dans leur fond et très-évasés à leur partie supérieure; il faut qu'ils aient environ quinze pouces par le haut, six pouces par le bas, et autant de profondeur.

Moyennant cette forme et ces proportions, peu importe qu'ils soient de faïence, de porcelaine, de bois ou de fer-blanc, vernissés ou non : le lait s'y refroidit promptement; la crème s'y rassemble en totalité à la surface, et acquiert la consistance nécessaire à sa séparation.

C'est donc un préjugé de croire que les vases de porcelaine, de faïence, ou ceux de nos poteries communes vernissées, ne soient pas propres à favoriser la séparation de la crème; ils conviendraient même infiniment mieux, à cause de la facilité de leur nettoyement : mais il faut éviter de se servir de ces derniers tant que l'art n'aura pas trouvé une couverte peu soluble, ou dont la solubilité ne communiquera point au lait un principe qui dénature sa saveur et ses propriétés. Jusque-là nous ne saurions trop recommander la préférence que méritent les terrines non vernissées, lorsqu'il s'agit de poteries communes.

Ces terrines, dont le nombre est toujours proportionné aux besoins du service journalier de la laiterie, doivent toujours être distribuées en ordre sur des banquettes de pierre, et non de bois, dans la crainte que, recevant quelques gouttes de lait, elles ne pourrissent à la longue et ne deviennent la source d'une odeur désagréable, qu'il est nécessaire d'éviter.

Après les terrines, les ustensiles qui méritent quelques observations sont ceux qu'on emploie à battre le beurre ; ils doivent être en terre

ou en bois, de capacité et de forme différentes :
le plus usité est la baratte ; vaisseau large par
le bas, étroit par le haut, ayant la figure d'un
pain de sucre dont on a fait sauter la tête. Le
second est la sérenne, ou moulin à beurre,
employé dans les grandes fabriques ; il ressemble à une futaille.

La description de ces deux instrumens et
leur figure se trouvent dans le cours complet
d'agriculture, à l'article *baratte :* nous parlerons dans la suite de l'influence qu'ils peuvent
avoir sur la préparation du beurre.

Au milieu de la laiterie doit être placée une
table de pierre, s'il est possible, avec quelques rigoles qui permettent l'écoulement de
l'eau employée à la laver et à rafraîchir le local.

### Des soins d'une laiterie.

Nous ne saurions trop insister sur la nécessité d'entretenir la propreté la plus scrupuleuse
dans une laiterie. Une fermière attentive ne
doit pas permettre aux filles de basse-cour
d'y entrer, qu'au préalable elles ne quittent
leur chaussure, et ne prennent des sabots de
rechange ou des souliers à semelles de bois,
placés exprès à la porte pour cet usage.

Quand la laiterie est placée dans un souterrain, et qu'on craint que la chaleur n'y pénètre,
on ferme les soupiraux avec des bouchons de
paille pendant la chaleur du jour ; en hiver

on empêche par le même moyen le froid d'y avoir accès.

Tous les ustensiles de la laiterie doivent être passés à l'eau bouillante de lessive, ensuite à l'eau fraîche, et frottés avec une brosse ou d'autres instrumens; puis séchés au feu ou au soleil, chaque fois qu'on s'en est servi; parce qu'une molécule de lait ancien, qui y adhérerait, deviendrait, en se décomposant, un principe invisible de fermentation, un véritable levain, qui pourrait influer désavantageusement sur la qualité du beurre et du fromage.

Comme tout l'appareil d'une laiterie consiste principalement à empêcher que le lait ne se caille et ne s'aigrisse en été avant qu'on n'en ait enlevé la crème; et, en hiver, que le froid ne soit si considérable que la préparation du beurre ne devienne très-difficile; il faut faire ensorte d'y entretenir toujours une température à peu près égale, en fermant ou en ouvrant toutes les issues, selon la saison; en éparpillant sur le carreau de l'eau fraîche à diverses reprises, ou l'échauffant par un poële et non par des terrines de feu qui exposent à des incendies.

On dit communément que les temps orageux diminuent la quantité de la crème; mais cette assertion n'est pas fondée : une trop vive chaleur change bien en un instant la consistance et la manière d'être du lait; alors, la crème qui s'y trouve disséminée n'ayant pu se ras-

sembler à la surface, une partie en reste confondue dans le caillé, auquel elle est adhérente :
mais la même quantité s'y trouve toujours;
elle n'est perdue que pour la fermière, qui,
ne connaissant pas de moyen pour la faire
séparer complétement, doit, dans ce cas, obtenir moins de beurre.

Mais avant de considérer le lait sous ses
rapports avec le commerce, présentons quelques vues sur la femelle qui fabrique ce fluide
le plus abondamment, et que nous n'entretenons souvent avec tant de soins que par rapport au bénéfice de cette production.

## ARTICLE II.

### *Des vaches laitières.*

LES veaux femelles prennent, à l'âge de dix
mois, le nom de *genisse*, celui de *vache* quand
elles ont vélé, et de *vache laitière*, lorsque le
produit du lait devient l'objet principal de leur
entretien.

Une première chose, à laquelle on doit faire
attention avant d'établir une fabrique de beurre
et de fromage, c'est le choix des vaches et la
qualité du lait qu'elles fournissent dans un
temps donné. Il en est des espèces qui, sans
exiger plus de nourriture, produisent davantage
de lait, et moins de crème et de fromage en
proportion, tandis que d'autres offrent préci-

sément le contraire ; ce qui établit ces déno-
minations de vaches laitières, vaches crèmières
ou beurrières, et vaches fromagères.

Dans le nombre des vaches les plus dignes
de nos soins, *Buffon* en indique une race tirée
du Danemarck ; devenue commune au nord
de la République, et qui a été transportée dans
les départemens de la Charente et de la Vienne.
On donne à cette vache le nom de vache flan-
drine. Voici la description qu'en fait ce célèbre
naturaliste.

« Les vaches auxquelles on donne le nom
« de vaches flandrines sont beaucoup plus
« grandes et plus maigres que les vaches com-
« munes, et donnent une fois autant de lait
« et de beurre ; elles donnent aussi des veaux
« plus grands et plus forts ; elles ont du lait
« en tout temps, et l'on peut les traire toute
« l'année, à l'exception de quatre ou cinq
« jours avant qu'elles mettent bas : mais il faut
« pour ces vaches des pâturages excellens,
« quoiqu'elles ne mangent guères plus. Elles
« sont toujours maigres ; toute la surabondance
« de leur nourriture se tourne en lait : au lieu
« que les vaches ordinaires deviennent grasses,
« et cessent de donner du lait, dès qu'elles ont
« vécu quelque temps dans des pâturages trop
« gras. Avec un taureau de cette race et des
« vaches communes on fait une autre race,
« que l'on nomme bâtarde, et qui est plus
« féconde et plus abondante en lait que la race

« commune. Ces vaches bâtardes donnent sou-
« vent deux veaux à la fois, et fournissent aussi
« du lait toute l'année : ce sont ces bonnes
« vaches à lait qui font une partie de la richesse
« de la Hollande, d'où il sort, tous les ans,
« pour des sommes considérables de beurres
« et de fromages. Ces vaches fournissent une
« ou deux fois autant de lait que les vaches
« de. France, et six fois autant que celles de
« Barbarie. »

Ce serait, sans doute, un ouvrage utile que
celui qui fixerait, par une suite d'expériences
et d'observations, les caractères certains d'après
lesquels on pourrait juger qu'une vache sera plus
ou moins bonne laitière. .On sait que ce n'est
pas toujours à la beauté et à la régularité des
formes qu'on doit s'attacher, les meilleures
vaches étant souvent les plus mal tournées et
les plus petites. Le volume de leurs mamelles
n'en constitue pas non plus la bonté, car quelquefois les pis n'ont une certaine grosseur que
parce qu'ils sont charnus. Ce n'est pas encore
à la couleur du poil qu'il faut s'en rapporter,
puisque,. dans certains cantons, les vaches
noires ont la préférence ; que, dans d'autres,
ce sont les vaches jaunes ; ailleurs, les brunes
rayées, et, que dans les meilleures vacheries,
où l'on admet ordinairement les différentes
nuances, les fermiers en général n'ont point
de prédilection pour telle ou telle couleur
exclusivement, si l'on en excepte cependant la

couleur blanche, qu'on n'aime nulle part : d'où il est naturel de conclure que les indices pris d'après la stature, la grosseur des mamelles et la couleur du poil, ne sont fondés absolument que sur des préjugés de localités. Il est cependant des qualités qui, dans les marchés, donnent aux vaches la réputation de bonnes laitières.

Ces qualités sont un beau cou, un petit fanon, la tête un peu allongée, la corne fine et pointue, l'œil vif, un poil fin, les jambes courtes et déliées, les côtes élevées et rondes, le corps gros, les reins forts, les hanches quarrées et égales, la queue haute et pendante au-dessous du jarret ; la mamelle fine, ample, bien faite, peu charnue, ni trop blanche ; la peau douce et moëlleuse ; les veines bien prononcées aux deux côtés du ventre, et faciles à sentir sous les doigts : tels sont en général les signes auxquels on reconnaît qu'une vache sera bonne laitière.

Le caractère individuel de l'animal influe beaucoup sur la nature et la quantité du produit du lait : telle vache, d'espèce semblable, en donne plus que telle autre, et même différent en qualité, quoique la vache soit nourrie avec les mêmes herbages.

A beauté égale de taille, les vaches donnent des produits différens. En général, il passe pour constant que celles qui ont des formes et des couleurs particulières, fournissent plus de lait que d'autres ; aussi les conserve-t-on avec le plus grand soin dans quelques-uns de nos départemens, où elles se vendent à des prix plus considérables. Cependant on fait encore une très-grande différence entre une bonne vache à lait, et une autre qui en donne moins; cette dernière est souvent préférée pour les fabriques, parce que son lait, quoique moins abondant, est beaucoup plus gras et, par conséquent, produit une plus grande quantité de beurre.

Il ne suffit pas d'avoir fait choix de vaches de bonne race; il y a des soins à employer pour les rendre propres à l'objet qu'on a en vue. Ils consistent principalement dans les moyens de subsistance, et dans l'attention de la leur distribuer, avec ménagement, peu et souvent : c'est une pratique qu'on ne doit jamais perdre de vue; les vaches s'en portent mieux, et fabriquent du lait meilleur et en plus grande quantité.

Le sainfoin, la luzerne et le treffle, qui composent ce qu'on nomme vulgairement *prairies artificielles*, forment, en vert ou en sec, leur nourriture la plus recherchée. Mais il existe une foule d'autres plantes dont on couvre les terrains pour ces animaux, et que l'on fauche à mesure des besoins. Dans le nombre de celles-ci plusieurs ont une influence si marquée sur la nature des produits du lait, que ceux-ci en portent le nom; telle est, par exemple, la spergule, que les Bataves et les ci-devant Belges cultivent exclusivement pour leurs vaches laitières, afin d'obtenir ce beurre dont ils font un si grand commerce, et qui est connu sous le nom de beurre de spergule.

Mais n'a-t-on pas le droit d'être révolté de ce que plusieurs cantons de la France, dont le commerce principal est en bestiaux, ne connaissent ni les prairies artificielles, ni cet art, plus intéressant encore, pratiqué avec tant de succès sur d'autres points de la République, celui de se procurer des prairies momentanées à la faveur de plantes annuelles, choisies dans la nombreuse famille des graminées et des légumineux ? Ces plantes, employées sur les jachères, contribuant à la fertilité du sol, sont encore les plus propres à soutenir, dans tous les temps, la qualité du lait et le bon état physique des animaux qui le fournissent.

Dans les pays méridionaux, où il pleut rarement, on pourrait former encore des pâturages à la faveur des irrigations; mais ce moyen est trop négligé dans un grand nombre de départemens.

A la vérité, on prétend que les anciens pâturages peuvent seuls procurer de bon beurre et d'excellent fromage; mais c'est encore là un de ces préjugés qu'il ne faut pas se lasser d'attaquer et de combattre par le raisonnement et par des faits authentiques.

Nous observerons, entr'autres, qu'*Anderson* assure avoir vu des vaches nourries à l'étable avec du treffle et du raygras, dont le beurre était d'une qualité supérieure à celui fourni en même temps par d'autres vaches de la même espèce, qui consommaient l'herbe d'un pâturage très-ancien et situé dans un bon fonds.

Il est fâcheux que jusqu'à présent on n'ait fait encore que très-incomplétement le dénombrement des plantes qui croissent dans les prairies naturelles, et de celles qui, entretenant les vaches dans un état de vigueur et de santé, contribuent le plus à rendre leur lait riche en beurre ou en fromage. Ce devrait être cependant le but de l'étude des botanistes, qui, comme l'observe le citoyen *Desmarets*, ramèneraient par là leur nomenclature à un objet véritablement utile à l'économie rurale.

Aux observations nombreuses, publiées sur la salubrité des pommes de terre considérées comme nourriture des animaux, nous nous permettrons d'en ajouter une seule, qu'il serait difficile de révoquer en doute; c'est celle des commissaires nommés par l'ancienne faculté de médecine de Paris, lorsque cette compagnie fut consultée en 1771 sur l'usage de ces racines, contre lesquelles il semblait qu'on avait formé une ligue; voici de quelle manière ils terminèrent leur rapport : « Une des principales « propriétés des pommes de terre, et qui les « rend particulièrement recommandables, est « d'améliorer le lait des vaches et d'en aug- « menter la quantité. Nous avons remarqué

« qu'elles produisaient les mêmes effets chez
« les nourrices pauvres, mal alimentées, et
« que c'était à cette cause qu'il fallait attribuer
« le changement heureux survenu dans les
« enfans. »

On a souvent mis en question, s'il était plus
avantageux de tenir les vaches à l'étable, que
de les envoyer paître ? Après avoir essayé l'une
et l'autre méthodes, sans prévention, le citoyen
*Saint-Genis* donne la préférence à la première :
il pense que la pâture sur place ne convient
que dans le cas où l'herbe est trop courte pour
pouvoir être fauchée; mais que, par tout où
l'on a des prairies artificielles sans prairies naturelles, partout où l'on est maître de distribuer économiquement les coupes, la pâture
ne mérite point la préférence.

Après le choix des alimens et les précautions
les plus salutaires pour les administrer convenablement, l'article qui contribue le plus à la
conservation des vaches, c'est la propreté. On
est affligé de cet état d'abandon où on les tient
dans certains cantons : on n'enlève leur litière
que tous les trois mois; couchées dans une
pareille fange, elles sont toujours faibles; leur
pis s'échauffe, et le lait, si susceptible de mauvaises odeurs, contracte bientôt un goût désagréable, qui passe jusques dans ses produits,
et leur donne, avant d'être préparés, une qualité
défectueuse, que la meilleure méthode ne saurait ensuite détruire entièrement.

Cette incurie, heureusement, n'est point générale : il y a en France des cantons dont les habitans connaissent tout le prix des soins qu'on donne aux vaches.  On les y éponge assez ordinairement avec un bouchon de paille, qu'on natte grossièrement.  Mais ce moyen n'est pas encore suffisant ; il serait à souhaiter qu'on se servît d'étrilles, comme pour les chevaux : une friction sèche sur la peau a le double avantage, et de mieux nettoyer le poil, et de faciliter plus puissamment la transpiration d'un animal qui, à l'étable, ne fait presqu'aucun exercice ; elle donnerait, en un mot, aux organes plus d'énergie et les disposerait à fabriquer du meilleur lait.

Les vaches tenues proprement s'en portent infiniment mieux.  Celles de la Prévalaye, par exemple, dont le beurre jouit d'une réputation si bien méritée, sont exactement soignées ; on a l'attention que leur litière soit fréquemment renouvelée : aussi remarque-t-on qu'elles sont moins sujettes aux maladies, et qu'ayant plus d'embonpoint et de vigueur, elles donnent un lait plus abondant et plus crèmeux.

Une femme attachée, par goût autant que par état, aux objets de l'économie domestique, et qui met sa gloire à ne point confier à d'autres les détails de l'administration intérieure, particulièrement de son ressort, a toujours une grande influence sur le succès d'une exploitation rurale : l'expérience prouve que, par tout où la fermière

T

veille elle-même à ses bestiaux, les vacheries ainsi que les laiteries sont dans le meilleur état, et rapportent beaucoup.

Mais les précautions les mieux observées pour se procurer des vaches de choix, pour les nourrir convenablement et les entretenir en bon état, seraient encore impuissantes si on négligeait les moyens connus pour empêcher la dégénération de l'espèce. Le laboureur, pressé ordinairement de tirer parti de ses bestiaux, fait saillir les vaches par des taureaux lâches, affaiblis ou trop jeunes : bientôt ces animaux s'épuisent ; leur accroissement, leurs forces, leur courage diminuent, et il n'en résulte qu'une progéniture imparfaite et défectueuse.

Un autre usage, encore plus abusif, est de conduire les genisses au taureau aussitôt qu'on s'aperçoit qu'elles sont en chaleur. Cependant des cultivateurs expérimentés pensent qu'il vaut mieux attendre jusqu'à deux ans, pour celles seulement destinées à devenir vaches laitières, car ce serait encore trop tôt pour les vaches qui doivent fournir de bons élèves de race ; on ne saurait trop laisser fortifier celles-ci.

Les opinions varient sur le temps de l'année le plus favorable pour mener les vaches au taureau ; assez ordinairement c'est en messidor, afin qu'elles puissent vêler au commencement de germinal. Cette méthode est, sans doute, bonne pour ceux qui ont des fabriques de beurre et de fromage, parce qu'au moment où ils s'en occupent, le lait possède, à peu près, la même qualité; mais elle ne convient pas au fermier, qui doit faire saillir successivement depuis le printemps jusqu'à l'hiver, afin d'avoir des vaches à traire pendant toute l'année, et de se procurer du lait, qui est d'un grand secours lorsqu'on a beaucoup de gens à nourrir : cette proposition est admissible, puisque les vaches entrent en chaleur dans toutes les saisons.

Lorsqu'il s'agit d'acheter des vaches, il faut s'informer de la nature des pays d'où elles sont transportées, et, quand elles viennent de loin, les soigner comme si elles étaient malades. Souvent, pour leur donner encore plus l'apparence de vaches laitières, les marchands laissent les mamelles se gorger pendant un ou deux jours, ce qui ajoute aux fatigues de la route. De plus, il faut que les vaches s'accoutument avec leurs nouveaux maîtres : changeant de société, elles changent également d'air, de sol, de nourriture et d'habitation. Il est donc prudent d'attendre qu'elles soient, pour ainsi dire, acclimatées dans leur nouvelle demeure, et familiarisées avec les personnes chargées de les soigner, avant de prononcer sur la qualité et sur l'abondance du lait qu'elles seront en état de fournir par la suite.

Il faut se persuader d'ailleurs, et l'expérience le démontre journellement, que les animaux d'élève prospèrent infiniment davantage que ceux que l'on achète au loin, et singulièrement les vaches : combien de fois, avec tous les soins de la prudence la plus éclairée, n'est-on pas trompé dans le choix de celles que l'on se procure par la voie du commerce ?

Nous ajouterons à toutes nos observations, que, quand bien même les conditions énoncées pourraient être exactement remplies, il existe des cantons où la nature du sol ne saurait produire que des pâturages peu avantageux; c'est un inconvénient local, auquel les soins les mieux entendus pour la perfection de la laiterie ne sauraient remédier. Il existe des vaches qui, quoique nourries des herbages les plus fins et les plus gras, ne donnent qu'un lait clair et séreux, tandis que d'autres de la même espèce, sur quelque pâturage que ce soit, le donnent excellent. Un fermier attentif, disposé à fonder une laiterie, doit donc avoir l'œil ouvert sur toutes ces différences : puisque le lait d'une seule vache peut améliorer et enrichir le beurre ou le fromage qui provient du lait de neuf à dix autres, il faut qu'il ait recours au mélange, entretienne dans ses étables des vaches de couleur et d'âge différens, améliore les pâturages autant que le sol, le climat et l'aspect le permettent; et si, malgré cette réunion de soins, il ne pouvait obtenir de ses vaches qu'un lait léger et peu substanciel, il ferait mieux de consacrer ce fluide à la nourriture des élèves, ou bien, s'il est voisin d'une commune très-peuplée, de l'envoyer vendre au marché, plutôt que d'en retirer un beurre ou un fromage défectueux. Ces observations s'appliquent naturellement au lait des autres femelles dont l'examen nous a précédemment occupés.

Quand on pense que la richesse d'une famille entière consiste souvent dans une seule vache; qu'une jeune villageoise qui entre en ménage sans en avoir eu une pour dot, en fait le principal objet de son ambition et le premier fruit de ses épargnes, il n'est pas possible d'être indifférent sur la recherche des moyens d'avoir en France des races de vaches plus belles et d'un meilleur rapport qu'elles ne le sont, puisque ce serait doubler la fortune du pauvre et augmenter nos ressources industrielles et commerciales.

Mais comment opérer l'amélioration générale de nos bêtes à cornes ? Ce ne peut être qu'en substituant à nos espèces médiocres les meilleures races étrangères, et en établissant dans chaque département une vacherie nationale. Il conviendrait qu'elle fût placée dans des bas-fonds dont l'herbage fût abondant et de la meilleure qualité. Dans beaucoup de pays, et particulièrement en Helvétie, c'est aux hommes que ce gouvernement est confié. Les ana-baptistes se sont particulièrement appliqués à ce genre d'industrie. On pourrait, parmi nous,

en charger une femme intelligente, qui, ayant
sous sa surveillance la manutention des laitages,
enseignerait à faire de bons beurres, et des
fromages dans les qualités les plus avantageuses
au transport et au commerce.

Ce nouveau genre de manufacture serait
aussi profitable à l'établissement qu'au pays
dans le voisinage duquel il serait formé, à
cause de l'exemple de l'instruction qu'on pourrait en tirer. Cette vue simple et utile a été
indiquée par *Limezy*, dans ses mémoires sur
les bêtes à laine, publiés avec ceux de la ci-
devant société d'agriculture de Rouen, dont
nous ne saurions assez recommander la lecture
aux membres des sociétés libres d'agriculture,
qui se forment sur tous les points de la République.

Ne cessons pas de répéter que les avantages
nombreux qu'on peut espérer de l'éducation
perfectionnée des vaches laitières, dépendent
absolument des soins éclairés qu'on prendra
de ces animaux; plus on multipliera ces soins,
plus les bénéfices seront assurés et considérables : c'est une vérité démontrée par l'expérience de tous les temps et de tous les lieux.

Il est des attentions générales à avoir pour
les vaches qui arrivent; il en est pour la nourriture, pour la boisson, pour le pansement,
pour la disposition et l'entretien des étables,
pour toutes les circonstances où elles se trouvent. Ces détails sont consignés dans une

instruction sur la manière de conduire et de gouverner les vaches laitières, rédigée par les citoyens *Chabert* et *Huzard.* Il suffit de nommer les auteurs de cet excellent ouvrage, pour inspirer le désir de le consulter et faire concevoir la certitude d'en tirer du fruit.

## ARTICLE III.

### *Des traites.*

IL serait difficile, pour ne pas dire impossible, de fixer ici, d'une manière incontestable, la quantité de lait qu'une vache peut fournir par jour, puisqu'on sait qu'elle en rend plus ou moins, selon l'âge, l'espèce, la saison, le climat, la nourriture et son état physique ; les unes le donnent bon toute l'année, à l'exception de la décade qui précède et qui suit le vêlage, tandis que d'autres, quoique soignées de la même manière, tarissent dès le septième mois de leur gestation.

Le nombre des traites influe encore sur la quantité du lait ; il est prouvé, d'après une suite d'expériences que nous avons entreprises dans la vue de découvrir jusqu'à quel point ce fluide se modifie pendant son séjour dans les mamelles, que, plus on répète les traites dans les 24 heures, plus le lait est abondant et séreux, et *vice versâ.*

Enfin, le trop grand chaud, comme le trop grand froid, exercent aussi leur influence sur la proportion et la qualité du lait; il arrive souvent que, dans une étable habitée par vingt vaches, il y a une différence de cinq à six pots en plus ou en moins, sans avoir rien changé au régime, sans qu'il soit possible d'en deviner la raison; mais, ce qu'on peut établir de positif, c'est que, plus une femelle fournit de lait, moins il est riche en principes.

Sans doute il est de l'intérêt du fermier de se défaire des vaches qui, bien gouvernées, cessent de donner du lait quatre ou cinq mois avant de mettre bas, parce que ce produit non interrompu entre pour beaucoup dans la raison de garder ces animaux, et que ce serait trop long-temps nourrir une bête sans rapport; d'ailleurs de pareilles vaches ne seront jamais bonnes laitières. A la vérité, on s'exposerait à un autre inconvénient si on continuait de traire celles qui produisent d'excellent lait, jusqu'à l'instant où elles vêlent, car on préjudicierait nécessairement au développement de leur fœtus, quand il s'agit sur tout d'en tirer race.

Nous ferons remarquer en passant que, dans ce cas, on ne s'assure pas assez de la quantité de lait qu'on abandonne aux veaux; que, faute de cette attention, on n'a que des élèves maigres, qui croissent difficilement et restent toujours faibles.

Quand les vaches ne tarissent pas d'elles-mêmes, il convient de discontinuer de les traire trente à quarante jours avant le vélage, et, pour ne pas se tromper sur cet instant, il faut inscrire, sur un registre particulier, le jour où on les a fait saillir; moyennant cette attention, que dicte la prudence, on connaît précisément l'époque où elles doivent mettre bas. On est alors sur ses gardes pour la surveillance qu'elles exigent avant et après la délivrance.

Dans les environs de Paris, l'usage est d'empêcher les veaux de traire leurs mères, parce que le lait est destiné pour le commerce; on se borne à leur abandonner celui qui résulte des premiers jours du vélage : mais il faut qu'alors les traites aient lieu comme à l'ordinaire, et même plus fréquemment; les conduits lactifères s'ouvrent peu à peu par ce moyen, rendent plus facile la secrétion du lait dans les mamelles, et préviennent les engorgemens durs, indolens, auxquels sont sujets les pis, quand le lait y séjourne trop long-temps.

Ces observations peuvent s'appliquer aux nourrices; si elles sont trop long-temps à donner le teton à l'enfant après l'accouchement, le lait, ainsi que plusieurs expériences le prouvent, abandonne les mamelles. Il faut donc ne pas différer d'allaiter, pour augmenter la quantité de lait, prévenir les engorgemens, les inflammations, les crevasses, qui souvent ont lieu faute de cette précaution, et occasionnent des désordres incalculables.

Dans une dissertation déjà citée, *Young* rapporte que, dans les hôpitaux destinés à recevoir les femmes enceintes, on met l'enfant à la mamelle vingt-quatre heures après la délivrance, et que, sur mille quatre cents accouchées, il y en a à peine deux qui aient mal au sein; mais que, si les nourrices différent quatre jours à donner à teter, elles sont très-sujettes aux accidens. Peut-être serait-il nécessaire de bassiner le bout du teton quelques jours avant l'accouchement, afin d'ouvrir plus à propos l'orifice des conduits lactifères.

La vache se laisse traire facilement, et continue, en l'absence du veau, à donner du lait aussi long-temps que lorsqu'on permet à celui-ci de l'approcher à volonté. Il n'en est pas ainsi des autres femelles qui ne sont pas de la classe des ruminans; on sait qu'en général elles perdent bientôt lenr lait, si on les sépare de leurs nourrissons, et qu'il est infiniment plus difficile de les traire.

Pour accoutumer insensiblement les vaches à se laisser toucher, il convient de manier quelquefois le pis des genisses pendant leur première gestation, parce qu'il y en a qui sont tellement chatouilleuses qu'on ne saurait les traire, ensorte qu'au moment où elles mettent bas on ne peut en approcher : elles ont alors une surabondance de lait qui produit de l'enflure aux mamelles, et d'autres accidens, qu'on évite en les rendant d'avance familières. Mais s'il n'est pas possible d'en venir à bout, le seul parti à prendre est de s'en défaire promptement :

envain on compterait sur une vache revêche et sans douceur, elle ne rapporterait jamais un grand profit à la ferme.

Pendant quelque temps le lait, quoique réunissant toutes ses qualités, quatre à cinq jours après le part, conserve un caractère plus ou moins séreux, sur tout lorsqu'on rapproche les traites. Dans plusieurs de nos départemens de l'ouest, par exemple, on trait les vaches trois fois par jour, depuis l'instant où elles mettent bas, jusqu'à l'époque où on les conduit au taureau; tout le reste de l'année on ne les trait que deux fois : ailleurs on les trait constamment trois fois en eté, et deux fois seulement en hiver.

Le nombre des traites devrait toujours être réglé sur la saison et sur l'usage auquel on destine le lait. Quand il s'agit de le vendre en nature, l'intérêt est de viser à l'abondance, et alors on ne saurait trop souvent répéter les traites, sur tout pendant les vives chaleurs : mais, lorsque le produit est destiné aux fabriques de beurre ou de fromage, il faut adopter et suivre une méthode contraire.

Communément on trait les vaches deux fois le jour, le matin à cinq heures et le soir à la même heure. Cette méthode, indiquée par la nature, est adoptée pour la chèvre et pour la brebis, dont le lait sert en France aux mêmes usages. Dans un intervalle de douze heures le lait a eu le temps d'arriver aux mamelles et de s'y perfectionner; mais on remarque que celui du matin a plus de qualité, parce que, vraisemblablement, l'animal a été moins tourmenté pendant la nuit par la chaleur, par les insectes, et que le sommeil donne à ses organes plus de moyens pour élaborer le lait.

Après nous être assurés par des expériences sans nombre que le lait d'une même traite, divisée en plusieurs parties, présentait dans toutes les saisons, et chez toutes les femelles mammifères, des différences notables dans la qualité et dans les proportions des produits; que le lait le premier tiré était constamment le plus séreux, tandis que le dernier se rapprochait beaucoup de l'état de la crème; au lieu de tirer à la fois les quatre trayons de la vache, nous avons séparé le lait de chaque trayon, pour l'examiner dans le même ordre et de la même manière: il a fourni des résultats entièrement semblables, c'est-à-dire, que le vase du n.° 3, qui contenait la dernière portion de la traite, avait trois fois plus de crème que le n.° 1, et que le beurre s'y trouvait encore dans une plus grande quantité.

Un autre phénomène, qui nous a également frappés, c'est qu'en comparant le lait de chaque trayon tiré à part, nous avons remarqué qu'il existait encore des différences sensibles dans la qualité et dans les proportions des parties constituantes, au point de faire croire que ce fluide provenait de quatre vaches particulières.

Ces expériences, que, sur notre invitation, le citoyen *Saint-Genis* a bien voulu répéter, prouvent suffisamment que les mamelles ne sauraient être comparées à un vase; qu'elles forment une réunion de glandes spongieuses, flexibles, percées de toutes parts, et que chaque molécule de lait se trouve renfermée en quelque sorte dans sa cellule particulière; que les trayons sont indépendans les uns des autres; qu'ils ont leurs vaisseaux correspondans, et un foyer particulier de lactation.

Nous avons encore observé qu'en général les deux trayons de derrière donnent proportionnellement un peu plus de lait, et que ce lait est plus gras : à la vérité, nous n'oserions pas assurer que dans toutes les femelles les trayons placés de ce côté fournissent constamment du lait plus abondant et de meilleure qualité ; mais, le citoyen *Saint-Genis* et nous, nous avons fait la même remarque sur les vaches qui étaient à notre disposition.

Quel que soit le nombre des traites qu'il est avantageux de faire sans nuire à la constitution physique de la femelle, il est plus essentiel qu'on ne pense ordinairement, de faire choix de personnes intelligentes, sur l'exactitude desquelles on puisse compter pour cette opération ; car, si la traite n'est pas exécutée avec soin, non-seulement le lait diminue, mais même encore il perd sa qualité : par exemple, si on ne le tire pas jusqu'à la dernière goutte, le lait qui reste dans le pis est précisément ce qu'il y a de plus crèmeux ; d'où il suit une perte considérable pour le propriétaire, et souvent du danger pour l'animal.

Une fermière, instruite de l'utilité des précautions employées pour la traite des vaches, doit se charger de donner à cet égard les premières leçons à la fille de basse-cour à laquelle elle confie ce soin : elle doit exiger d'elle, avant de procéder à la traite, de se laver les mains ; d'éponger le pis et les trayons avec de l'eau froide, pour les raffermir, et non avec de l'eau chaude, comme on l'a recommandé ; d'être sur elle d'une très-grande propreté ; de conduire doucement la main depuis le haut du pis jusqu'en bas sans interruption ; de tirer alternativement les deux mamelons du même côté et les deux du côté opposé ; de changer d'instant à autre, et d'obtenir exactement la totalité du lait.

A mesure que le seau est rempli aux trois quarts, la trayeuse doit passer le lait à travers un couloir, un tamis ou un linge, pour en séparer exactement tous les corps étrangers, qui, restés dans ce fluide, ne pourraient que détériorer la qualité des produits. Après ce soin, que commande la propreté, la fille doit verser aussitôt le lait dans des terrines rangées sur les banquettes de pierre qui forment le contour de la laiterie ; c'est là où il doit se refroidir.

Un autre soin, que la maîtresse ne peut se dispenser de prendre elle-même, c'est de constater de temps en temps en sa présence la qualité du lait de la traite de chaque vache, car il peut devenir inférieur sans que la femelle soit malade; et lorsque, dans un troupeau de vaches, il y en a une en chaleur, on doit recommander sur tout qu'elle soit traite à part, et que son lait ne soit pas mélangé avec celui des autres vaches, parce qu'il ne saurait être employé qu'à certains usages économiques. Il y aurait même quelquefois de la prudence à séparer constamment la première tasse de lait tiré, parce qu'indépendamment de son caractère naturellement séreux, il communique souvent à la totalité une saveur désagréable, qui disparaît à mesure que l'on tire la vache.

Dans ses observations sur l'art de faire le beurre, Madame *Anderson* donne le conseil de séparer le lait d'une traite en deux portions, persuadée, d'après quelques essais que nous avons confirmés, que la première a infiniment moins de qualité que la seconde, et qu'il pourrait arriver que le goût désagréable qu'on remarque dans le lait des vaches nourries avec des navets, des choux et quelques autres plantes de la famille des crucifères, devînt moins sensible à mesure qu'on approche de la fin de la traite. D'où l'on peut conclure que, sans changer de manipulation, il serait possible d'obtenir différentes qualités de beurre et de fromage, en se bornant simplement à faire différentes séparations du lait provenant de la même traite.

L'opération de traire demande donc, nous le répétons, une attention particulière de la part de celle qui en est chargée : l'animal, étant brusqué, devient indocile, revêche et donne moins de lait ; la compression trop forte du pis est souvent la cause qu'une vache finit par se dessécher, quelquefois même par être exposée à perdre un ou deux de ses mamelons. L'abondance et la qualité du lait dépendent, en un mot, autant des soins que nous avons recommandés, que de la douceur de caractère de la trayeuse.

Les propriétaires qui ne voient rien, ou qui s'en rapportent trop aveuglément à ceux à qui ils confient le soin des étables et de la laiterie, se plaignent souvent du peu de produit de l'animal, et le condamnent à être vendu à la foire, tandis que le vice réel provient presque toujours de la négligence, de la mal-adresse, de la brusquerie du vacher ou de la trayeuse.

Qu'ils soient donc bien convaincus qu'un des moyens les plus efficaces d'augmenter la quantité et la qualité du lait consiste à nourrir convenablement les femelles avec les fourrages qu'elles appètent le mieux, à les tenir dans des étables bien propres, à renouveler fréquemment leur litière, à ne les traire qu'à des heures réglées et sans les fatiguer, à se procurer sur tout de bonnes races, qui ne coûtent pas plus de soins, de temps et de subsistance que les espèces chétives et rabougries.

## A R T I C L E   I V.

### *Commerce du lait.*

ENTRE les boissons alimentaires les plus accréditées, le lait doit occuper une des premières places. Il suffit seul à la nourriture des nouveau-nés, et, quoiqu'il semble n'avoir été préparé qu'en leur faveur, ce fluide sert beaucoup aussi aux adultes : on pourrait même présumer que, vu l'abondance et la facilité avec lesquelles les vaches, par exemple, donnent le leur, ces femelles ont été particulièrement destinées par la nature à procurer à l'espèce humaine cette ressource agréable et salutaire; ce sont elles qui fournissent presque toutes les laiteries.

Dans les endroits où les vaches parquent, il est singulier de voir l'empressement avec lequel elles se présentent, chacune à leur tour, à la fille chargée de les traire, comme pour se débarrasser d'un poids qui les fatigue, et payer en même temps le prix des soins qu'on leur prodigue.

Pourquoi, dans nos besoins les plus urgens, ne profiterions-nous pas de ce secours qui nous est si généreusement offert, et, pourquoi ne pas employer, à l'imitation des habitans des pays du Nord, le lait des animaux dans une foule de circonstances où celui de femme est insuffisant, ou peu propre à l'allaitement ? On ne lit pas sans attendrissement le trait de cette chèvre qui quittait le troupeau trois fois par jour, et accourait d'une lieue au berceau d'un enfant pour le nourrir de son lait. Mais il ne doit être question ici que du lait et de ses produits considérés sous les rapports du commerce.

Le lait en nature est d'un débit assez considérable dans les grandes communes, sur tout depuis l'époque où l'usage du caffé et du chocolat a été introduit en Europe, et qu'ils sont devenus en France le déjeuné favori des deux sexes de tout âge et de tout état.

Le prix du lait varie dans le commerce autant que la capacité des mesures sous la dénomination desquelles on le vend à Paris. La pinte de lait équivaut au double de la pinte de vin, et pèse par conséquent un peu plus que quatre livres ; ce qui suffit pour démontrer l'importance du travail dont s'occupe l'Institut, et qui va mettre un terme à cette diversité de poids et de mesures qui a servi pendant des temps infinis à tromper la bonne foi.

Le meilleur lait n'est ni trop clair ni trop épais ; il doit être d'un blanc mat, d'une saveur douce et agréable. Mais il n'a réellement toute sa perfection que quand la femelle a atteint l'âge convenable : trop jeune, elle fournit un lait séreux ; trop vieille, il est sec. Celui qui provient d'une vache en chaleur, ou de celle qui approche de l'époque du vêlage ou qui a mis bas depuis peu de temps, est inférieur en qualité.

On a remarqué encore qu'il faut qu'elle ait eu trois portées pour que ses organes soient en état de préparer le meilleur lait, et continuent de le fournir de bonne qualité, jusqu'au moment où, la femelle passant à la graisse, la lactation diminue et cesse absolument.

Cependant ces règles ne sont pas tellement générales qu'elles ne soient soumises à quelques exceptions : on sait, par exemple, qu'il y a des vaches dont le lait est excellent pendant toute l'année, hormis les quatre ou cinq jours qui précèdent et qui suivent le part; tandis que d'autres, au contraire, toutes circonstances égales d'ailleurs, exigent l'intervalle de trois ou quatre décades avant que leur lait ne réunisse les qualités qu'il doit avoir par rapport à l'emploi qu'on veut en faire.

Quelques auteurs ont néanmoins avancé, vaguement à la vérité, qu'il ne fallait se servir du lait de vache que deux mois après le part, parce que dans cet intervalle on ne pouvait en retirer ni beurre ni fromage. Combien ils se sont trompés ! puisqu'il est prouvé d'après nos expériences, que, quatre jours après avoir mis bas, les vaches bonnes laitières en fournissent de très-savoureux, également propre à donner du beurre et du fromage, quoique d'une qualité inférieure à celle que possèdent ces produits au troisième mois du vêlage, car c'est ordinairement l'époque où le lait est riche en crème : aussi l'abandonne-t-on volontiers aux jeunes genisses dans les cantons où l'on fait des élèves, après toutefois en avoir retiré le beurre.

Pour juger que le lait d'une vache qui a récemment vêlé peut entrer dans le commerce, les laitières l'essayent sur le feu : s'il résiste à l'ébullition sans se coaguler, elles le mêlent au lait en vente. Cependant on conçoit que cette propriété de se coaguler au premier bouillon subsiste à raison de la saison et du caractère de l'individu. Aussi une vache qui aurait fait son veau en messidor, pourrait fort bien demander sept à huit jours pour donner à son lait la faculté de braver l'ébullition, tandis qu'en germinal, dès le quatrième jour, il pourrait, sans inconvénient, souffrir toutes les expériences et fournir à tous les besoins. Mais venons au commerce du lait.

Il n'est pas douteux que, comme beaucoup d'autres alimens et boissons, le lait n'ait aussi exercé la cupidité, et qu'il ne se glisse quelques fraudes dans son commerce ; cependant il y a lieu de croire qu'on en a exagéré le nombre, car la plupart sont impraticables. D'ailleurs rien n'est plus facile que de les découvrir, à la faveur d'organes exercés, et de certaines épreuves capables de mettre le consommateur à portée de juger sur-le-champ, par lui-même, si le lait qu'il a acheté possède véritablement les conditions requises, ou s'il a été sophistiqué.

Si un buveur d'eau sait distinguer parfaitement une eau de rivière et une eau de puits; une eau qui roule sur du gravier, sur du sable, ou celle qui passe sur de la glaise ou du limon; enfin, une eau filtrée et celle qui ne l'est pas, il existe également des palais doués d'un sentiment assez exquis pour saisir tout d'un coup, non-seulement les différens laits entr'eux, mais encore les nuances qui caractérisent chacun en particulier, le lait trait de la veille ou du jour, le lait écrémé ou non, celui qui a été exposé au feu ou qu'on a allongé par de l'eau ou des décoctions mucilagineuses.

Mais une foule de circonstances peuvent, sans altérer le lait, influer sur sa saveur; nous en avons déjà cité quelques exemples : la transition subite du sec au vert se manifeste quelquefois au point que le lait contracte souvent ce qu'on appelle le goût de fourrage, goût fort désagréable dans certains cantons où les herbages ont peu de qualité. Il faut donc distinguer ces causes d'avec celles qui résultent de l'infidélité.

Quel que soit l'attrait du lait chaud, on ne peut douter qu'il n'ait une saveur plus douce et plus agréable quand il est entièrement refroidi. Au sortir du pis de la femelle, ce fluide a encore le gaz de la vie, cette émanation animale qu'on caractérise si bien en disant, le lait a le goût de la vache. On observe encore que celui provenant d'une vache nouvellement pleine est plus riche en crème que celui des mêmes femelles qui ne sont pas dans ce cas; que le lait est d'autant moins gras et plus abondant que les traites se trouvent plus rapprochées, et que la saison permet aux animaux d'aller au pâturage.

Cependant l'opinion générale est que le lait a plus de qualité l'été que l'hiver; mais il faut s'entendre sur ce point. L'expérience démontre que, quand les femelles commencent à manger des herbages, ce fluide augmente sensiblement de saveur, et qu'il diminue en même temps de consistance. Cependant cette diminution ne s'étend point sur toutes les parties constituantes du lait, car, lorsque les herbages sont remplacés par le fourrage sec, ou qu'on y ajoute de la paille d'avoine ou d'orge; des racines potagères, crues ou cuites, avec un boisseau de son par jour; le beurre et le fromage, pendant l'hiver, n'en ont pas moins de qualité, ils sont même plus abondans. C'est ce que savent très-bien les nourrisseurs de vaches, qui ont grand soin de ne pas économiser sur la nourriture pendant la morte saison, afin d'obtenir beaucoup de crème et moins de lait, vu que le prix de l'une est beaucoup plus considérable que celui de l'autre.

La plus grande quantité de lait qu'une vache puisse fournir dans la saison du vert, est évaluée, d'après une suite d'expériences, à douze pintes, ou quarante-huit livres environ, dans les deux ou trois traites ; mais le produit commun est de six pintes, ou de vingt-quatre livres.

Il paraît donc bien constaté que, pendant l'été, les vaches, soit à l'étable, soit au pâturage, fournissent plus de lait ; que ce lait est plus savoureux ; tandis qu'en hiver elles donnent un lait plus crèmeux, et plus riche, par conséquent, en beurre. L'animalisation fabrique donc plus de sucre ou sel essentiel de lait en été, et davantage de beurre en automne : aussi est-ce à cette époque que le beurre de la Prévalaye a le plus de qualité.

Comme le lait pur ne forme aucun dépôt au fond du vase qui le contient, on peut soupçonner qu'il est mélangé quand il a ce défaut. Pour s'en assurer, il ne s'agit que de soumettre le dépôt à quelques expériences ; car, si c'est de la farine, elle formera, au moyen de la cuisson, une bouillie, tandis qu'on aura une gelée, si c'est de la fécule ou amidon ; enfin, en supposant qu'on se permette d'y introduire de la marne ou du plâtre, l'indissolubilité de ces matières donnera bientôt aussi le moyen d'en établir le caractère et de dévoiler la fraude.

On dit encore, et on répète, que le lait qui se vend à Paris est entièrement écrèmé ; mais cela ne paraît pas vraisemblable. Il faut d'abord faire attention que le lait du commerce est ordinairement composé de la traite du soir et de celle du matin. La première, pendant douze heures qu'elle a séjourné à la laiterie, a eu le temps de se couvrir de crème, et de pouvoir en être séparée ; la seconde, au contraire, est mêlée avec le lait de la veille, presqu'aussitôt qu'on l'a tirée. Ainsi le lait qu'on vend à Paris doit contenir au moins la moitié de la crème que la vache a fabriquée.

Sans doute il serait possible que le lait qu'on apporte des communes circonvoisines de Paris pendant l'hiver, fût précisément celui des deux traites de la veille, qu'on aurait eu le temps d'écrèmer. Mais, outre que l'absence de la crème deviendrait facile à saisir par la dégustation, on pourrait encore la constater, en mettant un pareil lait dans un vaisseau étroit et cylindrique, à une température de dix à douze degrés : l'épaisseur de la couche crèmeuse à la surface suffirait pour faire juger de la présence de la crème, et de la quantité qui s'y en trouve.

On sait que, quand le temps est orageux, le lait ne donne pas de crème, ou fort peu, et ce qu'on en retire du soir au lendemain n'acquiert presque point de consistance ; les laitières sont même dans l'habitude d'exposer cette crème, dans une cuiller, au-dessus de la lumière d'une chandelle, pour voir si elle souffre le bouillon sans tourner.

Convenons cependant qu'on peut augmenter la quantité du lait en y ajoutant de l'eau,

sans que l'intensité de sa couleur soit sensiblement diminuée; mais cette fraude, la plus
commune que se permettent quelquefois les
laitières, ne saurait guère être découverte que
par les sens. On a bien proposé l'emploi du
pèse-liqueur et de la balance hydrostatique,
pour s'en assurer d'une manière plus certaine ;
mais ces instrumens demandent une sorte
d'exercice pour être maniés. D'ailleurs ils sont
insuffisans pour faire connaître dans quelle proportion l'eau se trouve mélangée, attendu que
le lait varie à la journée de pesanteur spécifique.

Mais il arrive souvent que, malgré toutes
les précautions observées dans les laiteries, le
lait a reçu, même dans le pis de l'animal, une
si grande disposition à s'altérer, qu'en le mettant sur le feu immédiatement après la traite,
il ne saurait braver le degré de chaleur de
l'ébullition, sans se coaguler, notamment pendant les jours caniculaires. Cette circonstance
a donné lieu à quelques recherches.

Plusieurs auteurs ont prétendu que, s'il existait certaines substances qui, mêlées au lait,
hâtaient sa coagulation, il devait y en avoir
d'autres propres à en devenir le condiment. Ils
ont attribué, par exemple, cette propriété à la
lessive de potasse et à l'eau de savon. Mais, quelle
que soit la dose qu'on en emploie, ces moyens
sont insuffisans, et ne peuvent que concourir
à le détériorer. Une propriété semblable, attribuée aux eaux minérales, est encore dénuée

de fondement. On ne connaît aucune matière qui, étant mêlée en petite quantité au lait, puisse, sans nuire à sa saveur agréable et à ses effets, suspendre un certain temps sa tendance naturelle à une prompte altération. On sait que le chocolat, le thé et le café, dont le lait est le véhicule, retardent sa coagulation.

Quand les laitières manquent de caves bien conditionnées pour conserver leur lait en bon état pendant vingt-quatre heures, ne vaut-il pas mieux leur conseiller de plonger dans un bain d'eau froide le vase où se trouve le lait, de couvrir ce vase d'un linge mouillé, ou bien d'imiter celles qui le font bouillir préalablement à la vente, plutôt que de leur offrir une foule de moyens, prétendus efficaces, souvent impraticables, pour perfectionner et conserver les alimens, les boissons et les assaisonnemens?

C'est encore à regret que nous avons acquis la preuve que le sucre, qui sert de condiment à tant d'autres liquides, très-susceptibles de s'altérer, employé dans la proportion de deux parties sur une de lait, produit l'effet coagulant. Nous nous étions flattés qu'il pourrait le rendre propre à braver les voyages de long cours, et offrir une ressource de plus aux navigateurs. Nous avons bien observé que, dans ce cas, le sucre, dissous à froid, n'opérait point d'abord de décomposition, et que, par conséquent, on pourrait donner au lait la consistance de syrop: mais on sait aussi en pharmacie que les syrops, préparés sans le concours de la chaleur, ne sont pas de garde.

D'après la propriété coagulante du sucre employé à chaud et à grande dose dans le lait, il est facile de juger combien peu sont fondés les soupçons de ceux qui prétendent que nos confiseurs se servent de ce fluide pour faire l'orgeat, au lieu de le préparer avec des amandes. C'est ainsi que beaucoup d'autres inculpations n'ont pas plus de fondement; la plupart prennent leur source dans l'imagination : mais, heureusement, elles sont bientôt détruites, lorsqu'on a recours à l'expérience.

Placé à la proximité d'une grande commune, on ne doit songer à aucun autre profit des vaches qu'à celui qui résulte de la vente de leur lait en nature. Mais il n'en est pas de même des habitans qui avoisinent les bons pâturages : au lieu de se défaire ainsi du lait, leur intérêt exige de recourir à des opérations qui le convertissent en beurre et en fromage. Il nous paraît donc indispensable de décrire les procédés en grand qui sont l'objet de ces fabriques, sans cependant nous livrer à certains détails de manipulation qui grossiraient inutilement cet ouvrage.

## ARTICLE V.

### *Des fabriques de beurre.*

On a prétendu que les anciens ignoraient l'art de faire le beurre; mais *Pline* en dit assez pour prouver que cet art était connu de temps immémorial, car, après avoir donné une description exacte de la baratte, ce naturaliste ajoute que pendant l'hiver il fallait employer le concours de la chaleur pour accélérer la séparation du beurre d'avec la crème, et que le beurre du lait de brebis était plus gras que le beurre des laits de vache et de chèvre. Les auteurs auraient été plus fondés à avancer que l'usage du beurre était presqu'inconnu parmi les habitans du Midi, parce que l'huile en tenait lieu.

Mais il nous importe peu de savoir de quelle manière l'usage du beurre nous a été transmis, pourvu qu'on le prépare convenablement par tout, et qu'il devienne l'objet d'un commerce qui n'a été que trop long-temps négligé en France. Il faut, pour le bien faire, adopter la méthode suivie au ci-devant pays de Bray; elle peut servir de modèle dans toute la République : c'est *Jore*, secrétaire de l'ancienne société d'agriculture de Rouen, qui l'a publiée, en 1763, dans le recueil des mémoires de cette société.

Nous avons déjà fait sentir la nécessité de s'arranger de manière à ce que la plupart des vaches missent bas au commencement du printemps, parce qu'alors elles fournissaient beaucoup de lait pendant l'été, et que ce lait avait le temps de se perfectionner insensiblement jusqu'en automne, saison que l'on préfère ordinairement, et avec raison, pour préparer le beurre.

Quoique les instrumens dont on se sert pour procéder à cette opération soient d'une grande simplicité, il ne paraît pas qu'ils aient encore atteint leur perfection. Ce qui le prouverait, ce sont les plaintes que font à cet égard les habitans des campagnes, et tous les contes qu'ils débitent journellement pour rendre raison des défauts de succès qu'ils éprouvent souvent dans ce travail.

Sans adopter, à cet égard, toutes leurs conjectures, nous avons cherché à nous assurer si la manière d'imprimer le mouvement à la crème, pouvait influer sur la plus ou moins prompte séparation du beurre. Pour cet effet nous nous sommes servis de mortiers de différente nature, dans lesquels nous avons trituré de la crème pendant plus de quatre heures, sans qu'elle changeât d'état, et nous avons eu occasion d'observer que le liquide, loin de s'épaissir à mesure que le moment de la désunion approchait, conservait toujours le même degré de fluidité; mais, ayant été introduit dans une bouteille cylindrique, le beurre s'est manifesté après un quart d'heure d'agitation.

Cette circonstance, ajoutée à beaucoup d'autres, suffit pour démontrer que la manière d'appliquer le mouvement à la crème n'est pas une chose tout-à-fait indifférente à la séparation et à la qualité du beurre ; elle explique en même temps pourquoi certains bras sont plus habiles que d'autres à ce travail. En général on peut établir que, quelles que soient la forme et la capacité du vaisseau employé, il faut que ce vaisseau ne soit rempli qu'à moitié, et que la crème, enlevée par lames, puisse retomber vivement, successivement et sans interruption, jusqu'à ce que l'opération soit terminée.

Après avoir réfléchi sur ce qui se passe physiquement et mécaniquement dans la conversion de la crème en beurre, le citoyen *Saint-Genis* fait lever la crème à l'ordinaire, la met dans une grande terrine ou dans un baquet; ensuite, avec une poignée de verges faites d'un bois quelconque, pourvu qu'il soit propre, on fouette la crème jusqu'à ce qu'elle se transforme en beurre : c'est l'affaire d'une demi-heure quand il fait froid, et de dix à douze minutes en été.

La méthode qu'on suit en Silésie, consiste à mettre la crème dans un grand vase, et à l'agiter entre les mains jusqu'à ce qu'elle soit convertie en beurre, ce qu'on obtient ordinairement en très-peu de temps.

Dans les Indes on se sert du premier pot qui se trouve sous la main, pour battre le beurre.

On fend un bâton en quatre; on l'étend à proportion du pot qui contient le lait; ensuite on tourne ce bâton en divers sens, au moyen d'une corde qui y est attachée; et au bout de quelque temps le beurre se trouve fait.

Mais, quelle que soit la manière dont on procède à la butirisation, quelle que soit l'espèce de lait qui en est l'objet, il faut toujours employer, dans les fabriques en grand, trois opérations essentielles, facilement praticables par tout; elles consistent:

1.º A écrèmer le lait;

2.º A battre la crème;

3.º A délaiter le beurre.

Ces différentes manipulations, ainsi nommées dans les laiteries, influent tellement sur la nature du résultat, qu'il est facile de juger, à la qualité du beurre et à la durée de sa conservation, si elles ont été complétement mises en pratique ou négligées dans quelques points.

### Écrèmage du lait.

On sait que la crème contient tous les principes du lait, et qu'on ne parvient à en séparer du beurre, que par le moyen de la simple agitation du fluide dans lequel il se trouve interposé.

Mais il y a un instant à saisir pour enlever la crème de dessus le lait : la sépare-t-on trop tôt, on en perd beaucoup, qui reste confondu dans le lait; trop tard, au contraire, elle acquiert un goût fort. Si, en appuyant du bout du doigt sur la liqueur, on le retire sans empreinte de lait, on peut alors l'écrèmer. C'est assez ordinairement l'affaire de vingt-quatre heures, dans une température de dix à douze degrés. Souvent, quand il fait excessivement chaud, la crème monte dans un laps de temps moins considérable, et, si l'on attendait plus de douze heures pour en opérer la séparation, non-seulement on éprouverait du déchet, mais le beurre ne réunirait pas autant de qualités, car c'est une vérité que la crème donne en général un beurre d'autant moins fin et délicat qu'elle a été levée sur un lait plus ancien. Ainsi l'intervalle le plus ordinaire qu'on met entre la traite et l'écrèmage du lait, est de douze heures en été et de vingt-quatre heures en hiver.

On a avancé que la crème d'un lait encore doux rendait une beaucoup plus grande quantité de beurre. Les auteurs d'une pareille assertion avaient probablement en vue de déterminer les fermières à préférer cette méthode en parlant ainsi à leurs intérêts. Le fait est que, par ce moyen, le beurre a la finesse et le goût qui assurent sa réputation et l'élèvent à un plus haut prix dans la vente.

Dès que le lait a séjourné vingt-quatre ou trente-six heures au plus dans la laiterie, il faut donc songer à l'écrèmer : on y procède de deux manières : la première consiste à lever doucement la terrine, à déchirer la pellicule crèmeuse qui recouvre sa surface; alors le lait qui se trouve dessous s'échappe par cette ouverture dans une cruche destinée à le recevoir, ensorte que la crème reste seule : il s'agit dans la seconde de boucher l'ouverture pratiquée à la partie inférieure de la terrine, et de laisser couler le lait jusqu'à ce qu'il ne reste plus que la crème.

Dans l'un et l'autre cas, les terrines, remplies à la même heure, doivent être ainsi vidées, et l'opération répétée autant de fois que les femelles ont été traites.

Pour rassembler toutes les crèmes levées sur le lait, on les verse dans des cruches particulières, dont l'orifice doit être étroite et fermée exactement; car si, pour favoriser l'ascension de la crème et lui faire acquérir une consistance propre à la distinguer du lait, il faut nécessairement se servir de vases dont la forme présente la plus grande surface et se rétrécisse vers la partie inférieure, il est nécessaire, par une raison contraire, de préférer ceux qui peuvent mettre ce fluide à l'abri du contact de l'air jusqu'au moment de la butirisation.

### Battage de la crème.

L'intervalle qu'on met entre le moment de la traite et celui fixé pour battre la crème, doit nécessairement varier suivant la saison et d'autres circonstances relatives au commerce du beurre et aux usages auxquels il est destiné.

On a coutume dans les environs de Rennes, car c'est toujours là que nous allons chercher le type de la perfection, de battre le beurre tous les jours en été et même pendant l'hiver, quand on a suffisamment de crème rassemblée; ailleurs ce n'est que quelques jours après la traite, souvent même la veille du marché.

Nous avons dit que le beurre d'hiver était assez généralement blanc, et que, quand dans cette saison on l'obtenait d'un jaune plus ou moins foncé, c'était immédiatement après le part : mais il y a des vaches qui le fournissent constamment coloré ; telles sont celles de la Prévalaye, et il semble que ce soit à l'usage du bon foin, des racines cuites, et sur tout à celui de la boisson un peu chauffée, qu'est due cette exception à la loi générale.

Il convient cependant de remarquer que le beurre, pour être pâle ou blanc, n'en a pas moins de qualité que le beurre jaune. On est même en droit de présumer que dans la nature ce produit est tout-à-fait incolore : aussi beaucoup de cantons n'emploient-ils aucun moyen pour lui donner, dans la saison où il n'est pas communément jaune, cette nuance plus ou moins prononcée.

Mais, malheureusement, on a attaché ailleurs l'idée de la perfection du beurre à la couleur

jaune; et il a bien fallu la lui concilier artificiellement, sur tout au beurre transporté à Paris
des départemens voisins, ou à celui qui se
prépare journellement chez les crèmières.

Pour satisfaire, à cet égard, l'imagination,
on a emprunté la matière colorante des différentes parties de la fructification des plantes.
Sans doute, cette légère fraude serait tolérable
jusqu'à un certain point, si elle pouvait en
même temps servir de condiment au beurre,
sans dénaturer son agrément et ses effets, puisque cette addition, peu coûteuse, a encore le
mérite de n'exiger aucune manipulation particulière.

Dans le ci-devant pays de Bray, la matière
végétale qui sert à colorer la totalité du beurre
qu'on y fabrique en grand, est la fleur de souci.
Cette fleur, à mesure qu'on la ceuille, est en-
tassée dans des pots de grès; d'où il résulte,
au bout de quelques mois, une liqueur épaisse
foncée, que l'on passe à travers un linge, et que
l'on emploie dans une proportion que l'usage
apprend bien vite. Ce procédé a été long-temps
employé sous le voile du mystère. Nous connaissons une crèmière à Paris, dont le beurre
a eu par ce moyen une très-grande vogue.

La fleur de souci, en effet, macérée comme
nous l'avons dit, fournit une belle couleur
jaune, très-solide; mais il en entre si peu dans
le beurre, que celui-ci n'en reçoit aucune saveur
particulière.

X 2

Nous avons cherché à apprécier, sous ce point de vue d'utilité, les effets d'une foule d'autres matières colorantes, employées, de même que que la fleur de souci, dans divers cantons de l'Europe, pour atteindre ce but; telles sont les fleurs de safran, les baies d'alkekenge ou coqueret, le roucou bouilli dans l'eau : mais le suc exprimé de la carotte jaune nous a paru le plus propre à opérer cet effet. Il semble que les molécules du beurre, en s'associant avec son principe colorant, ont moins de tendance à retenir la matière caséeuse et, par conséquent, à s'altérer. Cette circonstance mérite d'intéresser les grandes fabriques de beurre.

Les substances destinées à rehausser la couleur naturelle du beurre, sont ordinairement délayées dans une portion de crème, et ajoutées ensuite à celle qui, dans la baratte, attend le mouvement de la percussion : or, c'est au moment où la cohésion du beurre avec le lait va être rompue, que cette matière huileuse prend ce qu'il lui faut de matière colorante pour acquérir la nuance de jaune dont elle peut se charger à froid; nuance qui, encore une fois, plaît à celui qui fabrique et vend le beurre, à celui qui l'achète, et plus encore à ceux qui le consomment.

La baratte est l'instrument le plus généralement usité pour battre le beurre. On parvient à alléger le travail en attachant au plafond de la laiterie une perche, à l'instar des tourneurs.

Dans les grandes fabriques on la fait mouvoir par le moyen d'un cheval. Mais on préfère la sérenne, comme plus facile à manier, et comme le moyen de transformer plus promptement en beurre une grande quantité de crème.

Dès que la crème est versée, soit dans la baratte, soit dans la sérenne, selon la quantité sur laquelle il s'agit d'opérer, on bouche l'un ou l'autre instrument. La fille chargée d'imprimer à ce fluide le mouvement, doit le continuer sans interruption, et faire ensorte qu'il soit toujours égal et modéré; autrement le beurre s'échauffe et perd de sa qualité.

Nous ne rappellerons pas les causes qui influent sur le plus ou moins de promptitude avec laquelle on obtient le beurre. On sait que, pendant l'hiver, il est quelquefois si long-temps à se séparer, que la patience échappe. Pour accélérer l'opération, il faut envelopper la baratte d'une nappe chaude, la plonger dans un baquet d'eau bouillante, ajouter à la crème du lait chaud, enfin, placer le vaisseau auprès du feu : mais on ne saurait être trop économe de l'emploi de tous ces moyens d'accélération, parce que c'est toujours aux dépens de la finesse et de la saveur du beurre qu'ils produisent leur effet.

Les temps excessivement chauds prescrivent une marche entièrement opposée. On place alors la baratte dans un bain d'eau fraîche; on choisit l'instant du jour et l'endroit du manoir les plus frais, pour se livrer à ce travail; enfin, on met en œuvre tout ce qui peut tempérer la propension qu'a la crème de s'aigrir et de fournir trop promptement son beurre.

On reconnaît que le beurre est fait lorsqu'il tombe, par grains ou par petites masses, au fond de la baratte; pour lors on en sépare le fluide au milieu duquel il se trouve. Mais cette séparation n'est jamais tellement complète qu'il ne reste quelques portions de ce fluide, disséminées dans les interstices du beurre, avec lequel elles ont plus ou moins d'adhérence, selon que la crème était ancienne, ou qu'elle provenait d'une femelle plus ou moins avancée dans la gestation.

L'opération au moyen de laquelle on sépare le fluide resté dans le beurre, est désignée dans les fabriques sous le nom de *délaitage*; c'est de la manière dont elle est exécutée que dépendent la qualité et la conservation du beurre.

### *Délaitage du beurre.*

Pour faciliter cette opération il faut que la crème ait éprouvé dans la baratte un assez grand nombre de percussions, afin que le lait puisse s'en séparer aisément; autrement le beurre conserverait encore un trop grand nombre des propriétés de la crème.

Quelques personnes restreignent le délaitage à comprimer faiblement le beurre dans les mains : d'autres sont dans l'usage de le manier fortement et à diverses reprises, et de répéter les lavages jusqu'à ce que l'eau en sorte claire.

Ces deux méthodes ont leurs avantages et leurs inconvéniens. La première doit être préférée lorsqu'il s'agit de la préparation journalière du beurre avec le lait récemment trait, ou une crème nouvelle, parce que les portions de matière laiteuse qui y restent interposées, concourent à donner à ce produit cette saveur douce et agréable qui caractérise la crème. Mais quand il est question du beurre de provision, on ne saurait trop répéter les lavages, car la présence du lait ainsi divisé à la surface du beurre, peut lui faire perdre de sa qualité dès le soir même du jour où il a été battu.

Le procédé du délaitage ordinaire se réduit à jeter le beurre dans des terrines remplies d'eau fraîche, afin qu'il perde la chaleur qu'il a reçue du mouvement et de sa désunion avec le lait, et qu'il se raffermisse à l'air; on l'étend ensuite avec une cuiller de bois, et on renouvelle l'eau fraîche.

Les temps orageux rendent le beurre si mou que, pour pouvoir le manier, on est forcé de le soumettre à la température d'un puits, car, susceptible de prendre toutes les saveurs, son séjour à la cave pourrait altérer celle qui lui appartient spécialement. On pétrit et repétrit le beurre; on en forme des pelottes plus ou moins grosses, qu'on place dans un lieu frais pour leur faire acquérir de la consistance et les diviser en livres, lorsqu'il s'agit de les vendre sur les lieux ou dans les marchés voisins, et en mottes de quarante à cinquante livres, quand on a dessein de les conserver et de les transporter au loin.

Les laitages qu'on obtient après la préparation du beurre, et sur la nature desquels nous nous sommes suffisamment étendus, consistent, 1.° en lait de beurre, pour nous exprimer comme les habitans des campagnes; il est comparable, en tout point, au lait doux, quand la crème a été employée nouvelle : 2.° en lait plus ou moins vineux, lorsqu'on s'est servi d'une crème ancienne. Le premier devient souvent le salaire de la fille qui a battu le beurre. Le second est employé à la soupe des gens de la ferme; ou bien on en humecte le son dont on nourrit les animaux de basse cour; ou bien, enfin, il sert d'aliment aux veaux, quand on ne les livre pas aux bouchers quelques jours après leur naissance : il serait même possible d'en préparer les fromages communs. Mais revenons au beurre.

### Des différentes qualités de beurre.

On n'est point dans l'usage de fabriquer par tout du beurre de plusieurs qualités; cependant nos expériences ont fait voir que la chose était possible avec le même lait, en séparant la crème à mesure qu'elle s'élevait à sa surface.

Nous nous sommes encore convaincus que

le lait provenant d'une même traite, mais divisée en trois parties, et la crème séparée de chacune et battue en même temps, présentaient trois nuances différentes de qualité; mais on conçoit les difficultés de profiter de ces avantages, car, dans les grandes fabriques, les opérations compliquées entraînent toujours des inconvéniens majeurs. L'objet principal consiste donc à obtenir le plus de beurre possible, moyennant les procédés les plus faciles dans leur exécution.

Une circonstance, indépendamment de celles énoncées précédemment, influe encore sur la qualité du beurre : c'est le temps que le lait demande pour acquérir sa perfection dans les mamelles, à partir de l'instant où la femelle a mis bas, jusqu'à celui où une nouvelle gestation, à un certain terme, va suspendre l'émission du lait, et le faire servir au développement du fœtus. Mais comme ce fluide n'est réellement au maximum de sa bonté que quatre mois après le vêlage, et par conséquent aux environs de l'automne, c'est aussi à peu près à cette époque qu'on s'occupe d'approvisionnemens de beurre.

Il existe encore d'autres motifs qui déterminent le choix de l'automne pour cette provision; c'est que le temps qui succède à cette saison est froid, et que rien n'est moins favorable à la conservation du beurre que la chaleur : il devient molasse, gras, huileux, et se rancit beaucoup plus promptement, toutes choses égales d'ailleurs. Il n'est pas étonnant, d'après cela, que *le beurre de regain, le beurre de second pré, le beurre d'automne*, jouissent d'une aussi grande réputation ; ils ne la doivent réellement, en partie, qu'à la circonstance dont nous parlons.

C'est donc une profonde erreur de croire que le beurre résultant de la crème secondaire a plus de qualité que celui retiré de la première, puisque, d'une part, cette crème a été plus long-temps exposée à l'air, et que, de l'autre, l'expérience a appris que celle qui s'élève d'abord à la surface du lait fournit constamment le meilleur beurre.

On ne conçoit pas non plus les auteurs qui disent et répètent qu'il faut environ dix livres de lait pour fournir trois livres de beurre : c'est sans doute de la crème qu'ils ont entendu parler. Ce serait aussi commettre une grande faute que de calculer la proportion du beurre d'après celle de la crème, car la consistance de cette dernière dépend de la saison et du mode employé pour en opérer la séparation. D'ailleurs, de quelque manière qu'elle s'exécute, il reste toujours dans la crème plus ou moins de lait, dont la présence est indispensable à la butirisation. Si la crème était trop épaisse, elle fournirait plus difficilement son beurre par la percussion. Ce n'est donc pas réellement sur la crème qu'il est possible d'établir la proportion du beurre qu'un lait fournit.

Il résulte, d'après nos expériences et celles du

citoyen *Boyssou*, que le lait d'une bonne vache ne contient, le plus ordinairement, dans le premier mois du vélage, que la trente-deuxième partie de beurre, et que la quantité de ce produit augmente successivement à mesure qu'on s'éloigne de cette époque, de manière qu'au bout de quatre mois le beurre s'y trouve dans les proportions d'un vingt-quatrième : ainsi une pinte de lait donne ordinairement environ une once deux gros de beurre.

On peut donc établir comme une règle générale, que dix-huit livres de lait donnent à peu près une livre de beurre, et que cette quantité est le produit commun d'une vache par jour : il y a telle vache qui en a donné jusqu'à deux et trois livres; mais ces cas sont rares, et ils forment plutôt exception.

C'est en automne, nous le répétons, que le lait fournit réellement une plus grande quantité de beurre, et que ce beurre réunit le plus de qualités; cependant il peut se trouver dans le commerce sous les différens états de

Beurre frais;
Beurre rance;
Beurre fondu;
Beurre salé.

Ces différens états donnent à la même qualité de beurre des saveurs assez distinctes pour faire soupçonner qu'il ne provient pas de la même source; ils déterminent aussi son usage et son prix.

## *Du beurre frais.*

Pour avoir une idée de la manière dont il est possible d'obtenir le beurre sur-le-champ, il suffit, en été, de verser le lait quelques heures après la traite dans des bouteilles et de le secouer vivement ; les grumeaux qui se forment, jetés sur un tamis, lavés et rassemblés, offrent le beurre le plus fin et le plus délicat qu'on puisse se procurer.

Mais cette manière de battre le beurre sans avoir préalablement enlevé la crème de dessus le lait, quoiqu'assez généralement adoptée dans les cantons où l'on fait du beurre de choix, à Rennes, par exemple, et dans ses environs, n'est pas, a beaucoup près, très-économique. L'expérience prouve même que la crème étendue dans une aussi grande quantité de fluide, ne fournit jamais la totalité de son beurre ; qu'il faut nécessairement l'en séparer, et lui imprimer immédiatement la percussion. Tel est aussi le procédé le plus généralement usité ; autrement l'opération languit, et il reste dans le lait une portion de crème, qui échappe à la butirisation.

Moyennant les soins sur lesquels nous avons insisté, on peut avoir, dans toutes les saisons, un beurre fin, délicat, d'autant plus parfait qu'il sera moins lavé ; mais du jour au lendemain ce goût fin et délicat n'existe déjà plus, sur tout s'il fait chaud.

Un des grands moyens de conserver le beurre long-temps frais, c'est, d'abord, de le délaiter parfaitement, de le tenir ensuite sous l'eau fréquemment renouvelée, et de le soustraire à l'influence de la chaleur et de l'air, en l'enveloppant d'un linge mouillé.

L'eau, en effet, en dilatant tous les fils du linge, doit nécessairement les rapprocher d'une manière assez exacte, et boucher, par conséquent, les interstices à travers lesquels l'air atmosphérique ne manquerait pas de pénétrer si le linge était sec. Par ce moyen ce dernier fluide glisse à la surface du linge, et est même en quelque sorte repoussé par l'eau qui, tendant continuellement à s'évaporer, l'enlève avec elle. C'est sans doute à la propriété reconnue qu'a l'eau de chercher à s'évaporer, qu'est due la différence de température qu'éprouvent tous les corps dont la surface est humectée.

Au reste, on sait que cette même propriété n'appartient pas exclusivement à l'eau ; qu'elle est aussi commune à tous les fluides, et que même, dans bien des circonstances, on en profite très-heureusement pour produire des refroidissemens artificiels, qu'on peut porter très-loin, en hâtant l'évaporation de ces fluides de dessus la surface des corps qu'ils mouillent; bien entendu que cette évaporation doit toujours être faite par tout autre moyen que par la chaleur.

L'usage adopté dans certains pays, d'humecter les linges qui couvrent le beurre avec de l'eau de lessive préférablement à de l'eau pure, n'a vraisemblablement d'autre avantage que d'être dispensé de restituer aux linges une nouvelle quantité d'eau pour remplacer celle dont on les avait d'abord mouillés ; car, comme l'eau de lessive contient toujours de l'alkali, qui tend continuellement à attirer l'humidité de l'air, on conçoit qu'à mesure qu'une partie de celle-ci s'évapore, elle se trouve bientôt remplacée par une autre, qui est attirée par l'alkali : d'où il résulte nécessairement que les linges, malgré l'évaporation continuelle de l'eau, doivent rester constamment mouillés.

Malgré cet effet nous pensons que l'emploi de l'eau de lessive ne saurait mériter la préférence, car il est plus que probable que la surface du beurre, dans tous les points de contact du linge humecté avec une semblable liqueur, doit nécessairement avoir une saveur différente de celle de la couche inférieure.

Le froid est un autre agent propre à prolonger la bonne qualité du beurre ; cependant, comme parmi les corps gras il n'en existe point qui perde plus facilement sa saveur agréable, et qui soit plus susceptible de contracter celle des autres substances au milieu desquelles il se trouve, il ne faut jamais être indifférent sur le choix des endroits où l'on se propose de tenir en réserve la provision du beurre.

Dans l'espérance de conserver au beurre de

Rennes, qui nous était parvenu par un temps chaud, toute la finesse du goût qui le caractérise, nous l'avons porté à la cave; cependant, quoiqu'il fût recouvert d'un pouce de sel et d'un fort papier, il n'en avait pas moins contracté, après un séjour de deux décades, une saveur désagréable, moins marquée, il est vrai, à la partie inférieure du pot, mais assez sensible encore pour qu'on ne pût pas se dispenser de l'attribuer à l'action de l'air de la cave, qui, comme on sait, diffère de celui de l'atmosphère.

Ce n'est qu'en privant le beurre frais de toute l'humidité qu'il a retenue dans les différentes lotions, et surtout de la matière caséeuse avec laquelle cette huile concrète du lait a plus ou moins d'adhérence, qu'on peut le garantir pendant un certain temps de l'état d'altération sous lequel nous allons le considérer.

### *Du beurre rance.*

Après ce que nous avons dit sur la cause de la rancidité du beurre, il nous reste peu de chose à ajouter. On ne saurait douter qu'elle ne soit due à la présence de la matière caséeuse, plus ou moins adhérente : ce qui prouve combien il est nécessaire de la séparer exactement par les lotions, et de ne se servir que de vaisseaux parfaitement nettoyés, car il suffirait qu'ils eussent conservé, dans leurs cavités ou inters-

tices, les moindres molécules de crème ancienne, pour transmettre au beurre ce goût
désagréable qui ressemble à celui des autres
huiles préparées par le filtre animal. Le mucilage qui l'accompagne toujours est d'ailleurs
comparable, pour ses propriétés chimiques,
à la substance glutineuse du froment, qui, dans
un état humide et chaud, contracte bientôt une
odeur détestable.

Mais souvent le beurre est déjà rance avant
d'être soumis à la baratte, parce que, suivant
la mauvaise habitude de beaucoup d'habitans de
la campagne, on ne le bat que sept à huit jours
après la traite. Or, séjournant trop long-temps
dans la crème, il contracte un goût fort, que la
percussion, les lavages et les autres opérations
subséquentes ne sauraient détruire en totalité.

C'est donc un grand inconvénient de ne
battre le beurre, dans les fermes, qu'une fois
dans l'intervalle de sept à huit jours, quand on
veut l'avoir de bonne qualité. Cette méthode
cependant a trouvé des partisans, qui ont
avancé que le beurre résultant d'une crème
nouvelle était moins de garde que celui d'une
crème plus ancienne. Il en est, sans doute,
des procédés dans les fabriques de beurre,
comme de certaines pratiques défectueuses,
qui, plus simples et plus commodes, sont
vantées précisément parce qu'elles servent la
paresse et la cupidité de ceux qui les emploient ordinairement.

Dans les lieux où le fromage se fabrique en grand, la crème est mise en réserve, souvent pendant quinze jours, jusqu'à ce qu'il y en ait suffisamment pour la battre ; mais le beurre, quoique nouvellement fabriqué, a déjà un goût fort, qui ne fait qu'augmenter en vieil-lissant. Dans cet état, il est cependant estimé des vachers et des pâtres, qui le consomment pendant leur séjour à la montagne ; il y a même des habitans de la campagne qui le préfèrent à tout autre, comme plus économique pour l'assaisonnement : mais cela n'a rien de surprenant ; n'avons-nous pas des peuples entiers qui boivent l'huile de poisson la plus rance, et en font même leurs délices ?

Comme c'est la portion de lait disséminée dans le beurre sous forme de crème, qui constitue son état rance, il faut avoir l'attention, quand il est sorti de la baratte, de le malaxer, partie par partie, et de le laver à plusieurs reprises, jusqu'à ce que l'eau en sorte claire et limpide.

Un moyen d'adoucir les crèmes qui, par leur trop long séjour à la laiterie, ont contracté un goût fort, est d'y ajouter, au moment de battre, plus ou moins de lait de la traite du jour. Ce procédé, si facile à exécuter par tout, parvient, en effet, à atténuer la rancidité.

Lorsque le beurre, au contraire, par une cause quelconque, est devenu rance, il faut porter l'action sur lui. Or, le seul moyen qui puisse être raisonnablement proposé, c'est de le faire fondre dans une grande quantité d'eau, de l'en séparer ensuite lorsqu'il est refroidi, de le faire fondre de nouveau à une douce chaleur, mais sans addition d'eau, et, après le refroidissement, de le malaxer long-temps pour en extraire le peu d'humidité qu'il aurait pu retenir. Après cette opération on le remet dans des pots de grès pour éviter ce qui résulte ordinairement du contact de l'air sur les corps gras.

Il n'est sans doute aucune bonne ménagère qui ne connaisse et ne mette en pratique ces différentes manières d'adoucir les beurres forts, quand la rancidité provient de l'imperfection du délaitage ou d'un trop long séjour du beurre dans la crème : mais le beurre le plus parfait, conservé avec soin dans un lieu frais, à l'abri de l'air, perd insensiblement sa douceur naturelle et acquiert une rancidité aussi désagréable au goût que préjudiciable à la santé. On ne saurait donc, malgré toutes les précautions, le garder d'une saison à l'autre et le transporter au loin en bon état, si on ne se hâte, dès qu'il est fait, de le fondre ou de le saler. Arrêtons-nous sur ces deux procédés, pour ainsi dire domestiques, qu'aucun ouvrage ne paraît avoir décrits avec la clarté nécessaire.

### Du beurre fondu.

Ce n'est point là où on sale le beurre que se prépare le plus ordinairement le beurre fondu : ce dernier paraît rarement dans les marchés, et est plus connu dans les cuisines. Ce sont les femmes de ménage qui s'occupent de sa préparation, au moment où cette denrée est moins chère et possède le plus de qualité : communément l'automne est choisi de préférence pour former ce genre d'approvisionnement.

La première attention qu'il faut apporter ici consiste à ne pas attendre que le beurre que l'on veut fondre soit ancien, parce qu'il aurait pu contracter en très-peu de temps un état voisin de la rancidité, que la chaleur nécessaire à cette opération ne parviendrait jamais à lui faire perdre entièrement.

Pour y procéder, on prend un chaudron de cuivre jaune, extrêmement propre et d'une capacité proportionnée au beurre qu'il s'agit de fondre; on a soin que le feu, auquel il est exposé, soit clair, égal et modéré; on évite, autant qu'il est possible, la fumée, qui, en se combinant avec le beurre, dans l'état fluide et chaud, pourrait lui communiquer un goût désagréable.

Au moyen d'une chaleur égale, le beurre se liquéfie très-facilement, et dès qu'il commence à frémir, il ne faut plus le quitter. On l'agite

pour favoriser l'évaporation de l'humidité, empêcher qu'il ne monte, et faire perdre à la
matière caséeuse, interposée dans le beurre, son
adhérence et sa solubilité. Bientôt une portion
de cette matière paraît à la surface comme une
écume; on l'enlève à mesure qu'elle se forme:
l'autre, pendant la liquéfication, se précipite
au fond du chaudron, s'y attache, et présente
une matière connue sous le nom vulgaire de
*grattin*, que les enfans aiment de passion.

Dès que cette matière est formée, il faut se
hâter de diminuer le feu, car elle se décom-
poserait et communiquerait au beurre une
mauvaise qualité; c'est alors que brille la vigi-
lance active de la ménagère, qui sait parer à
temps à cet inconvénient, en s'occupant de
dresser son beurre à l'instant où elle aperçoit
au fond du chaudron un cercle brun, tirant
sur le noir.

Mais la règle la plus ordinaire pour juger
que le beurre est parfaitement fondu, c'est que
la totalité ait une transparence comparable à
celle de l'huile, et que, quand on en jette
quelques gouttes sur le feu, il s'enflamme sans
pétiller. On achève d'écumer le beurre, et on
ôte le chaudron du feu; on le laisse reposer
un instant; puis on le verse par cuillerées dans
des pots bien échaudés et séchés au feu, qu'on
recouvre après que le beurre est entièrement
refroidi.

Il existe une autre méthode de fondre le

beurre, et beaucoup de personnes préfèrent de la suivre, parce qu'elle entraîne moins d'embarras et exige moins de soins : il s'agit d'exposer le beurre au four après que le pain en est retiré. Pour cet effet on emploie tout simplement des pots de terre ; le beurre se fond insensiblement, et du soir au lendemain matin on le retire, on l'écume et on le laisse se refroidir.

Par ce procédé le beurre n'est souvent pas assez dépouillé de son humidité surabondante ; il est mal écumé ; la dépuration de la matière caséeuse ne s'opère pas complétement : le hasard fait tout, et l'attention ne fait rien. Alors la provision ne réunit pas la condition essentielle, celle de se conserver long-temps et en bon état. Une semblable méthode ne peut donc satisfaire les ménagères éclairées, qui aiment à juger par elles-mêmes, à soigner leurs opérations et à veiller à leurs approvisionnemens : elle ne favorise que la routine et la paresse.

Un troisième moyen est encore pratiqué pour fondre le beurre, sans employer la chaleur de l'ébullition : il nous a été communiqué par le citoyen *Boyssou*. Ce moyen consiste à tenir le beurre en liquéfaction pendant un certain temps au bain-marie, et à le verser ensuite par inclination dans des pots de terre. La matière caséeuse, en se déposant, entraîne avec elle une portion de beurre. Pour l'en séparer entièrement, on ajoute au dépôt une quantité pro-

portionnée d'eau bouillante, et on remue un
instant le mélange ; après quoi on le laisse
en repos jusqu'au parfait refroidissement : le
beurre vient surnager à la surface du liquide,
d'où on le retire facilement lorsqu'il est entièrement figé. On mêle à ce beurre à demi figé
une quantité proportionnée de sel séché et
parfaitement égrugé, et, lorsque son refroidissement est complet, on le met dans des pots
dont on couvre la surface d'une légère couche
de sel pareillement pulvérisé. Ce beurre, fondu
et salé en même temps, s'exporte au loin sans
se détériorer.

Peut-être le procédé pour fondre le beurre
devrait-il être adopté plus généralement, dans
les endroits sur tout où l'on attend, pour battre
la crème, qu'il s'en trouve assez de rassemblé
sur le lait, comme dans les fabriques de fromage, ou la crème ne se lève que tous les douze
à quinze jours. En faisant éprouver un certain
degré de cuisson à ce beurre, on corrigerait sa
propension à rancir, et, en le salant, on mas-
querait le petit goût fort qu'il pourrait déjà avoir
contracté ; ce qui le rendrait propre encore au
commerce.

Quoique le beurre fondu n'ait point éprouvé
de décomposition dans sa nature intime, il ne
ressemble plus cependant au beurre frais : sa couleur, sa saveur, sa consistance, sont, pour ainsi
dire, altérées ; il est devenu transparent, grenu,
fade, pâle et analogue à de la graisse : le feu

lui a bien enlevé ce qui concourrait à le faire promptement rancir; mais il a agi en même temps sur le principe de la sapidité et de la couleur : c'est donc à la séparation de la matière caséeuse du beurre frais que sont dus les changemens qu'il éprouve dans l'opération qui le convertit en beurre fondu; il se garde comme le beurre salé, et peut remplacer l'huile dans les salades et dans les fritures.

Mais il existe une autre méthode de prolonger la conservation du beurre, qui mérite sans contredit la préférence, parce que, loin de changer ses qualités intrinsèques, elle y ajoute encore; c'est celle qui a pour objet d'y introduire du sel.

L'usage de fondre le beurre n'a été vraisemblablement adopté qu'à cause de l'excessif prix du sel, car, dans les cantons désignés autrefois sous le nom de Pays de gabelles, à peine l'usage de saler le beurre y est-il connu, tandis que, pour ceux qui jouissaient de la franchise, cette pratique était constamment employée.

### Du beurre salé.

On observe ordinairement deux saisons pour saler le beurre du commerce : l'une est le printemps, pour la provision de l'été; l'autre est l'automne, pour celle de l'hiver. Mais cette opération, quoique très-simple, est souvent négligée et incomplète dans ses effets.

On sait que le muriate de soude (sel marin), nouvellement fait, est âcre et amer, à cause des muriates de chaux et de magnésie qui s'y trouvent confondus; mais, comme ces deux derniers sels sont de nature déliquescente, il suffit de laisser le sel marin à l'air, pendant un certain temps, sur les plages maritimes. Ces sels attirent puissamment l'humidité atmosphérique, prennent bientôt un état fluide, et pénètrent à travers la masse, pour gagner la partie inférieure de la pyramide. Purifié ainsi spontanément, ce sel, plus sec au toucher, et moins amer au goût, porte le nom de sel vieux. L'habitude dans laquelle sont les beurrières de certains cantons, de purifier leur sel, n'a absolument que cet objet en vue.

Le sel blanc et le sel gris présentent des différences notables dans leurs effets quand on s'en est servi pour saler, soit le beurre, soit les fromages. Dans certains pays, le sel blanc est réputé faire de mauvaises salaisons en tout genre, quoique purifié; ailleurs c'est le sel gris qui a cette réputation.

Nous n'examinerons point jusqu'à quel point ces assertions peuvent être fondées; mais nous croyons que l'emploi de l'un ou de l'autre sel pour la qualité du beurre, n'est pas une chose aussi indifférente qu'on le pense.

Dans la ci-devant Bretagne, on emploie le muriate de soude purifié et blanchi par le procédé usité dans nos cuisines, pour le beurre fin, et le gros sel gris, connu sous le nom de sel gueraudin, pour le beurre de provision. On retire ce dernier des marais du pays de Guerande, situé à l'embouchure droite de la Loire; il est préparé par évaporation au soleil. Les beurrières de Rennes, qui ont la liberté du choix, préfèrent ce dernier sel; il a, selon elles, la propriété de mieux saler le beurre, et de lui communiquer un goût analogue à celui de la violette. Sa réputation était telle qu'on en faisait de fréquens envois à Paris pour cet objet. Pour l'incorporer au beurre, on ne le soumet à d'autre préparation préliminaire que de le concasser, sans le réduire en poudre.

Cependant, quoique le sel de Guerande soit supérieur en qualité à celui qu'on nous vendait autrefois dans les gabelles, il n'est pas moins vrai qu'il a besoin d'être purifié de nouveau, pour saler le beurre fin, parce que l'âcreté qu'il conserve encore, quoique très-affaiblie par les lavages qu'on lui a fait subir dans sa préparation, nuirait au parfum et à la saveur délicate de ce beurre. Une autre opération utile, c'est de le dessécher au four, de le broyer ensuite, afin qu'il s'empare plus avidement de l'humidité contenue dans le beurre; autrement on pourrait le retrouver en cristaux sous la dent, et il établirait dans les interstices des vides qui pourraient hâter sa détérioration, au lieu de prolonger sa durée.

Une autre considération, c'est la proportion

du sel qu'il faut employer; son bas prix déter-mine souvent à en forcer la dose, de manière que la saveur délicate du beurre se trouve mas-quée, et n'a plus que celle du sel. Aussi n'en introduit-on qu'une petite quantité dans le beurre fin, qu'on sale immédiatement après avoir été délaité, lorsqu'il doit être mangé frais et consommé sur les lieux. Il en faut davantage pour celui qu'on envoie au loin: mais, il faut l'avouer, les beurrières n'ont sou-vent d'autres règles que celle de leur palais, pour juger la quantité de sel qu'elles doivent employer; c'est ordinairement depuis une once jusqu'à deux par livre de beurre.

On a pensé que le sel, introduit dans le beurre, y formait, au bout d'un certain temps, une sorte de combinaison savoneuse : mais les expériences faites à Rennes, par le citoyen *Hue*, pharmacien en chef adjoint de l'armée d'An-gleterre, sur du beurre salé qui avait une année de fabrication, ont suffisamment prouvé que le sel y existait tout entier, interposé sous forme de cristaux, ou dissous dans la partie humide; c'est ce qu'on peut facilement reconnaître, en examinant à la loupe un morceau de beurre salé.

Pour introduire le sel dans le beurre, on étend ce dernier par couches; on le pétrit par portions, jusqu'à ce que le sel soit bien incor-poré; ensuite on le distribue dans des pots de grès, propres et secs, de différentes formes, et contenant quarante à cinquante livres; on foule le beurre dans ces pots, on les remplit jusqu'à deux pouces du bord ; on le laisse reposer ensuite sept à huit jours : pendant ce temps, le beurre salé se détache du pot, se tasse, diminue de volume, et laisse entre lui et le pot un intervalle d'environ une ligne, dans lequel l'air pourrait s'introduire, et ne manquerait pas d'altérer le beurre si on le laissait en cet état.

Pour prévenir cet accident on fait une saumure assez forte pour qu'un œuf puisse y surnager : cette saumure, tirée au clair et refroidie, est insensiblement versée sur le beurre salé, jusqu'à ce qu'il en soit recouvert d'un pouce.

Lorsqu'on transporte le beurre, on ne peut pas maintenir pendant le voyage la saumure dans les interstices qu'elle occupe : pour la remplacer on couvre le beurre d'un pouce de sel. Ce moyen réussit lorsqu'il ne manque de saumure que pendant peu de temps.

Mais il n'en est pas de même des beurres destinés pour la navigation : on en embarque difficilement une certaine quantité dans des pots, à cause de leur fragilité et de leur forme incommode dans l'arrangement de la cale des navires. De là est venu l'usage des vases de bois; mais ils s'imprègnent facilement d'une humidité qui leur fait bientôt contracter un goût désagréable.

Il faut convenir cependant que, malgré toutes les précautions, on ne conserve pas aisément du beurre plongé dans une saumure, sur tout vers les tropiques : il se fond aisément, perd sa forme, devient gras, huileux ; la saumure s'échappe à travers les douves, occasionne des vides ; bientôt le beurre se gâte au point de devenir fétide. Peut-être serait-il possible d'imaginer des formes plus commodes pour les vaisseaux, ou de trouver un bois qui eût moins d'influence sur le beurre. Cet objet est bien digne d'intéresser l'attention des savans, quand on réfléchit, sur tout, que la mauvaise qualité des salaisons a plus fait périr d'hommes que les naufrages et la fureur des combats.

Résumons : tout beurre qui aura été salé d'après les principes établis, et auquel on ajoutera une suffisante quantité de saumure, possédera les mêmes qualités que celui du ci-devant pays de Bray, parce que la propriété de se conserver en bon état vient principalement de ce que le beurre n'est pas altéré pendant un trop long séjour dans la crème, qu'il a été parfaitement délaité au moment de sa séparation d'avec le lait, qu'on n'a pas différé non plus d'y introduire le sel dans la forme qui convient ; qu'enfin les vases qui serviront à le renfermer, seront de bonne terre, bien échaudés à l'eau bouillante, séchés, placés à l'abri de l'air, et dans un endroit frais, sans odeur désagréable.

Si, à la faveur de quelqu'encouragement, on parvenait à faire adopter la méthode de bien

fabriquer le beurre dans les divers cantons où
on le fait mal, celui qui nous vient d'Isigny
et des autres cantons circonvoisins, deviendrait
la base d'un commerce étendu dont profiteraient
principalement les propriétaires des grands
herbages. Ce commerce formerait toujours une
branche intéressante pour l'agriculture, et met-
trait la France dans le cas de ne plus tirer du
beurre de l'étranger, qui nous rend par là son
tributaire pour des sommes considérables.

Une autre production du lait, non moins importante que le beurre, doit maintenant nous
occuper; c'est la matière caséeuse, qui, dé-
pouillée complètement de sa sérosité par différens procédés, et mêlée avec une certaine quantité de sel, constitue ce genre d'aliment, si varié
et si usité, connu dans le commerce sous le
nom générique de *fromage.*

Les détails dans lesquels nous allons encore
entrer, sont moins le résultat de nos expériences
particulières, que le fruit de nos lectures et de
quelques vues d'amélioration qui nous ont été
communiquées par des hommes estimables,
auxquels nous avions adressé des séries de
questions pour connaître leur avis sur les pratiques en grand.

## Article VII.

### *Des fabriques de fromage.*

Si les anciens, ou du moins les Grecs, ont
gardé le plus profond silence sur le beurre et

sur ses différens usages dans l'économie domestique, leurs écrits font au moins mention de plusieurs espèces de fromage, et autorisent à penser que ce produit du lait était un objet de grande consommation parmi eux; tout atteste même que ce sont les Romains qui ont apporté l'art de les faire dans plusieurs de nos départemens. Aujourd'hui il n'y a pas de canton en France qui n'ait son fromage particulier, dont la qualité diffère autant par celle des pâturages, que par la nature du lait, et par le procédé adopté pour sa fabrication.

Il serait difficile, sans doute, en goûtant le beurre, quel que soit l'état où il se trouve, de décider précisément le pays et sur tout l'espèce de lait dont il provient. Ce produit, à la couleur près, paraît être assez identique, sur tout dans les animaux ruminans. Il n'en est pas de même des fromages : ils ont chacun des caractères distinctifs et des formes particulières, qui servent à faire connaître les cantons où ils ont été fabriqués. Ces formes, à la vérité, sont quelquefois imitées dans le commerce ; mais il est impossible aux contrefacteurs les plus habiles en ce genre de tromper les organes d'un gourmet de fromage.

Une opinion trop généralement accréditée est celle qui n'admet d'autre différence dans la qualité des fromages que celle qui peut dépendre de la nature des herbages. Sans doute la nourriture influe d'une manière très-marquée

sur le lait, et doit donner aux parties constituantes de ce fluide des propriétés particulières.
Mais on a donné trop de latitude à cette influence, car l'expérience démontre journellement que, dans le même endroit, le vacher
de telle laiterie fabrique de bons fromages, lorsque tel autre, au contraire, avec le même lait,
n'en obtient que d'inférieurs. On sait, par
exemple, que les pâturages ne sont pas mer-
veilleux dans les cantons de la ci-devant Brie,
et cependant les fromages y sont renommés,
tandis qu'à peu de distance de ce département
on en prépare qui n'ont pas la même valeur,
quoique les fourrages y soient sensiblement de
meilleure qualité.

Les hommes qui, dans ce cas, attribuent
tout à la qualité des alimens, et rien au procédé, ressemblent beaucoup à ces jardiniers
mal-adroits accoutumés à mutiler les arbres
fruitiers, croyant les bien travailler : ils regar-
dent toujours la qualité du sol comme la cause
du dépérissement de ceux dont le soin leur
est confié, et ne veulent pas se persuader que
le succès de leurs confrères est dû à l'emploi qu'ils font d'une meilleure méthode. On
ne saurait douter qu'avec les substances les
plus parfaites dans tous les genres, les ouvriers
ignorans ne fassent constamment du médiocre
ou du mauvais.

Il n'en est pas des fromages comme du beurre.
Ce dernier existe tout formé dans le lait : il ne

faut qu'un peu d'attention de la part de la fille de basse-cour pour lever la crème, la battre à propos, laver exactement le beurre, le mettre à l'abri de l'air et de la chaleur, afin de prolonger, pendant un certain temps, ses bonnes qualités.

Mais l'art de faire les fromages demande d'autres soins, d'autres précautions; il faut consulter l'atmosphère et les localités, pour retarder, accélérer ou suspendre les effets de la fermentation dont le concours est nécessaire : aussi, quoiqu'on puisse faire des fromages dans toutes les saisons, choisit-on de préférence l'été, parce qu'alors les animaux coûtent moins, qu'ils sont plus abondans en lait, que ce lait se caille plus facilement et plus complétement; qu'en un mot, les fromages ont le temps de se façonner et d'acquérir insensiblement les qualités qu'on désire qu'ils aient dans la saison où ils deviennent d'un usage journalier. Mais, combien cette branche de nos ressources est négligée parmi nous, tandis que, sans augmenter le travail et les frais, il serait si facile de la mieux soigner, et de doubler, par conséquent, les bénéfices !

C'est à l'attention suivie que la Hollande, la Suisse et l'Angleterre ont apportée dans cette branche de l'économie rurale, que ces nations doivent leur grand débit de fromages, dont la qualité supérieure nous rend encore, à cet égard, leurs tributaires. Cependant nous ne manquons point de pâturages excellens, qui ne le cèdent en rien à ceux qui couvrent le sol de ces pays. Quels seraient donc les obstacles qui nous empêcheraient d'augmenter, dans quelques-uns de nos départemens, le nombre de nos fabriques en ce genre ? Nous préviendrions par ce moyen la sortie annuelle du numéraire qui va circuler chez l'étranger ; peut-être même qu'en se livrant avec la même activité à cette branche de commerce, nous attirerions, à notre tour, l'argent de nos voisins, qui, privés des mêmes ressources que la France, n'ont pas les moyens d'entretenir assez de bestiaux pour pouvoir songer à convertir leur lait en fromages.

Ne pourrait-on pas, à cet effet, dans plusieurs départemens, tels que le Calvados et la Seine inférieure, où l'on fabrique d'excellens beurres et de très-bons fromages, étendre la consommation de ces deux denrées de premier besoin, en favorisant, par toutes les voies possibles, leur exportation. Augmenter la vente de ces objets, c'est multiplier le nombre des bestiaux et grossir la masse des engrais, avantages précieux pour l'agriculture et le commerce.

Toutes les fois, il est vrai, qu'on peut compter sur une vente assurée et lucrative de beurre, il ne faut pas songer à faire des fromages ; les débouchés sont même plus faciles pour le premier de ces deux produits. D'ailleurs, sa préparation exige moins de travail, de temps et d'avances ; chaque jour, chaque décade, on peut réaliser ses fonds, tandis que, pour les fromages, on est forcé d'attendre qu'ils soient faits, et souvent, pour les débiter, de se déplacer, de courir les foires, ou de s'en rapporter à des commissionnaires, quelquefois infidèles. Aussi se borne-t-on à n'en faire, pour la consommation intérieure de la métairie, qu'avec le lait écrémé, c'est-à-dire, avec celui d'où l'on extrait le beurre : on en agit de même dans les cantons à fromage, où l'on ne prépare que la quantité de beurre indispensable pour les besoins du ménage.

Cette règle n'est cependant pas sans exception, car dans la fameuse vallée d'Auge, où l'on fabrique d'excellens fromages connus sous la dénomination de fromages de *Livarot*, on ne laisse pas que d'y faire du beurre de provision ; mais il faut convenir en même temps qu'il s'agit d'une vallée couverte des meilleurs pâturages qui existent dans la République, et qu'en enlevant au lait une portion de sa crème il en conserve encore suffisamment pour donner au caillé une consistance grasse et molle, qui caractérise les bons fromages.

L'âge du lait est ici d'une grande considération. Les fromages qui proviennent de celui qui a vingt-quatre heures ne sont ni aussi bons ni aussi fins, toutes choses égales d'ailleurs, que ceux qui résultent d'un lait nouvellement tiré : alors il est plus homogène et plus propre à recevoir le principe qui doit opérer sa coagulation ; les molécules crèmeuses n'ont

pas encore eu le temps de s'aggréger à la surface ni de former un corps à part; enfin, elles
restent disséminées et confondues dans le caillé
au moment de sa formation et de sa séparation d'avec la sérosité.

Il faut cependant attendre que le lait soit
refroidi, car l'expérience prouve que, soumis
à la baratte trop nouveau, il ne fournit pas la
totalité du beurre qu'il contient, et qu'il y a
aussi dans ce cas une coagulation incomplète,
quand bien même on emploierait excès de
présure : si, au contraire, on opère sur du lait
trait depuis quelques heures et chauffé modérément, on retire la totalité du fromage qu'il
renferme, même avec une quantité moins considérable de matière coagulante.

A la vérité, comme dans l'hiver les femelles
ont communément un peu moins de lait, on
est obligé de réunir les traites, non-seulement
du matin et du soir, mais encore celles de
deux et trois jours, sur tout quand il s'agit de
ces fromages dont le volume est considérable.

Indépendamment du sel employé comme
condiment et assaisonnement des fromages, on
fait entrer encore dans leur composition différentes substances, qui en font varier infiniment l'odeur, la saveur et la couleur. Dans
les Vosges, par exemple, on mêle au fromage
de Gérardmer des semences de la famille des
ombellifères : dans le pays de Limbourg, on y
incorpore le persil, la ciboule et l'estragon :

les Italiens se servent du safran pour colorer le fromage de Parmesan : les Anglais sont aussi dans l'usage, pour certains fromages, de pratiquer au milieu une cavité qu'ils remplissent de vin de Malaga ou de Canaries ; la liqueur s'imbibe dans tout le fromage et lui donne une saveur délicieuse : enfin, on fait des fromages à la rose, au souci, à l'œillet ; mais ce ne sont là que des accessoires qui ne constituent pas essentiellement les fromages.

Notre intention n'est pas de suivre en détail toutes les opérations qu'on fait subir à la matière caséeuse depuis l'état où elle se trouve dans le lait jusqu'à ce qu'elle ait pris le caractère de fromage propre à être débité ; nous ne chercherons pas non plus à établir quelles en sont les proportions relativement aux autres parties constituantes, pour une foule de raisons qu'il serait également superflu de déduire : nous observerons seulement qu'on fait des fromages avec le lait dont on a séparé la crème pour en obtenir le beurre ; on en fait avec le lait pur, tel qu'il sort des mamelles ; enfin, on en fait en ajoutant à ce lait le quart, le tiers ou la moitié en sus de la crème d'un autre lait. Tous ces fromages offrent autant de qualités distinctes ; mais l'espèce de lait et la manière de procéder constituent encore d'autres nuances : arrêtons-nous d'abord aux quatre points principaux qui forment toute la théorie de leur fabrication ; ils consistent,

1.º A faire cailler le lait;
2.º A séparer le sérum;
3.º A saler le caillé égoutté;
4.º A affiner les fromages.

Quelle que soit la méthode adoptée pour la fabrique des différens fromages du commerce, ces opérations sont indispensables : nous supposons que le lieu où elles s'exécutent est également pourvu d'ustensiles entretenus sur tout dans une propreté scrupuleuse; toute fille qui n'a point cette attention essentielle, devrait être exclue d'une fromagerie.

### De la présure.

On sait qu'il existe une foule de corps qui renferment le principe coagulant du lait; mais tous ne sont pas propres à opérer convenablement cet effet, car il ne suffit pas de séparer la matière caséeuse de sa sérosité, il faut encore lui conserver cette souplesse, cette continuité, ce moëlleux, qui assurent la qualité de la plupart des fromages, particulièrement de ceux qu'on réduit en petites masses, qu'il faut vendre et consommer dans l'année.

La liqueur contenue dans l'estomac, et l'estomac lui-même, de la plupart des ruminans ou non ruminans, ont, comme nous l'avons déjà fait remarquer, la propriété de faire cailler le lait, soit qu'ils se nourrissent exclusivement de végétaux, soit qu'ils ne vivent que d'animaux;

cette matière est communément employée dans les fromageries sous le nom de *présure*.

Pour préparer la présure on ouvre la caillette, on en détache les grumeaux , on les lave dans l'eau fraîche, et on les essuie avec un linge bien propre; on les sale, et on remet le tout dans la caillette, qu'on suspend pour la faire sécher et s'en servir au besoin.

La quantité de caillettes qu'il convient de préparer doit être réglée sur celle des fromages qu'on se propose de fabriquer; mais il vaut toujours mieux en avoir de surnuméraires que de n'en pas avoir assez.

Chaque département, chaque canton, et, pour ainsi dire, chaque commune, a sa méthode particulière pour employer la présure ainsi préparée : les uns ne s'en servent que dans l'état sec, et après l'avoir délayée dans un peu de lait; les autres y ajoutent des liqueurs vineuses, des acides; quelques-uns font digérer dans la présure, étendue d'une certaine quantité d'eau, des membranes d'estomac et des vessies d'animaux de toutes classes, et ne l'emploient que dans l'état liquide; souvent même il suffit d'en frotter la coquille ou la petite écrémette de bois, et de plonger ensuite cet instrument dans le lait, pour déterminer la coagulation; enfin, il y en a qui trempent dans une eau bouillante l'amulette ou poche de veau qui contient la présure, et quatre ou cinq minutes après cette eau est suffisamment chargée pour opérer l'effet désiré. Cette préparation est ce qu'on nomme vulgairement *infusion de présure*.

Quelle que soit la composition de la présure et la forme sous laquelle on emploie ce ferment du lait, il est bien important d'en ménager la dose, sur tout en été. Sans cette précaution la pâte de fromage ne réunit pas les conditions essentielles : si on en met par excès elle se présente en grumeaux désunis, sans consistance, et ne retient pas assez la crème qui se sépare de la sérosité; en moindre quantité, au contraire, le sérum est plus adhérent au caillé et n'est pas suffisamment dépouillé de matière caséeuse. Une présure à odeur forte produit encore un mauvais effet.

Pour fixer, à la vérité, d'une manière positive la quantité de présure à employer, il faudrait que la température fût constamment la même, et que le lait eût une égale aptitude à se cailler. Or, cette uniformité ne saurait exister ici; les variations perpétuelles de l'atmosphère et de la qualité du lait apporteront toujours de puissans obstacles à cette précision. Tout ce qu'on peut avancer de plus conforme à l'expérience, c'est qu'il faut d'autant plus de présure que le lait est plus gras et plus épais, car celui auquel on a enlevé la crème pour en faire du beurre, est plus facile à coaguler. Au reste c'est à la fermière intelligente à se régler sur ce point d'après son expérience particulière, qui seule est capable de la guider et de l'instruire.

On a cru que la vertu qu'a la présure de coaguler le lait, dépendait de l'acide qui se trouve dans l'estomac des jeunes animaux; mais les expériences d'*Young* et les nôtres prouvent évidemment que cette vertu appartienne également à une foule de substances fort éloignées de tout soupçon d'acidité.

En cherchant à connaître la nature de la présure et sa manière d'agir sur le lait, nous nous sommes convaincus que les alkalis qu'on y mêle ne détruisent pas sa propriété, mais que la température qu'on lui donne en fait varier singulièrement les effets : il faut donc nécessairement avoir égard à la saison. Lorsqu'il s'agit de l'employer, on met généralement en présure le lait tel qu'il sort du pis de la femelle pendant l'été; mais en hiver on est obligé d'exposer le vase qui le contient auprès du feu, ou dans un bain-marie, sans quoi l'action du ferment serait lente et incomplète. La nature du lait, l'espèce de fromage qu'on se propose de fabriquer, et l'expérience, sont encore ici les seuls guides en pareil cas.

### Du caillé.

Séparé de sa sérosité, spontanément ou par la coagulation artificielle, le caillé offre un aliment très-recherché dans certains pays : les Lapons sur tout en mangent en très-grande quantité; ils l'obtiennent en ajoutant au lait récemment trait du sérum aigri. Mais nous avons déjà considéré, sous ce point de vue, ce produit du lait. Examinons-le maintenant comme *fromage*.

Quelle que soit la présure dont on se sert, il convient de mettre le lait dans un endroit frais en été, et de le tenir, au contraire, chaudement lorsqu'il fait froid, afin de faciliter l'affermissement du caillé et son entière séparation d'avec la serosité.

Lorsque c'est la présure sèche qu'on emploie, on la délaye dans un peu de lait, et on la mêle exactement avec une cuiller, ordinairement de bois, dans toute la masse du fluide; après quelques heures, et au moyen du repos, la coagulation s'opère.

Dès que le lait est suffisamment pris, on le laisse reposer, plus ou moins de temps, suivant la saison, afin que le sérum dispersé dans la masse du caillé, se rassemble et puisse en être séparé; on y parvient en inclinant doucement le vase.

Le caillé, débarrassé d'une partie de sa sérosité, est enlevé avec une cuiller de bois percée de trous, et distribué par portions dans des éclisses d'osier, à travers lesquelles le petit-lait s'écoule librement, en prenant la forme du moule qui le contient: insensiblement le caillé se sèche, et acquiert assez de consistance pour se détacher facilement et être renversé sens dessus dessous dans d'autres éclisses, également percées de trous de toutes parts, où il reste encore à peu près le même espace de temps. De ces éclisses dépendent la forme et le volume qu'on veut donner aux fromages.

Quand le caillé est suffisamment ressuyé, et qu'il a acquis la consistance d'un fromage en forme, on le sépare de l'éclisse. Pour cet effet, on le renverse sur des tablettes ou clayons à jour, couverts de paille : on entoure communément ces clayons d'une toile forte et à tissu lâche, non-seulement pour laisser un libre courant à l'air et, par conséquent, à l'évaporation de l'humidité surabondante, mais encore afin de le garantir des mouches qui accourent de toutes parts, alléchées par l'odeur du gaz vineux, qui s'exhale au loin.

### *Salure du caillé.*

Le caillé, préparé comme on vient de le dire, s'altérerait bientôt si on ne se hâtait d'y ajouter un condiment. Celui auquel on a recours est le muriate de soude (sel marin); mais il faut toujours l'employer avec modération, dans un état sec et broyé, pour faciliter sa dissolution et sa pénétration insensible dans toutes les parties du caillé. La quantité qu'il convient d'en mettre ne saurait être déterminée encore que par l'expérience et l'habitude journalière.

Lorsque le caillé a la consistance requise, on en ratisse la surface, et on la recouvre avec du sel ; le lendemain on retourne le fromage, et on procéde de la même manière que la veille, afin de saler également l'autre surface et les côtés, qui n'avaient pas recu le sel. Enfin, on répète cette opération jusqu'à ce que le fro-, mage ait pris la juste quantité de sel qui lui convient; ce qu'on reconnaît par la dégusta- tion, et sur tout lorsqu'il n'en absorbe plus : alors on distribue le caillé salé sur des espèces de claies ou rayons faits comme une échelle, et rangés près des murs de la fromagerie; on y met de la paille de seigle, sur laquelle on arrange les fromages de manière qu'ils ne se touchent par aucun point.

Nous disons expressément la paille de seigle, parce que l'expérience des fromagers leur a· prouvé qu'il n'est pas indifférent de se servir de toute espèce de paille pour y étendre les fromages; ils préfèrent celle de seigle, comme ayant la propriété de se détériorer moins promp- tement et de ne communiquer aucune qualité étrangère.

Ainsi arrangés, les fromages sont retournés tous les deux jours pendant environ deux mois, afin que la paille, qui était inférieure la veille, devienne supérieure le lendemain et soit séchée à son tour; alors cette opération n'est plus répétée que tous les huit jours, en observant de renouveler la paille et de laver les claies, dans la crainte qu'elles ne communiquent quel- que mauvais goût.

### *Affinage des fromages.*

Pour affiner les fromages, on les porte dans un endroit frais et humide, ayant soin de les garantir des souris, des chats, et sur tout des insectes qui y déposent leurs œufs.

Il y a certains fromages disposés à sécher trop vite. Pour éviter cet inconvénient, quelques fabricans les frottent avec de l'huile; d'autres les couvrent de lies de vin, ou, mieux encore, les enveloppent avec un linge imbibé de vinaigre : souvent aussi, quand les fromages ne sont pas d'un grand volume, on les entoure de feuilles d'orties ou de cresson, qu'on renouvelle de temps en temps; quelquefois aussi de foin tendre, qu'on humecte avec de l'eau tiède, en le retournant souvent.

Ceux qui n'ont pas de localités disposées pour ces opérations, tiennent les fromages exposés à l'air, sur une claie suspendue dans leur chaumière, et, pour les faire affiner, ils les plient dans du foin mouillé, avec une lessive de cendres; mais il arrive très-souvent que la fermentation dévance le temps fixé par leur calcul, et que la pâte a contracté un goût fort, avant l'époque de la vente.

Une fois les fromages affinés, on les enlève de dessus la claie, on les expose sur des planches dans un endroit où ils ne sèchent ni trop ni trop peu. Il faut sur tout observer que ces planches ne soient point de pin ou de sapin, ou d'autres bois résineux de cette espèce, parce que le fromage en contracterait bientôt le goût et l'odeur.

S'il y a des caves propres à bonifier les vins qui y séjournent, elles n'ont pas moins d'influence sur les fromages. La célébrité dont jouissent les souterrains creusés dans les rochers de Roquefort, où il se façonne par an environ six mille quintaux de fromages, en est une preuve non équivoque.

Le fléau le plus destructeur des fromages, de ceux sur tout obtenus sans le concours de la cuisson, ce sont les mites : elles éclosent dans leur croûte, et s'y multiplient à l'infini. On sait combien cet inconvénient en diminue la valeur en en restreignant le commerce à un ordre de consommateurs peu difficiles sur l'aspect et sur le goût.

Plusieurs moyens ont été proposés pour prévenir la vermification si commune dans les fromages : les plus efficaces consistent à travailler à des heures et dans des endroits à l'abri des mouches, à entretenir la propreté et la fraîcheur dans les caves, à frotter les fromages avec un linge une fois par décade, et à laver les planches sur lesquelles ils sont distribués.

Le fromage parvenu au dernier degré de putrescence, contient-il encore tout le sel marin qu'on y a introduit lors de sa préparation ? Telle est la question que nous nous sommes faite ; et voici notre réponse.

Le but qu'on se propose en ajoutant du sel marin au fromage, est de fournir à la matière caséeuse une sorte de condiment, qui s'oppose d'une part à la décomposition de cette matière, et, de l'autre, lui donne une saveur qui convienne à l'organe du goût et rende le nouveau corps qu'on obtient d'une digestion facile.

Mais tous ces avantages n'ont qu'une durée déterminée, car le fromage, lorsqu'il est préparé, peut être considéré comme un corps très-composé ; or il est de l'essence des corps de cette espèce de tendre continuellement à changer d'état : il en résulte nécessairement que le fromage doit, tôt ou tard, acquérir une odeur, une saveur et une consistance différentes de celles qu'il avait peu de temps après sa préparation, et qu'enfin il arrive au terme d'une décomposition complète.

On se tromperait si on croyait que la matière caséeuse est seule susceptible d'éprouver une décomposition ; le sel marin lui-même n'en est pas exempt. Aussi, lorsqu'on vient à examiner chimiquement du fromage décomposé, ou, suivant l'expression commune, qui est passé, ne retrouve-t-on plus la même quantité de sel qu'il contenait dans sa nouveauté. C'est ce dont nous avons eu la preuve en analysant des fromages cuits et préparés depuis plus de deux ans.

Ces fromages n'étaient presque plus salés ; ils étaient secs et faciles à pulvériser ; ils avaient encore une odeur qui semblait participer, et de celle des corps rances, et de celle des corps qui commencent à se putréfier.

Il faut remarquer cependant que ces caractères se faisaient plus particulièrement remarquer dans certains fromages que dans d'autres. Par exemple, ceux de Hollande etc., et presque tous ceux de cette espèce auxquels on n'applique jamais la cuisson, et qui par conséquent conservent une sorte de mollesse, nous ont paru plus susceptibles de se décomposer promptement que ceux qui ont été cuits, tels que le fromage de Gruyère.

Il semble que pendant la cuisson toutes les matières qui composent ces derniers fromages ont été mieux combinées ; comme, d'ailleurs, ils contiennent infiniment moins d'humidité, il n'est pas étonnant qu'ils se conservent plus long-temps, et que le sel marin sur tout ne s'y altère pas aussi promptement que dans ceux dans la fabrication desquels l'extraction de la sérosité surabondante à l'état du caillé a eu lieu spontanément.

## ARTICLE VIII.

### *Des différentes qualités de fromages.*

LES opérations décrites dans l'article précédent, sont absolument indispensables pour la fabrication des fromages en général ; mais elles appartiennent plus spécialement encore à la classe de ceux qui, ayant une consistance plus ou moins molle, se consomment sur les lieux où dans les pays circonvoisins, et ne peuvent se garder en bon état que six à sept mois au plus, à dater de l'époque où ils sont affinés.

L'application de la présure au lait, la température qu'on donne à ce fluide, la manière de séparer la sérosité du caillé et d'y introduire le sel, les matières qu'on y ajoute pour les assaisonner et les colorer, sont autant de circonstances qui font varier la qualité de la pâte qui en résulte, et la rendent propre à circuler en grosses masses dans les départemens éloignés de ceux où ils se fabriquent.

Pour donner aux fromages ces conditions essentielles, il ne s'agit pas de changer la nature et les proportions des matériaux qui entrent dans leur composition, mais bien les préparations qu'ils doivent subir, soit pour en séparer, le plus complétement possible, la sérosité, soit pour en combiner une portion plus intimement avec le caillé, et en former un corps moins susceptible d'altération.

Nous pourrions nous borner à ce que nous avons déjà exposé concernant la fabrication des fromages en général, sur tout après le travail que le citoyen *Desmarets*, membre de l'institut national, a entrepris sur cet objet intéressant de l'économie rurale. Ce savant a étudié, en effet, non-seulement toutes les méthodes des pays qu'il a parcourus, l'ordre et la liaison de leurs procédés, de manière à saisir ce qui pouvait en caractériser les résultats, mais il a encore suivi avec la plus scrupuleuse exactitude les manipulations les plus délicates, lorsqu'elles lui ont paru contribuer au succès de l'opération et à l'éclaircissement de la théorie; enfin, il a proposé tous les moyens de rectification qui lui ont paru propres à perfectionner ce produit.

Il serait donc superflu de nous arrêter à décrire en particulier la recette des fromages qui ont le plus de vogue en Europe, puisque notre estimable collégue a traité cet objet en grand dans la partie des arts de l'encyclopédie méthodique, et que la correspondance rurale, par la *Bretonerie*, le guide du fermier, par *Artur Young*, le cours complet d'agriculture, par *Rozier*, ne laissent non plus, à cet égard, rien à désirer.

Mais nous nous exposerions aussi à quelques reproches fondés, si, dans un écrit consacré à l'examen et au développement de toutes les propriétés du lait, on ne trouvait point un aperçu général des moyens employés pour donner à la plus nutritive, la plus abondante et la plus usitée des parties constituantes de ce fluide, toutes les nuances qui servent à caractériser dans le commerce la nomenclature immense des fromages connus.

Une première opération, essentielle à la conservation et à la bonté des fromages, c'est la dose du sel et sa distribution uniforme dans toute la masse. Ce que nous avons déjà dit de la salaison du beurre, doit trouver ici son application. Il n'est pas douteux que les fromages trop salés se réduisent en grumaux et se brisent dans le transport; mais si l'on ne met pas suffisamment de sel, la croûte crève, et la pâte reste sans consistance. La quantité convenable de sel est donc un point essentiel à saisir pour éviter tous ces inconvéniens.

Une autre opération non moins utile à la conservation des fromages, c'est d'exprimer le petit-lait du caillé avec le plus de soin possible, car, quand il cesse de former corps avec la matière caséeuse, il est absolument ce que celle-ci est au beurre, qui ne tarde pas à rancir quand il n'en est pas entièrement dépouillé; devenu libre dans la masse du caillé, il contribue de mille manières à sa décomposition, et le fait bientôt viser à l'alkalescence. C'est en effet spécialement sur la séparation plus ou moins complète de ce fluide qu'est fondé l'art des fromages, qu'on peut rapporter à trois grandes divisions; savoir :

1.º Les fromages dont le petit lait se sépare spontanément, et qui, conservant plus ou moins de mollesse, sont ordinairement en petite masse;

2.º Les fromages dépouillés de la sérosité, au moyen de la compression, et qui ont plus de consistance et de volume;

3.º Les fromages auxquels on applique l'action de la presse et de la chaleur, pour leur donner une grande fermeté et le plus de durée possible.

Toutes ces différentes qualités de fromages, qu'on désigne communément sous les noms de fromages gras ou fermes, de fromages cuits ou non cuits, peuvent se préparer avec toutes les espèces de lait, employées séparément ou mélangées; mais c'est le lait de vache qui, dans les grandes fabriques, sert le plus ordinairement à cet objet.

## Des fromages privés de la sérosité spontanément.

On compte plusieurs mets préparés avec le lait, et qui paraissent journellement sur la table sous le nom de fromage; mais ce n'est, à proprement parler, que de la crème nouvelle qu'on bat comme pour faire le beurre, et dont on suspend la percussion au moment où ce fluide acquiert une sorte de consistance; tel est le fromage de Viry, tel est le fromage à la crème de Mondidier. Ces sortes de fromages sont ordinairement assaisonnés avec du sel ou du sucre, suivant les goûts et les moyens de ceux qui doivent en faire usage.

On sait encore que le caillé, pourvu plus ou moins abondamment de sa sérosité, et obtenu par la coagulation spontanée du lait ou par l'addition de quelques matières coagulantes, offre un aliment assez recherché, sur tout des habitans des montagnes couvertes de pâturages; ils ont chacun une manière particulière de s'en servir. On le connaît sous le nom de *caillé*, *mattes*, *fromage maigre*, *fromage mou*, *fromage à la pie;* on l'appelle fromage à la crème, quand il est arrosé avec le lait ou avec la crème. Mais notre intention n'étant pas de grossir cet ouvrage par la description des mets préparés extemporanément avec le lait, et que la sensualité a tant multipliés, nous allons continuer l'examen méthodique des véritables fromages les plus répandus dans le commerce.

Nous avons déjà observé que le caillé résultant de la coagulation artificielle du lait, était distribué dans dès éclisses à jour, à travers lesquelles il se dépouillait insensiblement de sa sérosité. Dès que la pâte est ressuiée et qu'elle a acquis la consistance d'un fromage en forme, on en sépare le duvet et la mucosité qui se présentent à la surface; on les racle avec la lame d'un couteau. Le fromage, une fois débarrassé de cette superfluité, est blanc, propre et de bonne odeur.

Dans cette première classe de fromage, dont la sérosité est séparée spontanément, le caillé conserve un certain temps sa forme gélatineuse; la crème, interposée entre ses parties, y subsiste sans former de combinaison, puisqu'en donnant avec de l'eau pure à un fromage gras de six mois de fabrication une fluidité comparable à celle de la crème, nous en avons obtenu, au moyen de la percussion, une assez grande quantité de beurre.

On voit d'ailleurs dans les fabriques où l'on opère sur de grandes masses de lait, que ce fluide, lors même qu'il se coagule, laisse toujours échapper de la crème qui monte à sa surface; mais on sait aussi que le caillé en retient, et qu'on peut la séparer, soit en exprimant ce caillé, soit en le faisant chauffer; enfin on a la preuve que cette crème, soumise à la baratte, fournit également son beurre : il n'est donc pas douteux, d'après cela, que ce ne soit la crème qui influe pour beaucoup sur la mollesse des fromages et sur leur durée.

Les expériences très-bien faites du citoyen *Payssé*, pharmacien en chef de l'hôpital militaire de Mæstricht, prouvent en effet que, plus le lait qui sert à la confection des fromages est abondant en crème, moins les fromages acquierrent de disposition à s'altérer; qu'au contraire, le lait écrémé donne des fromages qui ont nécessairement une qualité inférieure et une plus grande tendance à la putréfaction.

Les fromages de l'espèce de ceux dont nous parlons, abandonnés à eux-mêmes, subissent différens degrés de fermentation, dont il est possible de suivre la marche en étudiant les signes qui les accompagnent.

1.° Ces fromages perdent de leur volume et s'affaissent sur eux-mêmes.

2.º Leur surface forme une croûte plus ou moins épaisse et sèche.

3.º La substance renfermée sous la croûte prend d'abord une consistance molle, et insensiblement elle devient assez liquide pour couler; dans cet état, elle présente toutes les apparences d'une matière crèmeuse fort épaisse, dont l'odeur et la saveur ne sont plus comparables à celles qu'elle avait auparavant.

4.º Cette espèce de crème se déssèche à son tour; sa surface se colore, jaunit, et l'intérieur devient d'une odeur et d'une saveur désagréables.

5.º Enfin, la fermentation putride s'établit, et opère la décomposition totale des fromages, qui alors finissent par devenir la proie des vers.

Tels sont les changemens que subissent, plus ou moins promptement, les fromages à raison des localités et de la saison ; ils dépendent nécessairement de la production de combinaisons nouvelles. L'azote et l'hydrogène, qui sont au nombre des parties constituantes de la matière caséeuse, se dégagent les premiers, et viennent ensuite se réunir pour former de l'ammoniaque; celle-ci, trouvant de la matière caséeuse et de la crème, qui ne sont pas encore décomposées, se combine avec elles et se convertit en une espèce de matière savoneuse, d'où résulte ce liquide blanc, épais, crèmeux, qui, lorsqu'il existe en certaine proportion, rompt la croûte qui l'entourait et se manifeste à l'extérieur : c'est alors qu'on dit que le fromage coule.

Tant que l'ammoniaque rencontre assez de matière caséeuse pour s'y combiner, l'odeur de fromage n'est pas autrement incommode ; mais, lorsque par les progrès de la fermentation elle devient plus considérable, alors cette ammoniaque s'exhale, et, comme elle entraîne avec elle des corps putrides, elle affecte désagréablement l'organe de la vue et de l'odorat : c'est à cette époque seulement qu'il n'est plus possible de manger le fromage, parce qu'en effet il ne contient plus rien, ou presque rien, des substances qui le constituaient avant que la fermentation fût autant avancée.

Mais quels que soient les soins qu'on prenne dans la préparation des fromages de cet ordre, ils se conservent rarement plus d'une année ; leur consistance plus ou moins molle, la nécessité de les laisser égoutter spontanément, ne permettent point qu'on les réunisse en grosses masses et qu'on les transporte au loin : aussi les prépare-t-on tous les ans et sont-ils consommés à peu de distance des endroits où ils sont préparés.

Dans le nombre de ces fromages, fabriqués par tout où l'on entretient des troupeaux de vaches, de brebis ou de chèvres, il en est quelques-uns dans lesquels la crème se trouve par surabondance ; tels sont ceux de Neufchatel, de Marolles, de Rollot, du Mont-d'or, de Brie, de Livarot, etc., etc.

*Des fromages privés de la sérosité au moyen
de la compression.*

Pour obtenir ces fromages on n'a d'autre
objet que de briser le caillé dès qu'il est
formé, et de contraindre le sérum, qui s'y
trouve disséminé comme dans des cellules particulières, à se séparer promptement; d'où
résulte une pâte qui prend de la consistance
à mesure qu'elle se dépouille du fluide qui
lui donnait l'état mou et tremblant; cette
pâte devient susceptible d'être maniée et dis-
tribuée dans des moules, au travers desquels
s'égoutte insensiblement le restant d'humidité
que l'effort des mains et des presses n'a pu
extraire.

Ainsi, dès que la présure a produit son effet,
les ouvriers qui président aux manutentions
d'une vacherie et à toutes les opérations d'une
laiterie, se servent d'une lame de bois en forme
d'épée, pour diviser en tout sens les parties
du caillé qui nagent dans la sérosité, et avec
les bras qu'ils plongent dans la masse, ils tour-
nent sans interruption, compriment et forment
un gâteau qui se précipite au fond du vase,
dont il prend bientôt la forme : on l'en retire
et on le serre fortement avec les deux mains
sur une table; on le met encore à égoutter;
on le comprime de nouveau, au moyen d'une
pierre d'un certain poids, qui achève d'en
dégager le superflu du petit lait.

La pâte du caillé, lorsque la saison n'est pas chaude, reste ainsi pendant deux à trois jours placée près du feu ; elle augmente alors de volume : il s'établit dans l'intérieur de la masse un mouvement de fermentation ; on y voit, des yeux, des vides occasionnés par l'air qui se dégage, et tels qu'on les observe dans une pâte levée. On dit alors que le caillé est passé ou soufflé, et on l'appelle *tomme* ; c'est dans cet état qu'on le sale.

Pour procéder à cette opération, le fromager prend le gâteau de *tomme*, qu'il divise par morceaux, et qu'il pétrit dans la boîte, ou moule percé de plusieurs trous. Après y avoir jeté une poignée de sel il achève de remplir la capacité du moule avec de la tomme pétrie, salée et réduite en pâte, qu'il comprime le plus qu'il est possible ; il en fait une couche, qu'il recouvre d'une couche légère de sel, et ainsi de suite, jusqu'à ce que la boîte soit remplie. Le caillé reste dans son moule, couvert d'un morceau de toile, sous une presse, pendant quelques jours, et on le retourne, afin que, d'une part, le sel qui se fond dans la masse en pénètre également toutes les parties, et que, de l'autre, on puisse en extraire le petit lait superflu, lequel, ayant dissous une certaine quantité de sel, sert à humecter la surface des fromages.

Au sortir de la presse ils sont transportés à la cave, où l'on a soin de les retourner tous les jours, afin que le sel continue à se diviser

et à se distribuer uniformément. Quand la surface est trop sèche il faut l'humecter avec le
petit lait chargé de sel : c'est un supplément
qu'on leur administre.

Après que les fromages ont séjourné pendant
un certain temps à la cave, on essuie la mousse
qui recouvre leur surface, et on racle avec la
lame d'un couteau la croûte qui se trouve au-
dessous; elle est d'abord molasse, mais_ elle
acquiert insensiblement la consistance et la
couleur désirées.

Quelque fluidité qu'ait en apparence le petit
lait qui se dégage des fromages gras et maigres,
cuits ou non cuits, à diverses époques de leur
fabrication, il contient encore, comme nous
l'avons fait voir dans la première partie de cet
ouvrage, plus ou moins de matière caséeuse,
dont la quantité a paru, au citoyen *Desmarets*,
être le dixième de celle qu'on en a tirée d'abord.
Il s'étonne avec raison de ce qu'on abandonne
aux bestiaux, dans la plupart des cantons, le
petit lait qui a donné le premier fromage, sans le
dépouiller auparavant du fromage secondaire.

On peut obtenir cette matière caséeuse, qui
reste encore dans une espèce de combinaison
avec le petit lait, par l'évaporation et par la
coagulation, et en faire des fromages secondaires, connnnus dans les fabriques sous le nom
de *broute*. Ces fromages, qui ne forment pas
des masses aussi fermes, ont une saveur fort
agréable ; ils sont la nourriture ordinaire des

ouvriers employés à ces fabriques, et le régal de ceux qui vont les visiter.

Les fromages de la ci-devant Auvergne, connus sous le nom de *fromages de forme*, sont compris dans la classe de ceux dont nous venons d'indiquer la préparation : leur conservation ne va guères au-delà de six mois environ, tandis qu'il serait possible de les garder des années entières, et aussi long-temps, pour le moins, que les fromages de Hollande, avec lesquels ils ont la plus grande analogie.

Comme les deux tiers des revenus du département du Cantal consistent en fromages, qui pourraient suppléer les fromages de Hollande, leur être même préférés, si, pour les mieux préparer, on voulait sortir du cercle de ses habitudes ; il est étonnant que les fabricans ne se soient pas plus occupés de la recherche de la meilleure méthode de les faire, des moyens de les conserver plus long-temps, et de profiter des vues d'amélioration qui leur ont été présentées par des hommes dignes, à plus d'un titre, de la confiance publique.

Dans ses voyages le citoyen *Desmarets* n'a point oublié d'observer les principaux procédés adoptés relativement aux fromages d'Hollande, pour la fabrication desquels on a soin d'exprimer le plus exactement la sérosité ; aussi se détériorent-ils moins aisément et moins promptement que ceux du Cantal. Il trouve d'abord que les Hollandais ne laissent pas fermenter leurs gâteaux de caillé aussi long-temps que le font les pâtres du Cantal, et qu'au lieu de les saler à mesure qu'on les pétrit et qu'on les entasse dans des formes, ils mettent tremper les fromages dans une eau salée, qui dispose toute la masse à recevoir la quantité de sel blanc et purifié qu'on répand à leur surface; ce qui le distribue d'une manière plus égale.

Un des motifs qui, suivant l'observation du citoyen *Desmarets*, doivent réveiller l'attention des habitans du département du Cantal sur ce point important de leur industrie, est la concurrence des Hollandais qui viennent vendre dans nos ports, et sur tout à Bordeaux et à Larochelle, des fromages qui lui ont toujours paru avoir un plus grand débit que ceux de la ci-devant Auvergne, par la raison seule qu'ils sont susceptibles d'une plus longue durée; car pour la qualité il pense que les premiers n'ont aucune réputation de supériorité bien établie sur celui du Cantal, et qu'en donnant à ce dernier la perfection dont il est susceptible, non-seulement on retiendrait dans la république des fonds qu'on emploie annuellement à acheter des fromages étrangers, mais qu'on ferait même de ceux fabriqués en France un objet d'exportation.

A ces sages réflexions de notre collègue *Desmarets*, joignons celles du citoyen *Boyssou*, qui avait soumis à l'examen de la ci-devant Société de Médecine, ses expériences et ses vues sur l'amélioration des fromages du Cantal.

Après avoir examiné attentivement ce que la méthode adoptée dans ces fabriques pouvait offrir de bon, d'utile ou de défectueux, ce pharmacien instruit remarque, entre autres choses, qu'il serait à désirer que, pour tarir une source continuelle d'erreurs et d'incertitudes dans la préparation et l'emploi de la présure, on substituât à ce ferment un acide végétal tiré du tartre par un procédé qu'il a fait connaître, qu'il conviendrait de mieux exprimer la sérosité du caillé, et de ne pousser celui-ci qu'au premier degré de la fermentation ; de déterminer la dose du sel et sa distribution d'une manière plus uniforme ; de ne pas donner aux fromages un volume aussi considérable, afin de les façonner, de les comprimer et de favoriser leur perfection ; de les retourner plus souvent qu'on ne fait, soit sous la presse, soit à la cave, afin que le sel ne se porte pas sur un point plutôt que sur un autre : en un mot, l'auteur voudrait que, pour les préserver du contact de l'air, on les emballât dans des caisses ou dans des barils doubles de fer-blanc ou de plomb laminé.

Nous n'insisterons pas davantage sur les observations du citoyen *Boyssou*, tendantes à améliorer la qualité des fromages du Cantal, et à rendre cette source constante de nos richesses plus utile à la France; elles rentrent absolument dans les vues du citoyen *Desmarets*, parce que la vérité n'est qu'une pour tous les hommes accoutumés à voir et à réfléchir.

## *Des fromages privés de la sérosité au moyen de la compression et du feu.*

Dans les deux genres de fromages dont il a été question jusqu'à présent, la matière caséeuse ne subit pas l'action du feu; il suffit d'exposer le caillé sur des vaisseaux à claire voie, pour les premiers, et d'employer les efforts d'une presse, pour les seconds. Cette opération a pour objet d'amener la pâte à un état de consistance, telle qu'on puisse la manier, la figurer et la saler. Mais lorsqu'on veut ajouter encore une perfection à cette pratique, il faut nécessairement employer la cuisson.

Dès qu'on a tiré tout le lait qu'on destine à faire les fromages, on le coule dans une chaudière exposée à l'action d'un feu modéré; on enduit ensuite de présure toutes les surfaces de l'écuelle plate qu'on plonge dans le lait, et qu'on remue dans tous les sens.

Après que la présure, aidée de la chaleur, a fait sentir son action, on enlève le lait de dessus le feu, et on le laisse en repos; il se caille en peu de temps : on sépare une portion du sérum, et on en conserve suffisamment pour cuire à feu modéré la masse divisée en grumeaux; on l'agite, sans discontinuer, avec les mains, les écuelles et les moussoirs dont on se sert pour la brasser.

Lorsqu'on est parvenu à donner à la pâte une grande division et à lui faire présenter le plus de surface à l'action du feu, on en modère la cuisson, et elle est à son point quand les grumeaux qui nagent dans le petit lait ont acquis un degré de consistance un peu ferme, un œil jaunâtre, et qu'ils font ressort sous les doigts : il faut alors enlever la chaudière du feu, remuer toujours, et rapprocher en différentes masses les grumeaux, ayant l'attention d'en exprimer le petit lait le plus exactement possible.

Cette première opération terminée, on distribue les grumeaux dans des moules, et on emploie la presse pour en faire sortir toute la sérosité, et les réunir de manière à former un corps d'une homogénité parfaite.

Dans les fromages égouttés spontanément, la salaison est facile : trouvant un dissolvant dans le sérum abondant et libre en quelque sorte, le sel, séché et broyé, se distribue bientôt dans toute la masse, s'empare d'une portion de l'humidité, et la rend plus apte à se combiner avec la matière caséeuse, qu'elle était disposée auparavant à abandonner. Il suffira donc d'en soupoudrer à diverses reprises les surfaces : quelques jours suffisent à cette opération.

Pour introduire le sel dans le caillé cuit, favoriser sa solution et sa pénétration, il faut retourner les fromages et leur donner une autre forme, moins large que celle où ils ont été moulés d'abord. Ils restent dans cette seconde forme pendant trois semaines ou un mois sans être comprimés par les bases. On se contente de les maintenir dans leur contour ; on les sale tous les jours, en frottant de sel les deux bases et une partie du contour ; à chaque fois on resserre le moule, et lorsqu'on s'aperçoit que les surfaces n'absorbent plus le sel, ce qui s'annonce par une humidité surabondante, on cesse d'y en mettre, on retire les fromages du moule, et on les met en réserve dans un souterrain. Les fromages de cette dernière classe sont précisément ceux qui, par leur préparation, sont les plus propres à se conserver en grosses masses, à circuler dans le commerce, et à devenir, par conséquent, d'un transport plus facile ; tel est le fromage de Gruyères, tel est le fromage de Chester, tel est le fromage de Parmesan.

Ces trois sortes de fromages, si connus en Europe, diffèrent par leur couleur, leur consistance et leur saveur, malgré la ressemblance des procédés de leur fabrication : la pâte du Parmesan est celle qui a le plus de fermeté, à cause d'un plus grand degré de cuisson et de pression qu'on lui fait éprouver, ce qui le rend plus propre à être rappé et à faire partie des alimens dans lesquels il entre.

Il ne paraît pas que, jusqu'à présent, on ait fait aucune tentative pour s'assurer si, en mêlant les crèmes levées sur les différentes espèces de lait et les soumettant ensemble à la baratte, on ne réussirait pas à améliorer le beurre; mais nous ne doutons point que l'on ne perfectionnât beaucoup l'art de préparer les fromages en mêlant ainsi les laits, et qu'il ne résultât infailliblement de ce mélange, fait dans des proportions convenables, un fromage d'une qualité supérieure à celui que fournit le lait de vache tout seul. C'est encore là un de ces aperçus qu'il serait important de suivre, à raison des avantages qu'il promet.

Nous en avons une preuve bien évidente dans le fromage de Roquefort, qui, comme les fromages de la seconde classe, a perdu sa sérosité par la compression : il est formé ordinairement de lait de brebis; on y mêle souvent celui de chèvre, et cette association contribue à le rendre plus délicat et plus parfait. Le fromage de Sassenage, qui jouit d'une si grande réputation, n'est-il pas composé du lait de vache et du lait de brebis ? et quand on peut y joindre celui de chèvre, ce fromage en vaut encore infiniment mieux. N'oublions pas, enfin, que le meilleur miel est celui que les abeilles vont ramasser sur les fleurs de plantes de plusieurs familles.

Avant de terminer cet article, nous ferons encore une observation, qui, suivant nous, est de la plus haute importance pour la prospérité du commerce des fromages. On pourrait faire par tout les mêmes espèces de fromages, quoique cuits avec différentes espèces de lait, en les soumettant aux mêmes procédés. Ne fabriquet-on pas déjà dans les départemens du Jura, du Doubs et des Vosges, des fromages de la qualité de ceux qu'on fabrique à Gruyères en Suisse. Cette espèce mérite sans contredit la préférence sur tous les fromages qu'il faut vendre et consommer dans l'année, et qui ont le grand inconvénient d'éprouver un déchet considérable et de se gâter par la chaleur, malgré les précautions que l'on prend de ne les transporter que la nuit, et de les tenir dans les endroits les plus frais de l'habitation.

## Article VII.

### *Emploi du lait dans quelques procédés relatifs aux arts.*

L'emploi du lait, ou de l'une de ses parties constituantes, ne se borne pas seulement aux usages économiques et médicinaux ; on est parvenu encore à faire quelques applications avantageuses de ce fluide aux arts : pour en donner la preuve il nous suffira de citer, entre autres exemples, la clarification des liqueurs vineuses et spiritueuses ; la conservation des viandes ; le blanchiment des toiles, etc.

### *Clarification des liqueurs connues sous le nom de ratafiats.*

La clarification de ces sortes de liqueurs n'est pas toujours aussi facile qu'on pourrait le croire : souvent, par la nature du sucre et par celle des substances aromatiques et colorantes, employées pour les faire, ces liqueurs manquent de cette transparence qui flatte l'œil et prévient toujours en faveur des liqueurs.

Envain on essaierait de les abandonner à elles-mêmes pendant un certain temps, dans l'espérance qu'elles laisseraient déposer les corps contraires à leur transparence ; inutilement aussi on voudrait recourir à la filtration, soit au papier, soit à travers un tissu d'étoffes de laine. La consistance trop considérable de ces liqueurs s'opposerait toujours à ce que ces deux moyens pussent être employés avec succès, et il faudrait, ou se déterminer à les boire troubles, ou à recourir, pour les clarifier, à l'emploi de différens moyens qui pourraient préjudicier à leur qualité.

On obvie à ces inconvéniens en se servant du lait, et mieux encore de la crème : la quantité de ce dernier fluide, sur tout, qu'il convient d'employer, doit être peu considérable ; autrement on aurait infailliblement un effet contraire à celui qu'on désire d'obtenir.

Ainsi, par exemple, pour chaque pinte de liqueur qu'on veut clarifier, il suffit souvent d'ajouter une cuillerée à café de crème douce et nouvelle ; autrement elle gâte les liqueurs au lieu de concourir à la perfection qu'on veut leur donner, parce que l'esprit ardent s'empare du principe de la rancidité.

On agite, pendant une minute ou deux, le mélange, et on l'abandonne à lui-même pendant deux fois vingt-quatre heures, même pendant plus long-temps si cela est nécessaire.

On est averti du succès de l'opération, lorsqu'on se rappelle de quelle manière l'alcohol et le sucre agissent sur la matière caséeuse. On sait, en effet, qu'ils ont tous deux la propriété de coaguler cette matière. C'est précisément de cette propriété que dépend la clarification.

La matière caséeuse, coagulée en même temps dans tous les points de la liqueur, ne tarde pas à se rassembler, et, comme ses molécules sont spécifiquement plus légères que le fluide dans lequel elles se trouvent, elles viennent se réunir à la surface, en rassemblant et emportant avec elles tous les corps flottans dans le fluide, qui nuiraient à sa transparence. Souvent il arrive que la réunion des molécules de la matière caséeuse, au lieu de s'opérer à la surface, ne se présente qu'au fond du liquide. Cet effet se remarque principalement lorsque la coagulation a été rapide. Dans ce cas, la clarification n'en a pas moins lieu; quelquefois même elle est plus complète : elle donne d'ailleurs la facilité de pouvoir soutirer la liqueur par le moyen d'un siphon, et, comme alors on l'obtient déjà claire, elle passe ensuite très-aisément à travers le filtre.

Il y a encore un grand avantage à se servir de la crème, c'est que les liqueurs qui ont été

clarifiées avec elle deviennent plus moëlleuses,
et perdent promptement cette saveur peu agréable qu'elles ont presque toujours lorsqu'elles
sont nouvellement faites. Cet avantage est d'autant plus précieux qu'il permet de faire usage
de ces liqueurs beaucoup plus tôt que lorsque,
pour les clarifier, on a employé simplement la
filtration.

Ce moyen d'opérer la clarification des
liqueurs a été long-temps un secret; c'est à
l'emploi que quelques distillateurs liquoristes
savaient en faire, qu'était due la réputation de
quelques ratafiats, qu'on a cherché bien des
fois à imiter, sans y avoir jamais pu réussir.

On prétend aussi qu'on peut employer, avec
le même succès, la crème ou le lait pour clarifier le vin, et que ceux sur tout qui commencent à tourner à l'acide sont, pour ainsi dire,
restaurés par ce moyen.

En effet, nous avons eu occasion d'examiner
des vins qui avaient été ainsi clarifiés. Ils étaient
devenus clairs et potables. Mais nous avons
remarqué aussi qu'ils ne conservaient pas long-
temps leur transparence, et qu'à mesure qu'ils
se troublaient, ils devenaient tellement acides
qu'il était impossible de les boire. C'est pour
cela, sans doute, que ceux qui ont recours au
lait pour clarifier leurs vins, se hâtent de s'en
défaire dès qu'ils aperçoivent qu'ils ont acquis
cette limpidité qui en impose toujours à l'acqué-
reur, parce qu'il la croit naturelle, ou qu'il

ignore les moyens dont on s'est servi pour l'obtenir.

Il est plus que vraisemblable que l'usage du lait employé comme clarifiant, pourroit être plus étendu qu'il ne l'a été jusqu'à présent; mais nous devons observer, en faveur de ceux qui voudraient y avoir recours, qu'ils n'obtiendront de succès réel qu'autant que les fluides qu'ils auront à clarifier contiendront des substances propres à opérer la coagulation de la matière caséeuse, car autrement le lait ou la crème, dont on se serait servi, resteraient, pour ainsi dire, dissous dans la liqueur avec laquelle ils auraient été mêlés, et alors, loin de la clarifier, ils augmenteraient son opacité et concourraient même à accélérer son altération.

### Du blanchiment des toiles par le moyen du sérum ou petit lait.

La plupart des opérations auxquelles on a recours pour enlever aux toiles écrues la couleur grise qu'elles ont toujours au sortir des mains du tisserand, sont en général assez simples. On sait que, pour détruire cette couleur, il suffit de faire macérer long-temps les toiles dans des liqueurs alkalines, et de les exposer ensuite sur le pré à l'action de l'air, de l'humidité et de la lumière; ce n'est qu'en renouvelant ces opérations qu'on obtient ce premier blanc, suffisant dans bien des circonstances, mais qui est bien éloigné de celui qu'on remarque aux toiles traitées avec le lait.

Le procédé pour blanchir au lait consiste à laisser macérer, pendant vingt-quatre heures, dans un bain de petit lait aigre, ou, mieux encore, dans du lait de beurre, la toile qui a déjà subi les préparations préliminaires dont on a parlé plus haut, et qui par conséquent a le premier blanc ; on la lessive ensuite, et on l'expose sur le pré, avec la précaution de l'arroser de temps en temps avec de l'eau.

Souvent une seule macération dans le bain de lait ne suffit pas ; alors on répète cette opération jusqu'à trois fois, et même davantage, si cela est nécessaire.

Les différens degrés de blancheur qu'acquiert la toile en multipliant les macérations, se désignent par les noms de premier, de second et de troisième blancs.

Le lait dans lequel on a ainsi laissé macérer la toile, se gâte beaucoup plus promptement que celui qui n'a pas servi au même usage. Son altération se manifeste par une odeur putride assez forte. Lorsqu'il est arrivé à cet état, il ne peut plus être employé, car il n'opérerait pas l'effet du blanchiment.

Lorsque la température de l'atmosphère n'est pas trop chaude, le même lait peut servir plusieurs jours de suite. Dans ce cas, après vingt-quatre ou trente-six heures de macération, on enlève la toile pour en substituer une nouvelle dans le bain ; ce qu'on répète tant que le lait n'a pas encore passé à la fermentation putride.

La difficulté de se procurer une quantité de lait suffisante pour former le bain usité dans toutes les buanderies, et les dépenses qu'il faut faire pour l'employer, sont, sans doute, causes que le blanchiment au lait n'est réservé que pour certaines espéces de toiles, qui, pour cette raison, sont toujours payées plus cher que les autres.

On reproche aux toiles qui ont subi cette opération d'avoir moins de solidité que celles qui ont été blanchies autrement. Mais il n'est pas encore bien prouvé que ce reproche soit fondé. D'ailleurs, en supposant qu'il le fût, on ne pourrait pas disconvenir qu'un pareil inconvénient est compensé au-delà par la beauté et la blancheur éclatante qu'acquièrent les toiles, et sur tout par la facilité avec laquelle elles reçoivent ensuite les différens apprêts qu'on leur fait subir.

Il est bien certain encore que les toiles, ainsi blanchies, se salissent moins promptement que les autres, et que, lorsqu'elles sont sales, on parvient à les blanchir avec la plus grande facilité.

Si maintenant on cherche à étudier la cause du blanchiment par le lait, on est disposé à l'attribuer à la décomposition de l'acide lactique, dont l'oxigène, se séparant du radical avec lequel il était uni, se porte sur la matière colorante qui avait résisté à l'action des lessives alkalines, ainsi qu'à celle de l'air et de la lumière ; formant alors avec elle une combinaison nouvelle, il lui donne une dissolubilité qu'elle n'avait pas auparavant.

La matière caséeuse que contient toujours le petit lait aigri, et dont une grande partie est dissoute par l'acide lactique, joue, peut-être, un grand rôle dans cette opération. Nous ne serions pas même éloignés de croire que la petite quantité d'alcohol, qui bien décidemment existe dans le petit lait aigri, contribue pour quelque chose au blanchiment, en dissolvant la matière colorante de la toile, sur laquelle il n'avait pas de prise avant que l'oxigène de l'acide lactique se fut réuni à elle, et l'eut mise dans un état d'appropriation, tel que celui où on peut supposer qu'elle doit être après son séjour dans le bain de lait.

Une des raisons qui nous portent à penser que les choses se passent ainsi, c'est que, de tous les moyens employés pour blanchir la toile, il n'en existe pas un qui produise un effet aussi marqué que le lait. Nous n'en exceptons pas même l'acide muriatique oxigéné, dont on fait usage actuellement dans plusieurs buanderies avec quelque succès, sur tout depuis que le citoyen *Bertholet*, qui a étudié les propriétés de cet acide, a indiqué comment il fallait l'employer sans craindre d'endommager le tissu.

Ce qu'il y a de bien certain, c'est que, lorsqu'on met en comparaison deux toiles de même qualité, dont l'une aura été blanchie par le lait, et l'autre par l'acide muriatique oxigéné, on reconnaît promptement une différence, qui est toujours à l'avantage du procédé par le lait.

Aussi ce procédé mériterait-il d'être préféré dans toutes les circonstances, si, comme nous l'avons déjà dit, on pouvait se procurer plus facilement le lait dont on aurait besoin.

Au reste, l'art de blanchir les toiles avec le lait est encore bien éloigné de son état de perfection ; ceux qui le pratiquent n'étant le plus ordinairement guidés que par la routine, ils se traînent servilement sur les pas de leurs prédécesseurs, sans trop chercher à découvrir s'il serait possible de faire mieux.

Peut-être que, si on avait étudié ce qui se passe dans le bain de lait, on aurait aperçu que tous les degrés d'acidité que contracte ce fluide ne sont pas également favorables au blanchiment ; peut-être aussi aurait-on trouvé des moyens de hâter ou de retarder les effets de la fermentation acide de ce même fluide, ainsi que ceux de la fermentation putride; peut-être, enfin, aurait-on reconnu la nécessité de faire subir à la toile quelques préparations, autres que celles d'usage, avant de la mettre en macération dans le bain de lait.

On conçoit que, pour obtenir à cet égard tous les éclaircissemens qu'on pourrait désirer, il faudrait faire une suite d'expériences; et il est plus que vraisemblable que, si elles étaient entreprises par des chimistes habiles, elles présenteraient bientôt un grand nombre de résultats nouveaux et satisfaisans.

*Application du lait caillé à la conservation des viandes.*

Cet emploi du lait caillé nous a d'autant plus paru mériter de trouver place dans cet ouvrage, qu'il n'est pas aussi connu qu'il devait l'être.

, On sait que toutes les substances animales ont une grande tendance à passer à la fermentation putride, et que, dès qu'elles ont commencé à la subir, elles sont déjà en partie décomposées, et par conséquent tellement différentes de ce qu'elles étaient auparavant, qu'on ne reconnaît plus, ni leur saveur, ni leur odeur, ni leur consistance naturelle.

La chimie fournit plusieurs moyens pour arrêter ou prévenir ces altérations; mais, comme la plupart ne réunissent pas dans toutes les circonstances les avantages qu'on voudrait trouver, on est obligé de choisir parmi ces moyens ceux qui paraissent les plus convenables au but qu'on se propose et à l'emploi auquel on destine la substance animale qu'on veut soustraire à la putréfaction.

Ainsi, par exemple, il suffit souvent de laisser macérer des substances animales dans des liqueurs spiritueuses acides et salines; de les priver de leur humidité par une dessication bien ménagée ; de les exposer dans des endroits extrémement froids , à l'abri de l'air et de la lumière ; pour que ces substances se conservent, si non telles qu'elles étaient au moment où l'animal auquel elles appartenaient a cessé de vivre, du moins, dans un état tel qu'on puisse les avoir entières et sans être décomposées : mais lorsqu'on destine ces substances à servir d'aliment, on conçoit qu'il ne serait pas indif-férent d'avoir recours à l'un ou à l'autre des moyens que nous venons d'indiquer.`

· En effet, l'alcohol, mis en contact avec des substances animales, s'empare, à la vérité, de leur humidité, qui, comme on sait, est un des principaux agens de la putréfaction ; mais en même temps il agit sur leur tissu, les raccornit, et leur ôte cette mollesse, cette flexibilité qui leur appartenaient.

Les acides, et sur tout ceux qui sont connus sous le nom d'acides minéraux, produisent un semblable effet, et même encore d'une manière plus marquée.

Les parties salines, en s'unissant aux diffé-rentes parties de la substance animale, forment des combinaisons nouvelles , et par conséquent introduisent dans la substance qu'on veut con-server des corps qui lui sont tout-à-fait étrangers.

Enfin, le froid peut bien suspendre la fer-mentation ; mais on sait combien souvent il est difficile de l'entretenir assez long-temps à un degré suffisant pour que son effet soit durable, et combien d'obstacles on rencontre lorsqu'il s'agit d'employer ce moyen.

Tous ces inconvéniens disparaissent en partie lorsqu'on a recours au lait aigre; on en a la preuve lorsqu'on fait attention au procédé en usage dans certaines contrées pour conserver les viandes destinées à servir d'aliment. Il suffit, en effet, de les laisser macérer dans le lait caillé, non-seulement pour les soustraire pendant plusieurs jours à la putréfaction, mais même encore pour qu'elles conservent leur odeur, leur saveur et leur consistance naturelles. On remarque aussi que, par ce procédé, elles acquièrent plus de disposition à se cuire, qu'elles deviennent plus délicates; qu'enfin celles qui sont les plus dures, et par conséquent les plus difficiles à digérer, peuvent être broyées sous la dent avec la plus grande facilité.

Une partie de tous ces avantages se retrouve bien dans l'emploi des acides végétaux, et principalement dans celui du vinaigre. Aussi les cuisinières qui veulent conserver des viandes et les attendrir, ont-ils grand soin de les laisser macérer pendant deux fois vingt-quatre heures dans cet acide. Mais il s'en faut de beaucoup qu'en sortant de cette espéce de saumure ou marinade, ces viandes aient leur saveur naturelle, car, tel moyen qu'on prenne, le vinaigre se fait toujours remarquer; et, si quelquefois on en aime le goût, on désirerait le plus souvent qu'il ne fût pas aussi sensible.

Nous avons cherché à nous rendre raison de la manière d'agir du lait caillé dans le cas dont nous venons de parler; et voici ce que nous pensons à cet égard.

Le lait caillé est, comme nous l'avons prouvé ailleurs, un fluide dont toutes les partie· constituantes peuvent subir la· fermentation spiritueuse et acide; mais, comme ces deux fermentations ne se succèdent pas d'une manière régulière, il s'en suit que presque toujours le lait, dans cet état, contient en même temps, et une certaine quantité de spiritueux, et une certaine quantité d'acide. Ce fluide, ainsi composé, doit donc, d'après cela même, avoir sur les corps qu'on lui présente une action différente de celle qui lui appartiendrait s'il ne contenait que de l'acide ou du spiritueux.

Mais si, indépendamment de cette cause, on veut compter pour quelque chose l'action particulière des corps que contient le lait caillé, tels que la matière caséeuse, et peut-être même le sucre de lait qui n'a pas été encore totalement décomposé; si à toutes ces considérations on veut aussi joindre la nature de l'acide du lait, qui, sans doute, admet dans sa composition des principes constituans qui ne sont pas exactement semblables, au moins pour les proportions, à ceux qui servent à la production du vinaigre; on reconnaîtra bientôt que la viande mise à macérer dans du lait qui commence à se cailler, doit nécessairement éprouver de la part de ce fluide une action différente de celle qu'exercerait sur elle le vinaigre ordinaire.

Ajoutons, enfin, que le lait caillé, conservant toujours un caractère en quelque sorte animal, doit par cette seule raison être dans un état d'appropriation qui le rend plus susceptible de s'unir aux parties constituantes des viandes avec lesquelles on le met en contact, et doit par conséquent éloigner la propension qu'elles ont à passer à la fermentation putride, lorsqu'elles sont abandonnées à elles-mêmes.

Quelle que soit, au reste, la manière d'agir du lait caillé, il n'en est pas moins certain, comme nous l'avons dit, que ce fluide peut être regardé comme un des meilleurs condimens auxquels on puisse avoir recours pour conserver à la viande, pendant plusieurs jours, des qualités qui la mettent dans le cas de pouvoir être employée pour nos alimens avec presqu'autant d'avantage que la viande nouvelle.

Si la matière caséeuse se conserve un certain temps en été, c'est qu'elle nage dans un milieu acide qui la préserve de sa tendance naturelle à la putréfaction. C'est, sans doute, cette propriété qui a fait recourir au procédé dont il s'agit; il est adopté dans les départemens du Rhin; et rien n'est plus avantageux, dans les petites communes rurales, où les bouchers ne tuent qu'une ou deux fois au plus par décade, et où, par conséquent, l'on ne mange souvent la viande que dans un état voisin de l'altération.

## Alcohol de lait.

En traitant de la fermentation vineuse du lait, nous avons parlé de l'esprit ardent que les Tartares retiraient de celui de jument par la distillation : c'était une pratique très-ancienne parmi eux, puisqu'au rapport de *Marc Pauli*, Vénitien, ils en préparaient, dès le treizième siècle, une boisson analogue au vin blanc ; leur procédé, communiqué par les voyageurs, a été répété et perfectionné en Europe.

On a cependant révoqué en doute l'existence de cet esprit ardent dans le lait, persuadé que celui qu'on en retire provenait moins du lait que des semences céréales qu'on y mêle ; mais un fait certain, c'est qu'on l'a obtenu sans le concours des grains.

Nous avons suivi avec le plus grand soin cette propriété qu'a le lait de fournir une liqueur spiritueuse et acide sans le concours d'aucun levain ; et, si nous n'insistons pas sur cette expérience, c'est qu'elle est absolument conforme à ce qui a déjà été développé dans un excellent mémoire sur la fermentation du lait, inséré dans le Journal de physique : il nous suffira d'observer qu'ayant opéré sur la même quantité de lait de différentes vaches, dans la même saison, nous en avons trouvé qui passaient plus aisément à la fermentation vineuse, et que, dans le nombre, le lait qui exigeait plus de temps pour prendre ce mouvement, était en même temps plus épais, et fournissait une plus grande quantité d'esprit ardent. Nous avons observé encore que l'esprit ardent ne se manifestait dans la distillation que quand le lait était arrivé à l'état acide; ce qui est commun également au cidre, à la bière et aux grains, sous forme de *malt :* l'eau sure des amidonniers, étant distillée, ne fournit-elle pas aussi de l'esprit ardent?

C'est sans doute pour augmenter les matières fermentescibles, propres à devenir acides et à se conserver long-temps dans cet état, que les Tartares russes ajoutent une certaine quantité de farine d'avoine au lait de jument, et qu'ils ont grand soin de ne commencer la distillation que quand le mélange est fortement aigre, dans la vue d'obtenir plus d'eau-de-vie.

Entrons dans l'atelier du bouilleur d'eau-de-vie de grains. Nous verrons, en effet, qu'il ne suffit pas d'associer le corps farineux avec un levain approprié, il faut encore des combinaisons et des proportions dans les mélanges; il faut une fluidité, un degré de chaleur nécessaire pour établir la fermentation, l'accélérer, la ralentir ou la suspendre: conditions sans lesquelles beaucoup de fruits, toutes les semences farineuses et quelques racines sucrées ne donnent encore que difficilement des atomes de spiritueux.

Sans doute que les Tartares russes, qui, comme nous l'avons dit ailleurs, ont tenté les moyens convenables pour réussir, se trouvant dénués des ressources que nous avons en abondance pour nous procurer de l'esprit ardent, ont été conduits par le besoin et peut-être par le hasard à cette découverte; mais dès que le procédé de ces peuples a été connu parmi nous, on l'a rectifié et ensuite appliqué aux laits de vache et de chèvre. Il nous suffisait de connaître la possibilité d'une semblable opération pour toutes les espèces de lait, et nous nous sommes dispensés de la répéter, bien convaincus que ce genre d'expériences n'apprendrait rien de plus que ce qu'on savait déjà sur cet objet.

L'existence de cet esprit ardent dans le lait des animaux, et la possibilité de l'en extraire par les moyens connus, ne sauraient donc plus être révoqués en doute aujourd'hui; mais on n'a pas encore essayé de l'appliquer aux usages économiques. On doit bien présumer, cependant, qu'il ne diffère pas essentiellement, par ses propriétés, des autres liqueurs spiritueuses, et que, ainsi qu'elles, il pourrait être employé dans beaucoup de circonstances. Il n'en est pas de même d'un autre produit de la fermentation du lait, qu'on peut employer à la place du vinaigre.

### *Vinaigre de lait.*

On a dit avec raison que le sérum du lait aigri présentait un fluide qui, dans beaucoup de cas, pouvait suppléer le vinaigre de vin; mais on aurait tort de penser que l'acidité du lait ne soit due qu'à la présence d'une certaine quantité d'acide acéteux que ce fluide contient.

Il est bien démontré, au contraire, par un grand nombre d'expériences, que l'acide du lait est absolument différent de celui qu'on connaît sous le nom de vinaigre de vin. On en aura facilement la preuve si on se rappelle les détails dans lesquels nous sommes entrés sur cet objet dans les différens articles où il a été question de la fermentation du lait.

Mais, quoique le sérum de lait aigri ne puisse être considéré comme un véritable vinaigre, il n'en est pas moins certain qu'on peut souvent en tirer un grand parti. Déjà nous avons vu qu'il y avait lieu de s'en servir pour conserver les viandes et pour le blanchiment des toiles; nous ajouterons ici qu'il forme une boisson extrêmement rafraîchissante, qui, dans bien des circonstances, pouvait suppléer avec avantage beaucoup d'autres acides végétaux et minéraux.

La matière caséeuse, dont cet acide contient toujours une certaine quantité en dissolution, doit nécessairement ajouter à ses propriétés; et peut-être, si l'on voulait étudier sa manière d'agir dans l'économie animale, s'apercevrait-on bientôt que, mal à propos, on a fait jusqu'à présent trop peu de cas de cet acide, auquel on pourrait à juste titre donner le nom d'acide animal, qui, à raison de la nature particulière des principes qui le composent, semble, pour ainsi dire, plus propre que beaucoup d'autres à s'assimiler à notre propre substance, et à devenir dans quelques cas un médicament, et dans d'autres un aliment médicamenteux.

On conçoit que, si jamais le médecin tournait ses vues de ce côté, il faudrait nécessairement étudier, mieux qu'on ne l'a fait, les circonstances qui déterminent ou favorisent l'acidification du sérum, et fixer d'une manière très-précise les signes auxquels on pourrait reconnaître que ce fluide jouit de telle ou telle propriété ; car il n'est pas douteux qu'il ne doive présenter des différences bien sensibles dans son action, suivant que son acidité est plus ou moins marquée, ou, ce qui revient au même, suivant qu'il contient plus ou moins de matière caséeuse en dissolution.

Il s'agit d'observer encore que le lait de tous les animaux, n'étant pas également propre à fournir un sérum acide de même qualité, on devra indiquer quels sont ceux parmi ces fluides auxquels on doit donner la préférence ; et puis on aura à déterminer si souvent il ne serait pas préférable de faire boire le sérum aigre seul, tandis que d'autres fois il faudrait l'associer à quelques 'substances', qui, en émoussant une partie de son action, affaibliraient ses propriétés ou lui en donneraient de nouvelles.

Le procédé de *Scheele*, pour faire du vinaigre de lait, consistait à ajouter un peu d'eau-de-vie à du lait, à placer ce mélange dans un lieu chaud, et à donner de temps en temps issue à l'àir par la fermentation, en débouchant le vase un instant tous les cinq à six jours dans l'espace d'un mois.

On a enchéri depuis sur ce procédé, en ajoutant du miel commun au mélange : le fluide qui en résulte se clarifie facilement, et devient d'une belle couleur et d'une saveur agréable, sur tout si on y met à infuser de l'estragon, des menthes ou la fleur de sureau, dont il prend mieux encore l'arome que le vinaigre de vin.

Dans l'état acide, le petit lait peut non-seulement servir de boisson, à l'instar de la limonade, mais suppléer encore le vinaigre ordinaire, ainsi que nous l'avons déjà dit : il est employé avec succès comme présure pour la préparation des fromages secondaires connus sous le nom de *brocotes*.

# CONCLUSION.

Pour mettre les lecteurs à portée de saisir l'ensemble des points essentiels traités dans cet ouvrage, nous avons cru devoir rassembler et résumer les faits qui nous ont paru les plus propres à éclaircir l'objet que nous avons eu en vue d'y développer.

Le lait est sans contredit une des nourritures les plus anciennes dont les hommes aient fait usage : ses caractères généraux extérieurs sont l'*odeur*, la *saveur*, la *couleur* et la *consistance*.

Il est bien démontré que ce fluide a une odeur qui lui appartient essentiellement, et dont la présence peut servir à le faire distinguer des autres humeurs animales, ainsi que l'arome de beaucoup d'autres corps. L'odeur du lait est volatile, soluble dans l'air atmosphérique et dans l'eau ; mais elle se décompose avec facilité, et altère promptement les véhicules aqueux qui la tiennent en dissolution. Elle jouit, dans son état naturel, de quelques propriétés médicinales ; c'est aussi pour cela que nous avons observé que, lorsqu'il s'agissait de prescrire le lait comme médicament, il fallait employer toutes les précautions possibles pour conserver au lait le principe odorant qui lui appartient essentiellement.

Les différentes causes qui apportent des changemens notables dans l'odeur du lait, influent également sur sa saveur et la rendent plus ou moins agréable ; de là, sans doute, la

difficulté de rencontrer deux laits qui soient
rigoureusement semblables, quoique fournis
par des animaux de la même espèce. En général, le lait de chaque femelle a une saveur qui
lui est particulière, et qu'avec un peu d'habitude on saisit facilement.

La couleur, comme l'odeur et la saveur du
lait, présentent des différences très-notables.
Tantôt ce fluide est jaunâtre, tantôt il a une
légère teinte bleue; quelquefois il tient en dissolution une petite quantité de matière colorante rouge. Ces nuances dépendent presque
toujours, et de l'espèce d'aliment dont la femelle
a fait usage, de son âge et de son tempérament.
Le plus ordinairement il est d'un blanc mat;
couleur qu'il doit, sans doute, à la présence de
la matière caséeuse qu'il contient, puisque,
lorsqu'on vient à l'en séparer, le fluide restant
cesse d'être blanc et acquiert une sorte de
demi-transparence; ce qui prouve combien est
impropre la dénomination d'émulsion animale
donnée au lait.

Rien n'est encore plus variable que la consistance du lait; elle augmente à mesure que la
femelle s'éloigne de l'époque du part. L'animal
sain et vigoureux, dans la force de l'âge, et
auquel on administre une bonne et abondante
nourriture, donne presque toujours un lait
épais; mais, pour peu que sa santé s'altère, la
consistance du lait diminue; quelquefois même
ce fluide devient tellement séreux qu'il passe

trop vîte, et ne peut plus suffire pour nourrir les jeunes animaux, sur tout lorsqu'ils ont acquis une sorte de vigueur.

Après l'examen des propriétés les plus générales du lait, nous avons cherché à pénétrer dans la composition de ce fluide. La crème est le premier produit qui nous a frappés : interposée seulement entre les molécules du lait, elle tend, conformément aux lois de la pesanteur, à se rassembler à la surface, où bientôt elle acquiert, par le repos, et à la faveur d'une température fraîche, une consistance qui la distingue de celle du fluide qu'elle recouvre. Cette séparation s'exécute aussi promptement à l'air libre que sous la machine pneumatique, et s'il existe des moyens de la favoriser, on n'en connaît aucun qui puisse s'y opposer.

La crème est ordinairement jaune, et quelquefois d'un blanc mat. On n'a pu encore venir à bout de déterminer exactement dans quel état le beurre et le lait qui la composent sont l'un par rapport à l'autre : tout ce qu'on sait jusqu'à présent, c'est que leur séparation ne peut s'opérer par une décomposition spontanée, ou par le secours des réactifs ; qu'il faut nécessairement imprimer à la crème un mouvement de percussion, plus ou moins continué, pour obtenir le beurre qu'elle renferme. La quantité de ce produit varie dans ses proportions suivant une foule de circonstances ; mais assez généralement on remarque que l'automne est la

saison où le lait est le plus riche en crème, et
celle-ci en beurre.

Comme matière huileuse, le beurre est susceptible de s'emparer, pendant la percussion
de la crème, de certaines matières résineuses,
végétales, colorantes, dont la plupart ne changent rien à sa saveur ni à sa consistance. On
remarque même que plusieurs contribuent à sa
conservation et lui servent en quelque sorte de
condiment.

En qualité de corps gras, et de corps gras
préparé par le filtre animal, le beurre s'altère
spontanément, même dans l'état de crème, et
contracte assez vite, sur-tout pendant l'été,
cette saveur forte et cette odeur qui caractérisent les huiles et les graisses devenues rances.
On parvient cependant à retarder cette altération, en le privant, par des lavages à l'eau,
de la matière caséeuse qui se trouve interposée
entre ses parties : mais comme l'effet de ce
moyen n'est pas de longue durée, on a recours
à deux autres procédés pour conserver le beurre;
le premier consiste à le saler, et le second, à
le fondre. Dans ce dernier cas, à la vérité, il
perd une partie de sa saveur et de sa couleur;
mais il peut servir dans cet état à préparer nos
alimens.

La crème, privée de son beurre par la percussion, ne présente plus qu'un fluide blanc,
mais moins épais et moins savoureux qu'auparavant. On lui a donné le nom de lait de

beurre; il ne diffère du lait ordinaire qu'en ce qu'il est parfaitement écrèmé. On remarque cependant qu'il a une très-grande propension à passer à l'aigre; ce qui devient un obstacle à ce qu'on puisse le conserver long-temps en bon état.

Le lait parfaitement écrèmé, ainsi que celui qui ne l'est pas, lorsqu'on les abandonne à une température de quinze à vingt degrés, ne tardent pas à éprouver d'abord la fermentation spiritueuse et ensuite la fermentation acide. Dans le premier cas, ils donnent une sorte de vin, qui, malgré son peu de durée et sa saveur désagréable, fournit un véritable alcohol, par le moyen de la distillation : dans le second cas, ils produisent une sorte d'acide, qui, dans plusieurs circonstances, peut remplacer la présure et suppléer le vinaigre pour les usages de la cuisine; il paraît même qu'il se charge assez facilement de la partie aromatique de quelques plantes.

Pour obtenir le vin et le vinaigre du lait, il n'est pas nécessaire que ce fluide soit accompagné de sa crème, ni d'en augmenter la consistance au moyen de l'association de la farine de quelques graminées, comme l'ont avancé plusieurs auteurs.

L'expérience prouve que le lait écrèmé, et le sérum, même dépouillé de la plus grande partie de matière caséeuse, le fournissent également.

Un des effets les plus évidens que la fermentation produit sur le lait, est de détruire dans ce fluide la cohérence qui existe entre le sérum et une matière blanche à laquelle on donne le nom de matière caséeuse. Cette décomposition spontanée est facile, et elle peut être considérée comme une sorte d'analyse essentiellement différente de celle qu'on opère par l'action du feu ou par celle de différens menstrues.

Cependant, en exposant le lait à une chaleur inférieure à celle de l'eau bouillante, on voit qu'il se couvre d'une pellicule, qui, enlevée successivement à mesure de sa formation, ne laisse plus qu'un fluide séreux, semblable à celui qu'on obtient par l'intermède des matières coagulantes. Ces pellicules, rassemblées et examinées, n'ont pas laissé de doute qu'elles ne fussent la matière caséeuse elle-même dans un état particulier.

La matière caséeuse dont on vient de parler est cette partie du lait qui, après le beurre, mérite de fixer l'attention. Elle est facilement coagulable. Sa séparation peut s'opérer à l'aide d'une foule de moyens, dont la nature paraît si diamétralement opposée qu'on n'a pu jusqu'ici donner une explication raisonnable de leur manière d'agir. Ce qu'on sait seulement, c'est que l'état de cette matière caséeuse varie suivant l'espèce d'agent employé pour la séparer. Tantôt elle est visqueuse et tenace, tantôt elle est tremblante et comme gélatineuse; quelquefois elle retient beaucoup de sérosité; souvent, au contraire, elle n'en retient presque pas : mais, à ces différences près, il est constant que, quel que soit le moyen auquel on ait eu recours pour mettre en évidence la matière caseuse, lorsqu'elle est parfaitement séparée de l'agent qui a été employé, elle donne toujours dans l'analyse des résultats à peu près semblables.

Tout porte à croire que la matière caséeuse est dans le nombre des parties constituantes du lait celle qui a le plus souffert l'action des vaisseaux, et est par conséquent la plus animalisée; elle paraît d'ailleurs contenir le principe alimentaire, car elle suffit presque seule pour nourrir l'individu qui en fait usage. Il semble aussi qu'elle a des propriétés analogues à celles de la matière glutineuse du froment; privée d'humidité par la presse, elle se resserre, s'agglutine et acquiert une sorte d'élasticité. Enfin, on peut croire que, quand elle commence à se former dans l'organe mammaire, elle a plus de rapport avec la lymphe ou l'albumine qu'avec tout autre corps.

On désigne le fluide qui reste après la séparation de la matière caséeuse sous le nom de *sérum* : c'est le dernier produit de l'analyse spontanée du lait. Quoiqu'en apparence plus simple que les autres principes qui constituent le lait, il n'en est pas moins un fluide très-composé. Par la clarification il acquiert une transparence parfaite. Sa saveur est absolument différente de celle du lait. Sa couleur, lors-

qu'il est bien clair, est quelquefois un peu
jaune; quelquefois aussi elle tire sur le vert.
Abandonné à lui-même, pendant l'été, il ne
tarde pas à s'altérer, sur tout lorsqu'on le conserve dans un endroit où règne une température de vingt degrés. L'altération se fait
remarquer par la perte de sa transparence,
par une odeur et une saveur aigres, qui augmentent assez promptement, et auxquels succède un état putride.

Si on saisit l'instant où le petit lait est arrivé
à son plus haut point d'acidité, on peut, à
l'aide de moyens chimiques, en séparer un
acide assez pur, auquel on a donné le nom
d'*acide lactique*. Cet acide a des propriétés
qui lui sont particulières, et si caractéristiques
qu'il est impossible de le confondre avec les
autres acides connus. Dans l'état aigre, le
sérum, lorsqu'il fait excessivement chaud, sert
de boisson aux habitans des campagnes, et il
étanche leur soif. Il est aussi utile dans les arts;
on peut s'en servir pour préserver la viande
de la putréfaction pendant un certain temps,
et opérer complétement le blanchiment des
toiles.

Le sérum, doux ou acide, sert de véhicule
à plusieurs matières salines, dans le nombre
desquelles on distingue principalement celle à
laquelle on a donné le nom de sel de lait, qui,
lorsqu'elle a été purifiée, est d'un blanc mat; sa
solubilité, peu considérable dans l'eau froide,

le devient davantage dans l'eau chaude : mais il paraît que le lait est son véritable dissolvant, car il est démontré que celui-ci peut en dissoudre une plus grande quantité que tous les autres fluides connus.

Des différentes parties qui constituent le lait, il n'y a absolument que ce sel dans lequel il ne nous a pas été possible de remarquer de différence. Quel que soit l'animal qui le fournisse, nous lui avons toujours trouvé la même saveur, la même couleur, la même consistance et la même configuration. Sa saveur, légèrement sucrée, lui a fait donner le nom de sucre de lait : le nom de sel essentiel de ce fluide paraît mieux lui convenir.

Le sel essentiel de lait, traité par le feu dans des vaisseaux distillatoires, se comporte en partie comme le corps muqueux sucré; mais il fournit de plus une espèce d'acide, auquel on a donné le nom d'*acide saccho-lactique:* il paraît même que c'est cet acide, combiné avec le corps muqueux sucré, qui constitue le sel dont il s'agit.

On connaît plusieurs moyens pour obtenir l'acide saccho-lactique plus aisément que par la distillation; mais celui de tous qui réussit le mieux, consiste à traiter le sucre de lait avec l'acide nitrique. Cet acide saccho-lactique est très-peu soluble dans l'eau; aussi l'obtient-on le plus ordinairement sous la forme d'une poudre blanche, qui, lorsqu'on lui présente ensuite, ou un alkali, ou une terre, se combine avec eux et produit des sels neutres.

Indépendamment du sel essentiel de lait, on serait disposé à croire que le sérum tient encore en dissolution l'acide phosphorique, soit à nu, soit combiné avec une base. En effet, la flamme qu'a présentée le précipité obtenu d'un mélange d'eau de chaux et de petit lait, lorsqu'on expose à un grand feu, dans un creuset, ce même précipité, nous a paru avoir beaucoup d'analogie avec celle que produisent les matières animales dàns lesquelles l'acide phosphorique existe réellement. Mais comme cette preuve est la seule que nous ayons pu nous procurer, nous n'avons pas osé prononcer affirmativement sur l'existence dans le sérum de l'acide dont il s'agit.

Quant aux autres substances salines qui existent concurremment dans le petit lait, on peut dire qu'elles n'appartiennent pas essentiellement à ce fluide : le muriate de soude, celui de chaux, quelquefois le sulphate de chaux, et autres de cette espèce, paraissent y être apportés par les alimens et les boissons dont les animaux ont fait usage. On ne saurait donc les considérer comme étant l'ouvrage de l'animalisation. Ce qui semble le prouver, c'est que toutes les espèces de lait fournies par les animaux de la même espèce, ne contiennent pas toujours ces sels, et que d'ailleurs ils y sont en petite quantité et dans des proportions différentes.

C'est dans les organes mammaires que le lait reçoit ses propriétés caractéristiques, qui augmentent ou diminuent d'intensité à raison d'une foule de circonstances, dont nous avons indiqué les principales. Mais, dans tous les temps et chez toutes les femelles, le lait trait le premier est toujours plus clair et d'une qualité inférieure à celui qui vient ensuite, et la crème est d'autant plus abondante et plus parfaite qu'on approche des dernières gouttes restant dans les mamelles. Plus on répète les traites dans l'espace de vingt-quatre heures, plus le lait est abondant et moins il contient de crème, et *vice versa*. Ce qui semble faire croire que la nature ne s'occupe d'abord que de la composition du lait, et que c'est avec une portion de ce fluide qu'elle fabrique la crème; que la succion du lait par le bout du pis en facilite beaucoup la secrétion; que, plus souvent le nouveau-né tette, moins le lait qu'il prend est substantiel et gras : observations importantes, bien capables de donner carrière à l'esprit, par rapport aux conséquences multipliées qu'on peut en tirer pour l'avantage de la médecine et de l'économie rurale.

Le lait, dans le même animal, est exposé à une multitude innombrable de variations, d'autant plus difficiles à saisir et à calculer que, comme l'urine, le sang, la bile et les autres humeurs animales, il change d'état à chaque instant de la journée : tantôt il abonde en

beurre ou en matière caséeuse; tantôt il en
contient fort peu, et alors la sérosité prédo-
mine. Ces nuances différentes se font remarquer encore dans la quantité des matières
salines qu'on en retire.

On peut juger, d'après cela, combien il est
difficile de déterminer, par l'analyse la plus
exacte, la quantité et la proportion des parties
constituantes du lait, puisqu'elles varient dans
les divers animaux, dans les animaux de la
même espèce, dans le même animal, enfin
dans la même traite. Ces différences, à la
vérité, ne sont que des modifications qui ne
touchent pas aux caractères constitutifs du lait.

Cependant, parmi les causes qui contribuent
le plus directement à améliorer le lait ou à
affaiblir sa qualité, il n'est pas douteux que les
alimens ne jouent le principal rôle. Mais c'est
à tort qu'on a cru qu'ils conservaient toujours
dans ce fluide leurs caractères spécifiques; la
plupart se trouvent décomposés par l'acte de
la digestion, dont ils facilitent plus ou moins
le travail, en donnant plus ou moins d'énergie
aux organes destinés à préparer les premiers
matériaux du lait, à les réunir et à leur imprimer le cachet particulier de l'animal.

Il aurait été à désirer, sans doute, que nous
eussions présenté dans cet ouvrage un tableau
de la quantité de chacune des parties constituantes des différens laits qui ont été l'objet
de notre examen; mais lorsqu'on voudra se

rappeler ce que nous avons dit à l'occasion des difficultés qu'on rencontre lorsqu'il s'agit de déterminer ces quantités, à cause des changemens continuels auxquels ces laits sont exposés, on conviendra de l'impossibilité où nous avons été de nous livrer à un pareil travail, qui, d'ailleurs, ne serait utile qu'autant qu'il pourrait avoir cette exactitude rigoureuse, qu'on n'est en droit d'exiger que quand les substances sur lesquelles on opère gardent constamment le même état.

A défaut de ce tableau nous allons essayer d'offrir, sous un seul point de vue, les laits rangés dans l'ordre où nous pensons qu'ils doivent être relativement aux produits les plus essentiels que nous avons cru apercevoir qu'ils fournissaient, toutes choses égales d'ailleurs, plus abondamment les uns que les autres.

| BEURRE. | FROMAGE. | SEL ESSENTIEL. | SÉRUM. |
|---|---|---|---|
| La brebis, | La chèvre, | La femme, | L'ânesse, |
| la vache, | la brebis, | l'ânesse, | la femme, |
| la chèvre, | la vache, | la jument, | la jument, |
| la femme, | l'ânesse, | la vache, | la vache, |
| l'ânesse, | la femme, | la chèvre, | la chèvre, |
| la jument. | la jument. | la brebis. | la brebis. |

On voit, d'après cet exposé, qu'on peut à la rigueur former de ces six espèces de lait deux classes :. l'une qui, riche en matière caséeuse et butireuse, comprendrait les laits de vache, de chèvre et de brebis; tandis que dans l'autre on rangerait les laits de femme, d'ânesse et de jument, comme plus abondans en sérosité et en sel essentiel.

Cette grande division nous paraît devoir suffire pour donner, dans beaucoup de circonstances, une idée précise de la nature des laits dont on doit faire usage, ainsi que pour déterminer la préférence qu'il faut donner à telle ou telle espèce de ce fluide, et indiquer, enfin, comment on peut passer successivement de l'une à l'autre, sans s'exposer aux inconvéniens qui résultent si souvent de leur emploi, sur tout lorsqu'on prend le lait comme médicament.

Les usages du lait, ainsi que nous l'avons démontré, sont fort étendus. Indépendamment des avantages qu'il présente, comme aliment ou comme médicament, ses parties constituantes, prises séparément, ont encore des propriétés particulières dont on a su profiter, soit pour en préparer du beurre, du fromage ou du sucre de lait, soit pour en faire des applications utiles aux arts. D'où il résulte que, le lait étant celui de tous les fluides animaux dans lequel l'homme a trouvé le plus de ressources, il est de son très-grand intérêt de ne négliger aucun des moyens qui peuvent concourir à rendre sa nature plus parfaite et sa quantité plus considérable. C'est à quoi il parviendra facilement, sans doute, en soignant davantage les femelles qui fabriquent le lait, en leur administrant d'excellente nourriture, et sur tout en écartant d'elles toutes les causes qui peuvent nuire, directement ou indirectement, à leur santé, à leur vigueur, et accélérer leur dégénérescence.

Telles sont les expériences et les observations que nous avons faites pour déterminer les propriétés générales et particulières des parties constituantes des différens laits les plus usités, considérés dans leurs rapports avec la chimie, la médecine et l'économie rurale.

**F I N.**

# TABLE.